国家出版基金项目
NATIONAL PUBLICATION FOUNDATION

生态气象系列丛书

丛书主编：丁一汇

丛书副主编：周广胜 钱 拴

宁夏生态气象

主编：张学艺

副主编：韩颖娟 李剑萍 李福生

气象出版社
China Meteorological Press

内容简介

本书主要介绍了宁夏气象部门在生态气象方面开展的相关业务、科研工作，尤其是结合遥感、机器学习以及大数据分析等技术开展的天空地一体化宁夏生态气象遥感监测评估技术的研究及业务应用情况。本书基于编著者多年来在植被生态气象、生态气象灾害、特色作物、水体以及重点生态工程生态效益动态监测评估等方面的技术研究成果及业务应用案例进行编著。

本书是关于宁夏生态气象发展现状以及遥感技术在生态气象方面应用的一本专著，可供生态气象、遥感等领域的科研、教学和业务工作者阅读及参考。

图书在版编目（CIP）数据

宁夏生态气象 / 张学艺主编 ; 韩颖娟, 李剑萍, 李福生副主编. -- 北京 : 气象出版社, 2023.8
（生态气象系列丛书 / 丁一汇主编）
ISBN 978-7-5029-7916-4

Ⅰ. ①宁… Ⅱ. ①张… ②韩… ③李… ④李… Ⅲ. ①生态环境—气象观测—研究—宁夏 Ⅳ. ①P41

中国国家版本馆CIP数据核字(2023)第021605号

宁夏生态气象
Ningxia Shengtai Qixiang

出版发行：气象出版社
地　　址：北京市海淀区中关村南大街46号　　邮政编码：100081
电　　话：010-68407112(总编室)　010-68408042(发行部)
网　　址：http://www.qxcbs.com　　E-mail：qxcbs@cma.gov.cn
责任编辑：王萃萃　　终　　审：张　斌
责任校对：张硕杰　　责任技编：赵相宁
封面设计：博雅锦
印　　刷：北京地大彩印有限公司
开　　本：787 mm×1092 mm　1/16　　印　　张：12.5
字　　数：312千字
版　　次：2023年8月第1版　　印　　次：2023年8月第1次印刷
定　　价：120.00元

编委会

前言

2002年美国环境与气候学家正式提出了"生态气候学"的概念，这是生态气象研究领域的一个重大成果。近年来，生态气象学逐渐发展成熟起来，是气象学、生态学等学科交叉形成的边缘科学，在很多原理上都基于上述学科，内容呈现出综合性。但生态气象学不是上述学科的简单继承，而是包含了很多创新。生态气象学的产生是基于全球生态环境问题凸显的时代背景，十分注重当下生态环境问题的解决，许多概念和指标注重实效性，更关注日常生态气象业务工作。顺应这一科技发展趋势，国家自然科学基金委员会地球科学部于2020年度率先调整了大气科学学科申请代码，将生态气象（D0507）设置为二级申请代码，设立为大气科学的二级学科。生态气象学科的设立，极大地推进了地球系统多圈层相互作用的研究以及生态学与气象学的交叉融合，对生态气象学科发展具有重大的促进作用。

当今生态环境问题突出，全球气候变暖、生物资源和土地资源退化等问题直接威胁人类的生存和可持续发展。对于这些问题，脱离生态单纯研究气象或者脱离气象单纯研究生态均无法解决，只有将不同学科结合起来开展交叉研究和应用，才能发挥合力，缓解或解决这些问题。生态气象学以生态系统为中心，是一门交叉学科，既与生态、气象紧密联系，也与遥感（RS）、地理信息系统（GIS）、全球定位系统（GPS）等学科发展相辅相成。目前，生态气象的基本理论、研究方法和业务体系建设还在不断完善，各省（区、市）气象部门的生态气象及生态气象的遥感应用业务发展也正方兴未艾。

20世纪80年代我国发射了第一颗气象卫星，并开展了台风、强降水、冰雪、沙尘等气象灾害监测工作；90年代我国发射了第一颗资源卫星，相关部门随之开展了河水泛滥、森林火灾等生态灾害监测，并与气象预报预测相结合，逐步形成了生态气象的监测评估业务。经过30多年的发展，国内逐渐形成了气象卫星、资源卫星、高分卫星多源融合的生态环境遥感监测模式，应用天气云图、城市热岛、洪涝监控、火灾监控、沙尘暴监测等指标与方法，针对气象灾害变化情况进行分析，叠加其他生态环境基础信息资料，准确预测生态气象灾害的发生、发展及动态变化。气象部门初步具备了基于风云卫星＋高分卫星的重大生态环境灾害影响监测评估能力，为抢险救灾和灾后生态环境修复、生态环境评价提供卫星遥感信息支撑。建立了全国2 m和16 m卫星遥感晴空底图产品数据库；研发了高分卫星遥感应用软件，实现高分卫星与气象卫星综合应用软件功能；开展了多源卫星遥感资料在台风、干旱、洪涝、滑坡、森林火灾等重大灾害生态环境影响监测服务；通过决策服务、微信公众号和新闻媒体采访等方式，为政府决策部门抢险救灾和灾后生态修复提供决策服务的同时，也为社会公众提供实时灾情信息、普及科学防灾知识。

自20世纪80年代，宁夏气象部门借助中国气象局风云系列气象卫星形成的基础业务，结合卫星遥感技术的先发优势，逐步开展了干旱、沙尘、大雾、森林草原火灾、积雪、黄河凌汛等灾害的遥感监测，为林草部门提供森林草原区火情、火灾扑救、森林草原安全管理、牧草长势、飞播种草效益评估等遥感支持；为农业部门提供作物分类面积提取等遥感监测服务；持续为政府决策提供生态环境遥感监测评估及预警产品，是宁夏区内少数拥有多源卫星遥感数据接收硬件、处理软件和长期开展生态气象遥感监测的业务应用部门之一。多年来，通过与自治区农业农村厅、自然资源厅、水利厅、林业草原局等厅(局)开展业务合作，与国家卫星气象中心、北京大学、南京信息工程大学、山东农业大学等高校开展科研业务共建，逐步发展拥有了一批既掌握实际业务经验、又拥有扎实理论基础的多学科、多层次专业技术人才队伍，为当地经济社会发展和生态保护与发展源源不断提供着智力支持。

本书分 8 章，第 1 章简述了宁夏的自然地理、社会经济及历史沿革的相关情况，主要由李福生、张学艺、郑方执笔；第 2 章简述了宁夏的基本气候概况以及新 30 年的气候变化基本情况，由李欣执笔；第 3 章简述了宁夏生态气象的天基、空基和地基建设的基本状况，由张德卫、马国飞执笔；第 4 章植被生态气象由赵慧、王云霞、张婍执笔，主要叙述宁夏地表植被的分布及变化、长势遥感监测评估、植被生产力评估、植被生态质量以及气象条件贡献率评价等；第 5 章简述了宁夏主要生态气象灾害遥感监测评估和预报预测情况，其中，干旱监测评估由韩颖娟、张学艺、闫伟兄执笔，黄河凌汛监测由张学艺、李万春、张德卫执笔，森林草原火情监测及火险气象等级预报由张学艺、康雄执笔，土壤荒漠化监测由韩颖娟执笔，土壤盐渍化由李梦华执笔；第 6 章简述了宁夏主要特色作物种植信息提取、作物长势监测及枸杞遥感等方面的内容，由韩颖娟、赵金龙、李万春执笔；第 7 章主要湖泊水体面积变化动态分析由崔洋供稿，张学艺、李剑萍执笔，重点水体监测及主要滞洪区滞(蓄)洪能力分析由赵金龙、李梦华执笔；第 8 章贺兰山东麓生态保护修复重点工程生态效益评估由蔡江涛供稿，张学艺执笔。全书由张学艺、韩颖娟和李剑萍统稿，韩颖娟、李剑萍、李福生负责校对。

本书历时近 3 年时间完成，在这里特别感谢气象出版社黄红丽副主任的鼓励、指导和帮助，使得本书获得国家出版基金的支持，并能在规定的时间内顺利出版。本书系统总结了宁夏气象部门在生态气象和遥感应用方面的业务及科研成果，得到了同事们的大力支持和莫大的鼓励，没有他们的加班加点和辛苦付出，也无法顺利完成本书，在此一并表示衷心的感谢！

由于著者水平有限，书中难免有疏漏和不足之处，敬请读者不吝指正。

张学艺
2022 年 7 月 29 日

目录

第 1 章
绪 论

1.1 自然地理

宁夏回族自治区成立于 1958 年 10 月 25 日，面积 6.64 万 km^2，根据第七次全国人口普查，常住人口 720.3 万人，回族人口占 35.0%，是全国最大的回族聚居区，辖 5 个地级市、22 个县(市、区)。地理位置介于 35°14′—39°23′N，104°17′—107°39′E，南北相距约 456 km，东西相距约 250 km，地势南高北低，全境海拔 1000 m 以上，落差近 1000 m，呈阶梯状下降。地处中国地质、地貌“南北中轴”的北段，在华北台地、阿拉善台地与祁连山褶皱之间。高原与山地交错带，大地构造复杂。从西面、北面至东面，由腾格里沙漠、乌兰布和沙漠和毛乌素沙地相围，南面与黄土高原相连。南部的六盘山自南端往北延，与月亮山、南山、西华山等断续相连，把黄土高原分隔为二。东侧和南面为陕北黄土高原与丘陵，西侧和南侧为陇中山地与黄土丘陵。中部山地、山间与平原交错。卫宁北山、牛首山、罗山、青龙山等扶持山间平原，错落屹立。北部地貌呈明显的东西分异。黄河出青铜峡后，塑造了美丽富饶的银川平原。平原西侧，贺兰山拔地而起，直指苍穹。东侧鄂尔多斯台地，高出平原百余米，前缘为陡坎，是宁夏向东突出的灵盐台地。

宁夏在地形上分为三大板块，一是北部引黄灌区，地势平坦，土壤肥沃，素有“塞上江南”的美誉；二是中部干旱带，干旱少雨，风大沙多，土地贫瘠，生存条件较差；三是南部山区，丘陵沟壑林立，部分地域阴湿高寒。宁夏属典型的大陆性半湿润半干旱气候，雨季多集中在 6—9 月，具有冬寒长，夏暑短，雨雪稀少，气候干燥，风大沙多，南寒北暖等特点。由于平均海拔在 1000 m 以上，所以夏季基本没有酷暑；1 月平均气温在 −8 ℃以下，极端低温在 −22 ℃以下。大部分地区昼夜温差一般可达 12～15 ℃。全年平均气温在 5～9 ℃，引黄灌区年平均降水量 157 mm，中南部山区年平均降水量 400 mm。全区平均年水面蒸发量 1250 mm，变幅在 800～1600 mm，是中国水面蒸发量较大的省份之一。全区多年平均年径流量为 9.493 亿 m^3，平均年径流深 18.3 mm，是黄河流域平均值的 1/3，是中国均值的 1/15。年径流地区分布很不均匀，山地大，台地小，南部大，北部小。年径流深由南部六盘山区东南侧的 300 mm，向北递减至引黄灌区边缘不足 3 mm，相差近百倍，且 70%～80%的径流集中在汛期。

比较而言，宁夏有农业、能源、旅游三方面的优势。一是农业优势。引黄灌溉 790 万亩①，

① 1 亩=666.67 m^2。

是全国12个商品粮生产基地之一，人均耕地面积全国第二位；草场3665万亩，是全国十大牧区之一。二是能源优势。已探明煤炭储量469亿t，居全国第6位，其中宁东煤田探明储量393亿t，被列为国家14个大型煤炭基地之一，人均发电量居全国第1位；探明矿产资源50多种，人均自然资源潜值为全国平均值的163.59%，居全国第5位。三是旅游优势。古老的黄河文明，神秘的西夏历史，雄浑的大漠风光，构成了多姿多彩的旅游资源。"一河三山"（黄河、贺兰山、大罗山、六盘山）、"两沙一陵"（沙湖、沙坡头、西夏王陵）、"两堡一城"（将台堡、镇北堡、古长城），体现了深厚的文化底蕴，展示着独特的自然风光（于贵瑞 等，2006）。

1.2 社会经济

宁夏位于"丝绸之路"上，历史上曾是东西部交通贸易的重要通道，当前的中阿博览会成为共建"一带一路"的重要平台，宁夏对外经贸"朋友圈"扩展到138个国家和地区。2020年，全区实现生产总值3920.55亿元。其中，第一产业增加值338.01亿元，第二产业增加值1608.96亿元，第三产业增加值1973.58亿元。第一产业增加值占地区生产总值的比重为8.6%，第二产业增加值比重为41.0%，第三产业增加值比重为50.4%。一般公共预算总收入704.1亿元，其中地方一般公共预算收入419.4亿元。全体居民人均可支配收入25735元。其中城镇35720元，农村13889元。全部工业增加值1283.69亿元，发电装机容量5942.7万千瓦，规模以上工业企业利润203.9亿元，实现社会消费品零售总额1301.39亿元。货物贸易进出口总额123.17亿元，其中，出口86.68亿元，进口36.49亿元。货物贸易进出口差额（出口减进口）50.19亿元。对"一带一路"沿线国家和地区进出口总额39.06亿元，其中，出口35.02亿元，进口4.04亿元。实际使用外商直接投资2.72亿美元。

2020年全区粮食种植面积1018.75万亩。其中，小麦种植面积139.39万亩，水稻种植面积91.22万亩，玉米种植面积484.09万亩，薯类种植面积142.66万亩，油料种植面积49.92万亩。蔬菜种植面积202.51万亩，瓜果种植面积95.13万亩，园林水果种植面积157.04万亩。全区粮食总产量380.49万t，连续17 a实现丰收。"十三五"末，自治区三大攻坚战夺取重大胜利。全区9个贫困县全部"摘帽"，1100个贫困村全部出列，现行标准下62.4万农村贫困人口全部脱贫。城镇化率年均提高1.2个百分点。城乡居民人均可支配收入均比2010年翻了一番，年均分别增长7.2%和8.8%。地区生产总值比2010年翻了一番，年均增长6.4%。三次产业比重由9.2∶43.3∶47.5调整到8.6∶41.0∶50.4。综合科技创新水平指数由全国第22位上升到第18位。

1.3 历史沿革

宁夏是中华民族远古文明发祥地之一。灵武市"水洞沟遗址"表明，早在3万a前的旧石器时代，就有人类在此生息繁衍。公元前3世纪，秦始皇统一六国后，在灵武境内设北地郡，派兵屯垦，兴修水利，开创了引黄灌溉的历史。公元1038年，党项族首领李元昊以宁夏为中心，建立大夏国，故元代以后史称西夏，定都兴庆府（今银川市），形成了和宋、辽、金政权三足鼎立189 a的局面。元灭西夏后，设宁夏路，始有宁夏之名。明朝设宁夏卫，清代设宁夏府。1929年成立宁夏省，除辖朔方道八县之外，还将阿拉善、额济纳划入，又将阿拉善之巴格的磴口划置磴口县。1949年9月23日，宁夏解放，12月23日成立宁夏省，沿用了宁夏原称。1954年11月3日，宁夏省撤销并入甘肃省。1958年10月25日，宁夏回族自治区正式成立，自治区辖2市、1专区、17县。1969年，内蒙古自治区所辖阿拉善左旗划归宁夏回族自治区。1979年5月30日，国务院批准将阿拉善左旗划归内蒙古自治区管辖(7月1日起正式划回)。

1.4 本章小结

本章介绍了宁夏回族自治区的自然地理、社会经济和历史沿革。宁夏回族自治区，简称宁，是中国五大自治区之一，成立于1958年10月25日，面积6.64万km^2，辖5个地级市，22个县、市(区)，处在黄河上游地区，东邻陕西省，西部、北部接内蒙古自治区，南部与甘肃省相连；地形上分为北部引黄灌区、中部干旱带和南部山区三大板块，属典型的大陆性半湿润半干旱气候，夏暑短，雨雪稀少，气候干燥，风大沙多，南寒北暖。宁夏有农业、能源、旅游三方面的优势，在首府银川举办的中阿博览会是共建“一带一路”的重要平台。

第2章 宁夏气候概况

2.1 基本气候特征

宁夏地处中国内陆，为典型大陆性气候，最南端的六盘山区属半湿润区，卫宁平原以北属干旱区，其他地区为半干旱区。气候宜人，冬少严寒，夏无酷暑，春暖怡人，秋高气爽。日照充足、热量资源丰富，气温年、日较差大，主要的气象灾害有干旱、暴雨洪涝、冰雹、大风、沙尘暴、霜冻、雷暴及水稻低温冷害、小麦干热风等。

2.1.1 温度

全区年平均气温 8.5 ℃，六盘山和贺兰山分别为 1.5 ℃和－0.7 ℃，其他地区在 5.6～10.1 ℃，由南向北递增(图 2.1)。引黄灌区年平均气温 9.5 ℃，中部干旱带 8.1 ℃，南部山区 6.1 ℃；宁夏四季分明，冬季气温最低，夏季气温最高，春季气温略高于秋季，春、夏、秋、冬四季

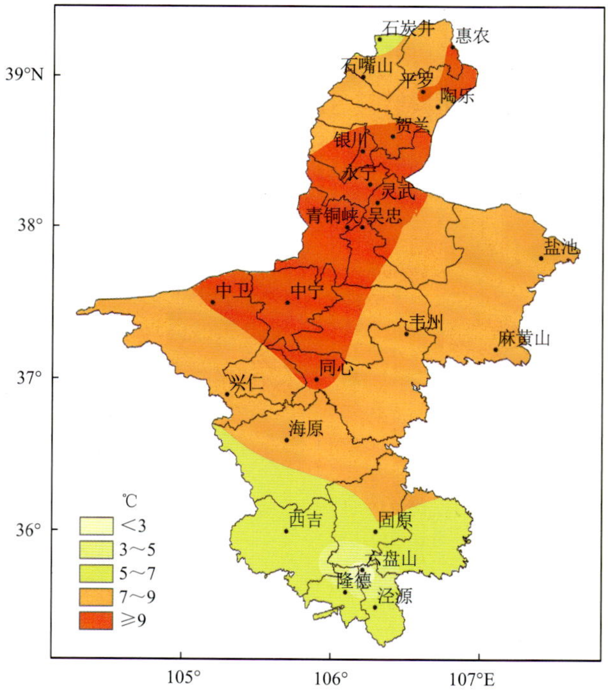

图 2.1 宁夏年平均气温分布

全区平均气温分别为 9.9 ℃、20.9 ℃、8.4 ℃、−5.3 ℃。最冷月为 1 月，全区平均为−7.6 ℃，各地为−10.0～−6.3 ℃；引黄灌区为−9.0～−6.5 ℃；中部干旱带为−9.2～6.3 ℃；南部山区−10.0～−6.6 ℃。最热月为 7 月，全区平均气温为 22.0 ℃，各地为 12.4～24.8 ℃；引黄灌区为 22.9～24.8 ℃；中部干旱带为 20.1～23.2 ℃；南部山区不超过 20 ℃。受下垫面、地形、纬度位置等因素影响，宁夏气候的一个显著特点是气温年较差大，且随纬度升高、地势由南到北降低，年较差由南至北逐渐加大。宁夏全区气温年较差平均为 29.6 ℃，各地在 22.4～33.1 ℃。

2.1.2 降水

全区年平均降水量为 283.0 mm，远少于全国平均(632 mm)，是全国降水最少的省份之一；省会城市银川降水量在全国省会城市中为最少。各地降水量在 175.9～644.8 mm，自南向北逐渐减少，差异明显，降水最多的泾源(644.8 mm)是最少的惠农(175.9 mm)的近 3.7 倍；北部引黄灌区普遍在 200 mm 以下，中部干旱带在 200～400 mm，南部山区超过 400 mm(图 2.2)。降水量夏季最多(占年降水量的 55%～63%)，秋季(占年降水量的 19%～24%)和春季(占年降水量的 15%～21%)次之，冬季最少，大多数地区降水量不足10 mm，占年降水量的 1%～3%。

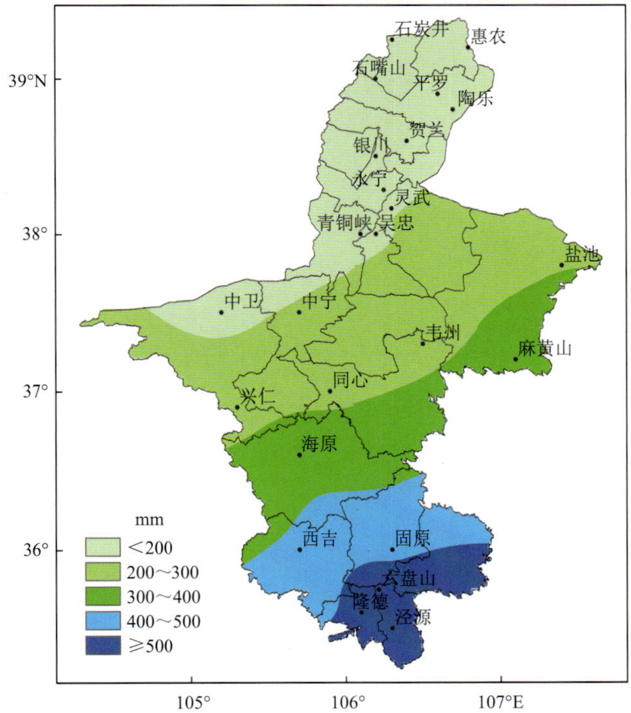

图 2.2 宁夏年降水量分布图

各地年降水变率为 15.0%～29.5%。其分布情况和降水量的分布相反，从北至南逐渐减小，年降水量越大的地方，变率越小，南部山区年降水变率最小，为 15.0%～20.0%，其他地区年降水变率为 20.0%～29.5%。宁夏各地最长连续无降水时段主要出现在 10 月—次年 4

月，且大部分出现在2004年以前。除六盘山最长连续无降水日数为42 d，其他地区均在60 d以上，同心以北大部在100 d以上，最长出现在大武口区，为194 d，出现在1976年10月11日—1977年4月22日，其次为银川191 d，出现在1998年10月13日—1999年4月21日。

2.1.3 日照时数

全区平均日照时数为2822.2 h，各地在2260.9～3071.0 h；自南向北递增，中北部多在2700～2900 h，南部山区在2700 h以下，是宁夏日照最少的地区，其中隆德为低值中心，石炭井是高值中心(图2.3)。夏季日照时数最多，冬季最少，春季大于秋季；春季、冬季日照时数各占全年日照时数的20%左右，夏季、秋季各占30%左右。

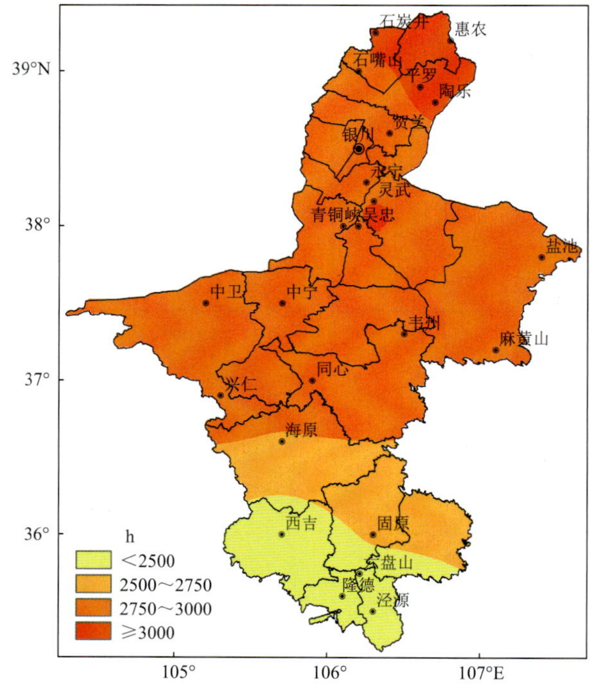

图2.3 宁夏年日照时数空间分布

2.1.4 主要气象灾害

由于特殊的环境和气候条件，宁夏干旱、洪涝、冰雹、大风、沙尘暴、霜冻以及小麦干热风、水稻低温冷害等气象灾害频繁出现，给各行各业尤其是农业生产和人民群众生活带来严重影响。干旱、洪涝、大风、沙尘暴等是制约宁夏经济快速发展的主要气象灾害。干旱在宁夏分布最广，主要分布于盐池、同心及固原市北部地区。春、夏、秋季都有干旱发生，以春旱及春夏连旱最多，秋旱及夏秋连旱次之，春夏秋连旱较少。总的特点是受灾面积广，持续时间长。历史上出现过1957年、1962年、1965年、1974年、1991年、1995年、1997年、2000年、2005年和2007年等大旱年，中小旱和局部干旱几乎每年都有发生。每次大旱都会造成严重减产(局部地区绝产)和牲畜死亡以及人畜严重缺水。洪涝是宁夏出现频率较高的自然灾害，主要由汛期暴雨和黄河凌汛引起。暴雨引发的洪涝灾害主要分布在固原市南部阴湿区及贺兰山区，沿山多于平原，多发生在暴雨集中的 6—9 月，在 5 月及 10 月也时有发生。由黄河凌汛造成的洪涝主要影响沿黄各地，多出现在初冬及早春黄河封河、开河期。洪涝对农业、水利等造成严重损失，加剧水土流失，对生态环境造成破坏，甚至威胁人民生命安全。洪涝也是一种可以充分利用的水资源，有效拦截蓄积，可以减轻干旱的威胁。大风、沙尘暴是宁夏较常见的气象灾害，常常摧毁农业设施及公共设施等，严重时还可摧毁建筑物、引发交通事故、造成机场关闭，对精密仪器、精细化工等也有着严重的破坏性影响。宁夏春季大风最多，秋末冬初次之。大风灾害北部多于南部，山顶、峡谷、空旷的地方多于盆地。沙尘暴以盐池、同心最多，出现最多的季节是春季。宁夏沙尘暴总的趋势是减少的，但近年来沙尘暴强度有增强的趋势。

2.2 气候变化事实

2.2.1 气温明显升高

在全球变暖背景下，1961—2018 年宁夏年平均气温表现为升高趋势，全区年平均气温升温率为 0.37 ℃·$(10\ a)^{-1}$（通过 0.05 显著性水平检验），高于全国平均气温升温率；近 30 a（1989—2018 年）宁夏变暖更加明显，升温率达 0.42 ℃·$(10a)^{-1}$，特别是 1996 年之后快速上升，为 1961 年以来最暖的时段（图 2.4）。各地升温率在 0.24～0.58 ℃·$(10\ a)^{-1}$，中北部地区略高于南部山区，利通区为全区升温幅度最大的地区。就季节升温率而言，冬季和春季突出，分别为 0.46 ℃·$(10\ a)^{-1}$ 和 0.43 ℃·$(10\ a)^{-1}$，其次为秋季和夏季，分别为 0.31 ℃·$(10\ a)^{-1}$ 和 0.30 ℃·$(10\ a)^{-1}$，各季节升温趋势均通过了 0.05 显著性水平检验。

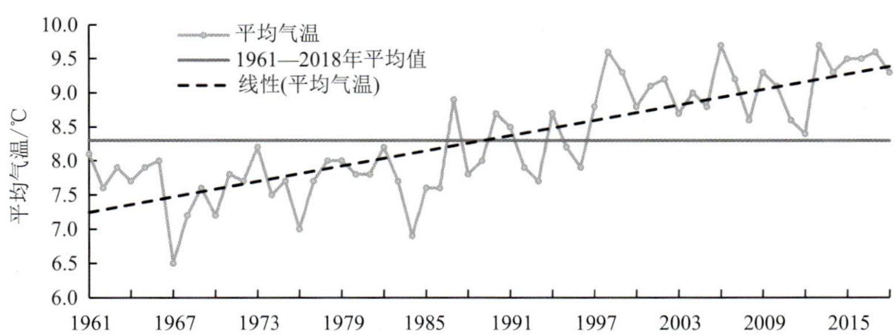

图 2.4 宁夏平均气温年际变化

2.2.2 降水总体变化趋势不明显，近期处于偏多时段

年降水量没有显著变化趋势，2005 年以来有增多趋势，尤其 2012 年以来大部分年份较多年平均降水量偏多，接近 1960 年水平（图 2.5）。年际变率大，最多的 1964 年全区平均降水量 453.0 mm，最少的 1983 年仅 161.7 mm，最多年是最少年的 2.8 倍。春、夏、秋三季降水量总体呈微弱减少趋势，每 10 a 分别减少 0.1 mm、1.1 mm 和 1.6 mm，而冬季降水量呈略微增加趋势，每 10 a 增加 0.7 mm。近年来春、秋、冬季降水均有所增加，特别是秋季降水明显增多，2007 年以来大部分年份较多年平均降水量偏多。各地降水量变化存在差异，引黄灌区大部呈

增加趋势，增加幅度在 3 mm·$(10\ a)^{-1}$以下，中南部大部分地区呈减少趋势，每 10 a 减少 2.0～11.6 mm，尤其降德减少趋势最大。

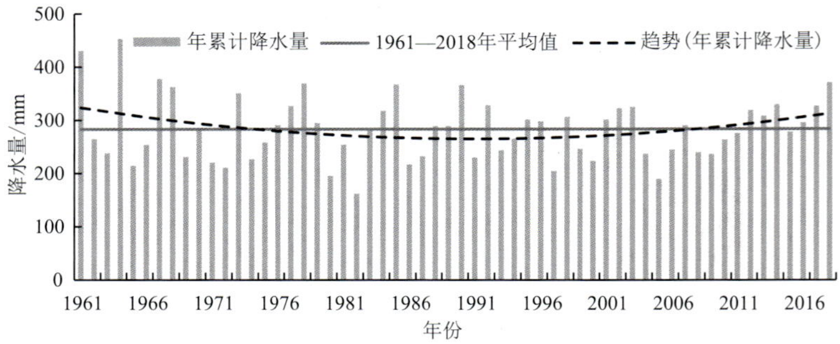

图 2.5　宁夏年降水量年际变化

2.2.3　气候暖湿化特征

1961—2018 年宁夏全区年平均气温呈现显著升高趋势，平均每 10 a 上升 0.37 ℃，升温速率高于西北地区(0.30 ℃·$(10\ a)^{-1}$)、全国(0.23 ℃·$(10\ a)^{-1}$)和全球(0.12 ℃·$(10\ a)^{-1}$)同期升温速率。自 1997 年以来，大部分年份气温偏高；年降水量没有显著升降变化趋势，2010 年之前年降水量呈减少趋势，2011 年以来降水开始增多，平均年降水量 312.5 mm，较常年(268.8 mm)偏多 16%，略多于 1960 年(310.8 mm)，是近 6 个年代际中降水最多的时段，气候呈现暖湿化趋势。在此背景下，降水强度增加，2010 年以来连续 9 a 中雨及以上日数偏多。

尽管近年来宁夏气候出现暖湿化趋势，但 21 世纪 10 年代的降水量也只与 1960 年相当，大部分地区仍然处在干旱或半干旱气候范围。目前的变湿趋势只是量的变化，不足以改变基本气候状态。此外，由于宁夏气候变暖十分显著，而且变暖程度还在不断加速，这会引起无效蒸发明显增加，降水增加的部分变湿效应会被无效蒸发增加所抵消。

2.2.4　等雨量线变化

200 mm 等降雨量线是干旱区与半干旱区分界线，400 mm 等降雨量线是半湿润和半干旱区分界线。1961 年以来，宁夏 200 mm 和 400 mm 等雨量线均有南移—北移的变化过程。1960 年，200 mm 等雨量线位于中卫—银川一带，银川以北未达 200 mm 的地区其降水量也在 186～197 mm。之后，随着降水减少，200 mm 等雨量线逐渐南移，在 1970—1980 年，引黄灌区仅有中宁降水量在 200 mm 以上，其他地区均低于 200 mm。1990 年和 21 世纪 00 年代初，引黄灌区降水量全部低于 200 mm，但由于 2005 年以来降水量的增加，使得 2000 年各地降水量较 1990 年略多。2011 年以来，200 mm 雨量线明显北移，引黄灌区仅有北部的惠农、平罗和陶乐未达 200 mm，但平罗和陶乐降水量也达 199 mm，最少的惠农也有 177 mm(图 2.6)；1960 年，400 mm 等雨量线位于海原—麻黄山一带；1970—2000 年四个年代，400 mm 等雨量线变化主要出现在西段，其中 1970 年，仅有原州区、隆德、泾源和六盘山降水量在 400 mm 以上，海原、麻黄山、西吉降水量降至 378 mm 以下；在 1980 年、1990 年和 2000 年，西吉降水量分别为 423 mm、383 mm 和 365 mm，而原州区、隆德、泾源和六盘山降水量仍然在 400 mm 以上；2011 年以来，400 mm 等雨量线再次明显北移，几乎接近 1960 年(图 2.7)。

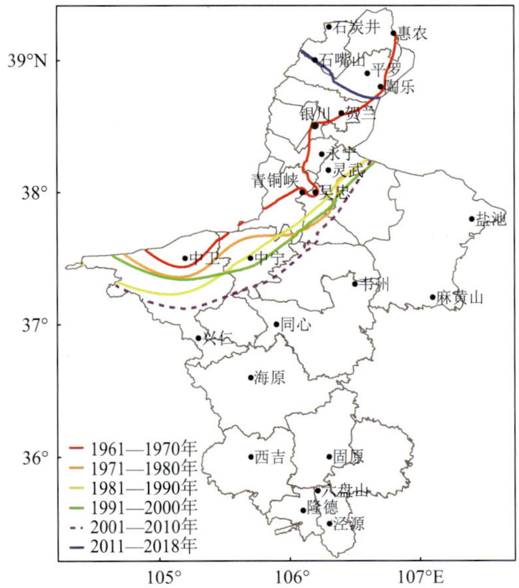

图 2.6　200 mm 等雨量线年代际变化

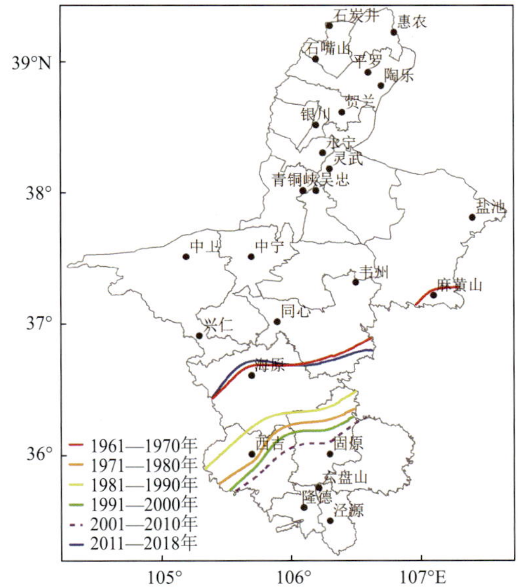

图 2.7　400 mm 等雨量线年代际变化

2.2.5　主要极端天气气候事件及气象灾害变化

2.2.5.1　高温日数增多，强度增强

在气候变暖背景下，宁夏中北部高温日数（日最高气温高于或等于 35 ℃的天数）增多，强度增强。1961 年以来，中北部平均高温日数增加幅度为 0.98 d·(10 a)$^{-1}$；尤其 1995 年之后，高温日数明显增多，大部分年份在平均值以上，且年际变率增大（图 2.8）。极端最高气温呈显著上升趋势，全区平均极端最高气温上升幅度为 0.4 ℃·(10 a)$^{-1}$（图 2.9）。

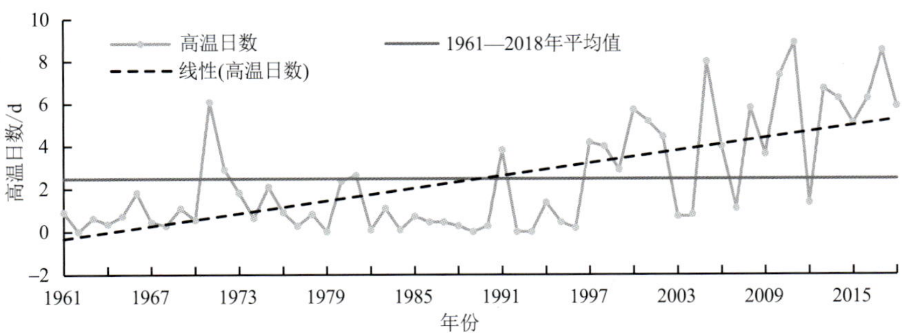

图 2.8　宁夏引黄灌区高温日数年际变化

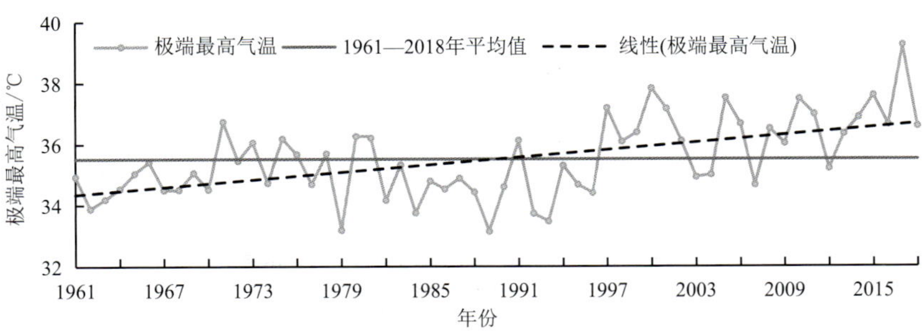

图 2.9　宁夏引黄灌区极端最高气温年际变化

2.2.5.2 低温日数减少，强度减弱

大部地区低温日数（日最低气温低于或等于－15 ℃的天数）减少，强度减弱。全区平均低温日数减少幅度为0.7 d·(10 a)$^{-1}$（图2.10）。极端最低气温呈现一致上升趋势，全区平均极端最低气温上升幅度为0.45 ℃·(10 a)$^{-1}$（图2.11），超过极端最高气温上升幅度。

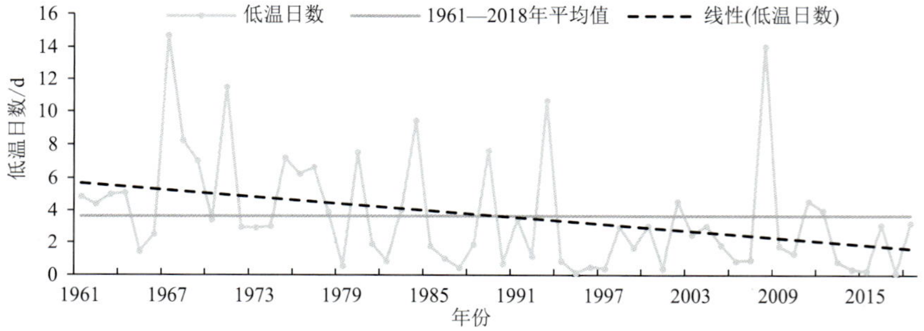

图2.10 宁夏低温日数年际变化

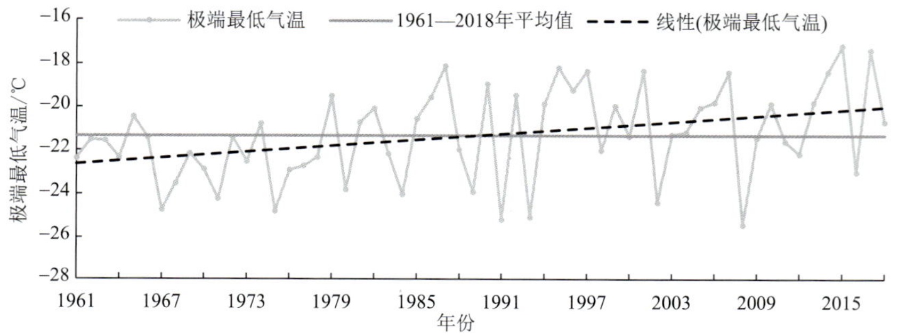

图2.11 宁夏极端最低气温年际变化

2.2.5.3 降水总日数减少，强降水日数增多，降水强度增强

宁夏各地小雨日数减少，大部分地区中雨日数、大雨日数和暴雨日数增加；大部分地区降水强度呈增加趋势，银川以北地区增加幅度较大（图2.12），极端降水及无雨日数增加。春季中雨量和大雨量、夏季大雨量和暴雨量、秋季小雨量和中雨量的变化对总降水量变化的作用突出。

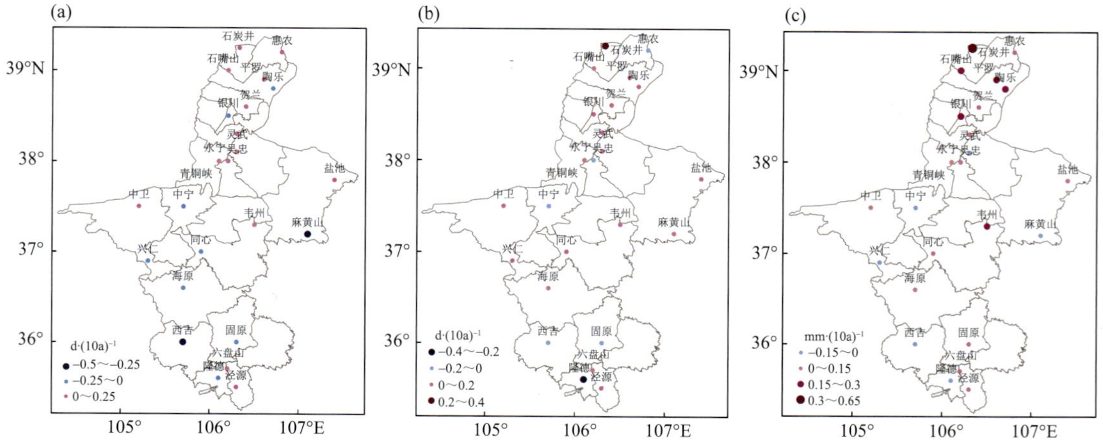

图2.12 宁夏中雨日数(a)、大雨日数(b)、降水强度(c)变化趋势空间分布

2.2.5.4 近年来干旱日数减少，干旱强度减弱

宁夏全区平均干旱总日数、重旱日数、特旱日数均无明显变化趋势，但自 2006 年之后，随着降水量增加，不同等级干旱日数均呈减少趋势，较之前分别减少 8.4%、25.0%和 18.2%；尤其在 21 世纪 10 年代达到年代最低值(图 2.13)。

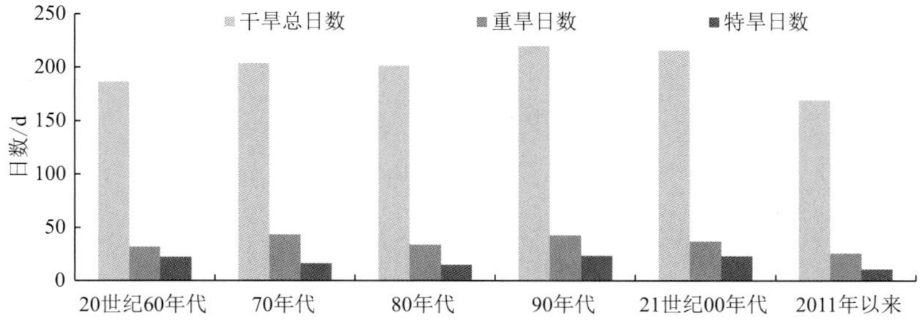

图 2.13　宁夏干旱日数年代际变化

宁夏全区平均干旱总强度、重旱强度和特旱强度总体上变化趋势不明显，与干旱日数变化相同，2006 年之后，均呈减弱趋势，较之前分别减弱 13.1%、24.9%和 18.1%，21 世纪 10 年代达到年代最低值(图 2.14)。

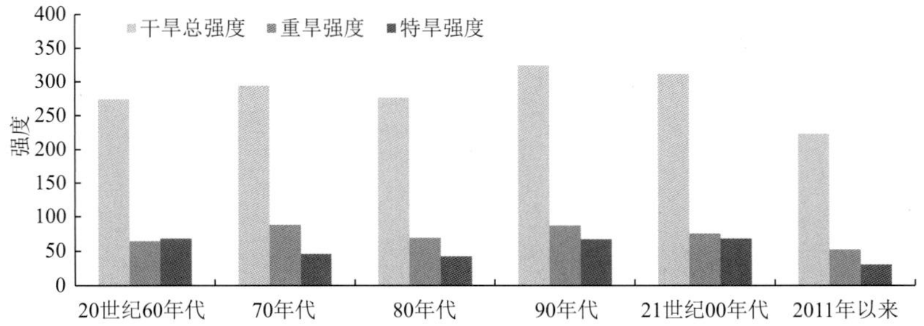

图 2.14　宁夏干旱强度年代际变化

总体上，中部干旱带的同心干旱日数增加明显，但强度减弱明显，其他大部分地区干旱日数虽然减小，但干旱强度增加。

2.2.5.5 大风、沙尘日数减少

全区大部大风日数呈减少趋势，全区平均大风日数减少幅度为 2.3 d·(10 a)$^{-1}$。全区平均沙尘日数(包括浮尘、扬沙、沙尘暴)减少幅度为 17.9 d·(10 a)$^{-1}$；1988 年前大部分年份在 40 d 以上，较多年平均值偏多，平均为 64.8 d；1989 年之后均较多年平均值偏少，平均仅为 16.1 d(图 2.15)。

2.2.5.6 冰雹日数减少

宁夏全区平均冰雹日数减少幅度为 0.23 d·(10 a)$^{-1}$(通过 0.05 显著性水平检验)。历年冰雹日数均不足 2.5 d，1984 年最多，达 2.4 d；在 1988 年前后发生突变，突变前年平均冰雹日数为 1.3 d，突变后为 0.5 d，且突变前冰雹日数年际变率大于突变后，2018 年宁夏全区各地均无冰雹发生(图 2.16)。

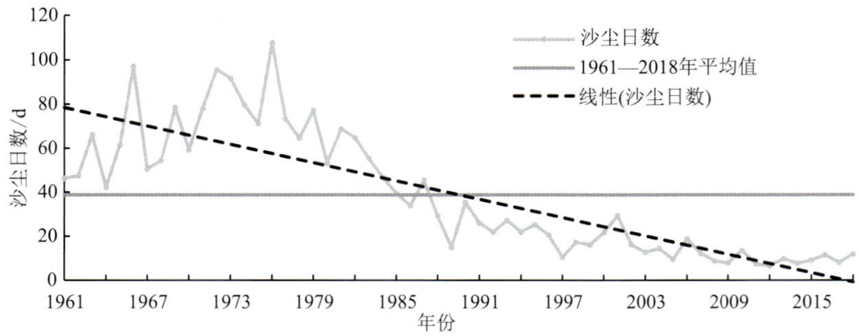

图 2.15　1961—2018 年宁夏年沙尘日数逐年变化

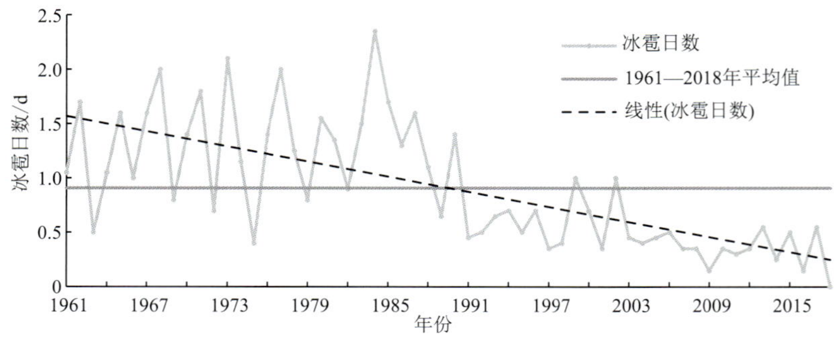

图 2.16　1961—2018 年宁夏冰雹日数年际变化

2.3　本章小结

本章介绍了宁夏气温、降水、日照时数、主要气象灾害特征，以及 1961—2018 年间气候变化事实。宁夏日照充足、热量资源丰富，气温年、日较差大，主要的气象灾害有干旱、暴雨洪涝、冰雹、大风、沙尘暴、霜冻、雷暴及水稻低温冷害、小麦干热风等。1961—2018 年间，宁夏气温明显升高，降水总体变化趋势不明显，气候呈暖湿化趋势，但不足以改变基本的气候状态。200 mm和 400 mm 等雨量线均有南移—北移的变化过程。气候变暖背景下，宁夏的高温日数增多，强度增强，低温日数减少，强度减弱，降水总日数减少，强降水日数增多，降水强度增强。干旱日数减少，干旱强度减弱，大风、沙尘日数及冰雹日数减少。

第 3 章 生态气象观测系统

3.1 天基观测

天基观测是指传感器位于地球大气层以外的观测，如卫星、探测火箭等。天基气象观测系统通过卫星轨道的选择，既可以获取高空间分辨率的全球资料（如极轨气象卫星和资源卫星），也可以获取高时间分辨率的资料（如地球静止气象卫星）。通过对星上遥感探测器瞬时视场的设计及卫星轨道和高度的选择，可以得到不同空间分辨率的资料，通过主动遥感或被动遥感，选用可见光、红外和微波等不同波段的多个探测通道，可以得到地球气候系统中五大圈层不同要素和参数的信息。因此，天基探测具有获取全球、全天候、高时间分辨率、高空间分辨率和高光谱分辨率的地球系统辐射信息的能力，经过反演、加工和处理，得到多种与其他手段互补的描写地球系统五大圈层不同尺度运动状况和发展演变的地球物理参数。

天基气象观测系统是气象综合观测系统的重要组成部分，在现代气象业务和服务中具有特殊的地位和作用。承灾体监测方面，早在 1983 年，水利部就利用陆地卫星 TM 数据监测三江平原挠力河洪水，成功获取了受淹面积与河道变化信息。1984 年和 1985 年用极轨气象卫星分别调查了淮河和辽河洪水。水利部防洪减灾工作利用遥感和地理信息系统技术建成了运行体系并得到了多年的实际应用。以气象卫星、星载 SAR（合成孔径雷达）和机载 SAR、直升机以及地面水文、水位观测等进行多平台监测，在宏观背景监测、灾情监测与紧急情况监测等方面发挥作用，从灾害发生遥感影像提取的现势水体与基础背景数据库中的水体叠加就可以进行洪涝灾害发生面积和程度的评估。

卫星遥感技术具有大范围、快速、动态等优势，不受地形地貌和交通条件等限制，时效性强，成本低。在国外，尤其是美国，遥感技术用于生态环境监测时间早，20 世纪 80 代就通过多个生态环境监测评估项目，逐步形成了不同的生态气象遥感监测体系，通过探测不同空间和时间尺度上的生态环境来预估生态环境资源在开发与利用中可能存在的风险，探求人与生态环境之间可能存在的关系。在国内，20 世纪 80 年代发射了第一颗气象卫星，开始开展天气预报及台风、强降水、沙尘等气象灾害的监测工作；90 年代我国发射了第一颗资源卫星，相关部门随之开展了植被、水体、矿产、地表温度等陆表生态资源以及水体泛滥、火灾等生态灾害等的遥感监测应用工作，并将监测结果与气象预报预测相结合，逐步形成了生态气象监测、评估业务。经过 30 多年的发展，国内逐渐形成了气象卫星、资源卫星、高分卫星等多源融合的生态气象遥感监测模式。气象部门也初步具备了风云卫星＋高分卫星的生态气象遥感监测评估能力。国家卫星气象中心近年来也初步建立了全国 2 m 和 16 m 的卫星遥感晴空底图产品数据库，研发了高分卫星遥感应用软件，实现高分卫星与气象卫星综合应用软件功能，通过决策服务、微信公众号和新闻媒体采访等方式，为政府决策部门提供决策服务，为社会公众提供监测信息、普及科学知识。

自20世纪80年代开始，宁夏回族自治区各部门在国家相关部委的指导下也陆续开始开展生态环境与资源相关的遥感监测应用业务。宁夏回族自治区气象局在中国气象局统一部署的气象卫星遥感监测业务应用基础上，先后开展了植被长势、作物估产、水体面积等生态环境以及沙尘、大雾、森林草原火灾、干旱、黄河凌汛等生态气象灾害的遥感监测业务；为交通部门提供大雾、积雪等遥感监测信息；为水利部门提供黄河宁夏段冬季凌情和夏季汛情监测信息；为林业部门提供森林草原区火情、火灾扑救、森林草原安全管理、飞播种草效益评估等遥感监测决策支持；为农业部门提供分类作物信息提取、牧草长势等遥感监测服务；长期以来持续为政府决策提供生态气象遥感监测级评估产品。

目前，宁夏气象部门建设有风云三号、风云四号系列气象卫星的接收处理及环境减灾卫星、陆地资源卫星等20多种卫星遥感数据的处理、存储的软硬件设施，是宁夏回族自治区内少数拥有多源卫星遥感数据接收硬件、处理软件和长期开展遥感监测业务应用的部门之一。2019—2022年，依托两个重大生态气象建设工程项目“贺兰山东麓山水林田湖草生态保护修复工程生态效益评估”“宁夏城乡生态环境保护气象服务工程”，建设了由机载高光谱仪、激光雷达、热成像仪组成的“空基”遥感监测平台，并与“天基”卫星遥感、“地基”生态观测组网，形成“天一空一地”一体化生态遥感监测能力，为生态遥感监测评估业务服务提供数据支撑。遥感数据空间分辨率从千米级到百米级、米级到亚米级，时间分辨率从月、旬、天、小时到分钟级。同时，围绕地方生态建设关注点和重点区域，长期开展植被、水体、土地利用、气溶胶光学厚度等生态环境因子监测，评估宁夏植被覆盖、植被固碳量、地表蒸散、大气气溶胶、水源涵养能力等的变化；开展森林草原火情、干旱、洪涝、黄河冬凌夏汛、沙尘、土壤荒漠化、土壤盐渍化等生态灾害遥感监测评估以及作物种植信息提取、作物长势监测评估等工作；为自治区党委和政府、产业管理部门提供宁夏黄河流域生态保护和高质量发展先行区生态环境动态监测评估、作物种植面积动态变化等决策服务，得到各级领导高度认可。为2021年“3·13”原州区张易镇火灾、2019年4月1日黄茆山火灾等提供跟踪监测服务，向自治区应急厅及森林防火指挥部提供了实时、动态的火情信息，发挥了气象防灾减灾第一道防线作用。另外，持续加强生态遥感业务系统建设，研发了集生态环境因子监测评估、生态灾害监测评估、大气环境监测评估、农业遥感监测评估、重大生态工程效益评估、数据管理、任务管理及共享发布为一体的区市县三级一体化“宁夏生态气象遥感监测评估系统”，为推进宁夏生态气象遥感监测评估业务的高质量发展奠定了基础。

3.2 空基观测

空基观测是指传感器在地球表面以上、中层大气及以下的观测，主要由气球探测、飞机探测和火箭探测组成。观测手段如探空气球、多普勒雷达、风廓线雷达、探空飞机、无人机观测等，因各自不同的目的和所用平台的具体特点而安装相应的气象仪器。无人机遥感，即利用先进的无人驾驶飞行器技术、遥感传感器技术、遥测遥控技术、通信技术、GPS差分定位技术和遥感应用技术，能够实现自动化、智能化、专用化快速获取国土资源、自然环境、地震灾区等空间遥感信息，且完成遥感数据处理、建模和应用分析的应用技术。无人机遥感系统由于具有机动、快速、经济等优势，已经成为世界各国争相研究的热点课题，现已逐步从研究开发发展到实际应用阶段，成为未来的主要航空遥感技术之一。遥感传感器是根据不同类型的遥感任务，使用相应的机载遥感设备，如高分辨率 CCD 数码相机、轻型光学相机、多光谱成像仪、红外扫描仪，激光扫描仪、磁测仪、合成孔径雷达等。

无人机出现在 1917 年，早期的无人驾驶飞行器的研制和应用主要用作靶机，应用范围主要是在军事上，后来逐渐用于作战、侦察及民用遥感飞行平台。20 世纪 80 年代以来，随着计算机技术、通信技术的迅速发展以及各种数字化、重量轻、体积小、探测精度高的新型传感器的不断面世，无人机的性能不断提高，应用范围和应用领域迅速拓展。世界范围内的各种用途、各种性能指标的无人机的类型已达数百种之多，续航时间从一小时延长到几十个小时，任务载荷从几千克到几百千克，为长时间、大范围遥感监测提供了保障，也为搭载多种传感器和执行多种任务创造了有利条件。传感器由早期的胶片相机向大面阵数字化发展，2011 年国内制造的数字航空测量相机拥有 8000 多万像素，能够同时拍摄彩色、红外、全色的高精度航片；中国测绘科学研究院使用多台哈苏相机组合照相，利用开发的软件再进行拼接，有效地提高了遥感飞行效率；德国禄来公司推出的 2200 万像素专业相机，配备了自动保持水平和改正旋偏的相机云台，开发了相应的成图软件。另外，激光三维扫描仪、红外扫描仪等小型高精度遥感器为无人机遥感的应用提供了发展的余地。

宁夏气象部门依托两个重大生态气象建设工程项目，购置了无人机及相应的机载遥感观测设备。逐步形成了以天基观测为主，空基及地基观测为辅的天空地一体化生态气象遥感监测评估业务布局。设备主要有机载高光谱、机载激光雷达、热成像仪、高清相机等，重点针对生态环境因子、生态气象灾害、农业遥感以及大气环境、重大工程生态效益等开展监测和评估方面的工作。

3.3 地基观测

3.3.1 农业气象观测

宁夏气象部门农业气象观测由 3 个农业气象试验站，21 个农业气象观测站（5 个一级农业气象观测站，2 个二级农业气象观测站，14 个辅助农业气象观测站），以及 111 套农田小气候站及实景观测系统等组成（表 3.1）。农业气象观测逐步由人工观测为主发展为由基于物联网作物实景监测的机器学习、AI 算法识别等为主的自动观测。

表 3.1 宁夏不同等级农业气象观测站分布情况表（2020 年数据）

等级	观测站数量	观测站分布
农试站	3	永宁、固原、盐池
一级农气站	5	平罗、永宁、中卫、固原、盐池
二级农气站	2	隆德、同心
辅助农气站	14	银川、吴忠、青铜峡、中宁、西吉、兴仁、彭阳、灵武、惠农、陶乐、韦州、泾源、海原、贺兰

来源：《宁夏气象局关于印发农气生态观测业务调整方案的通知》（气发〔2020〕32 号）。

农业气象观测项目主要分为作物观测和土壤湿度观测两类。作物观测目前仍以人工观测为主，2021 年开始，主要作物发育期逐步切换为由基于实景监测系统 AI 算法的自动观测。农业气象观测对象主要有粮食作物、牧草、经济林果、蔬菜、自然物候等的生长发育期状况的观测（表 3.2）；土壤湿度观测自 2007 年以后开展逐步实现自动化，到 2021 年以后基本实现了全部自动化。其中，固定地段 14 处，作物地段 23 处，辅助地段 58 处。

表 3.2　作物观测站点分布表（2020 年数据）

观测作物	观测站数量	观测站分布
春小麦	5	平罗、永宁、中卫、盐池、同心
冬小麦	2	固原、隆德
玉米	5	平罗、永宁、中卫、固原、盐池
水稻	2	永宁、中卫
牧草	1	盐池
自然物候	5	平罗、永宁、中卫、固原、盐池
春小麦	1	吴忠
冬小麦	1	彭阳
玉米	1	同心
水稻	1	吴忠
苜蓿	2	固原、盐池
马铃薯	5	平罗、固原、隆德、西吉、海原
设施农业	4	平罗、中卫、吴忠、贺兰
酿酒葡萄	3	永宁、银川、青铜峡
枸杞	5	中卫、中宁、同心、惠农、固原
冷凉蔬菜	2	固原、西吉
胡麻	1	固原
黄芪	1	隆德
枣	3	同心、中宁、灵武
硒砂瓜	1	兴仁
苹果	1	吴忠

来源：《宁夏气象局关于印发农气生态观测业务调整方案的通知》（气发〔2020〕32 号）。

“十三五”期间，宁夏气象部门在全区建设了 111 套农田小气候观测站及实景观测系统（图 3.1），针对全区优质粮食和草畜、蔬菜、枸杞、葡萄等核心种植区布点，并开展土壤水分、地温、温度、湿度、风向、风速、降水、总辐射、二氧化碳浓度、光合有效辐射、红外冠层温度、实景等观测。

3.3.2　生态气象观测

目前，全区共有 21 个生态气象观测站在进行气候生态环境的监测（表 3.3），分为草原、荒漠、农田、湿地、沙地等不同生态类型区，主要针对植被、土壤、大气特征参数以及气象灾害及其衍生灾害等开展观测。其中，承担生态气象观测业务的共有 21 个站点，分别是石嘴山、惠农、平罗、陶乐、沙湖、银川、贺兰、永宁、灵武、吴忠、青铜峡、盐池、同心、韦州、中卫、中宁、海原、固

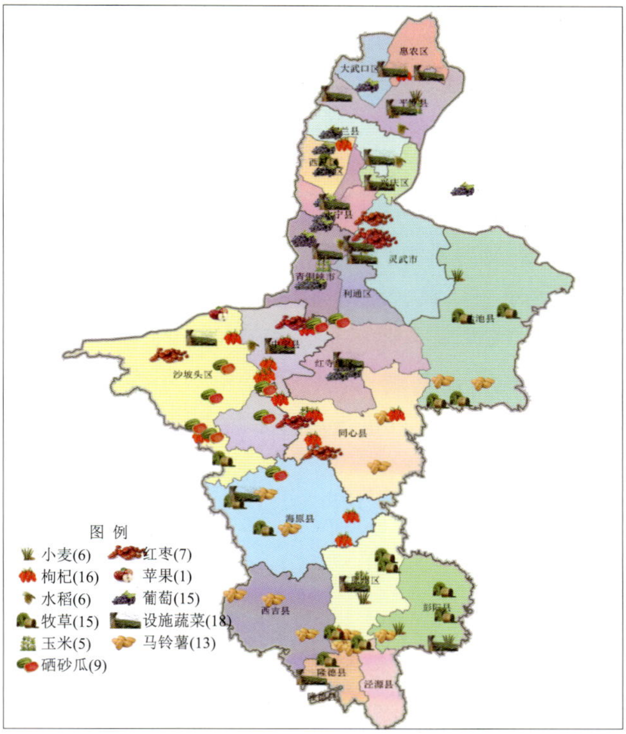

图 3.1 宁夏农田小气候观测站及实景观测系统站点布局图

原、西吉、泾源和隆德。

表 3.3 宁夏生态气象观测项目站点分布表

生态观测项目	目前观测的站点	生态观测项目	目前观测的站点
大气沉降	惠农、平罗、陶乐、石嘴山、同心、盐池、吴忠、银川、永宁、灵武、中卫、中宁、海原、固原、泾源、西吉	湿地植物多样性	陶乐、石嘴山、沙湖、青铜峡、银川、永宁
水体变化	石嘴山	土壤湿度	吴忠、青铜峡、韦州、灵武、中卫、中宁、海原、固原、泾源、隆德、西吉
地下水位	惠农、平罗、陶乐、石嘴山、盐池、青铜峡、韦州、贺兰、灵武、中宁	土壤冻结和解冻	平罗、盐池、吴忠、青铜峡、韦州、银川、灵武、中卫、中宁、海原、固原、泾源、隆德
湖泊水位	石嘴山、沙湖、青铜峡、银川、永宁、西吉	草地优势草种发育期	陶乐、石嘴山、同心、盐池、吴忠、青铜峡、韦州、永宁、灵武、中卫、中宁、海原、固原、泾源、隆德、西吉
湖泊结冰	沙湖、银川	草地植被覆盖度	陶乐、石嘴山、同心、盐池、吴忠、青铜峡、韦州、永宁、灵武、中卫、中宁、海原、固原、泾源、隆德、西吉
城市热岛效应	石嘴山、银川	草地植物多样性	陶乐、石嘴山、同心、盐池、吴忠、青铜峡、韦州、永宁、灵武、中卫、中宁、海原、固原、泾源、隆德、西吉
湖水水温	沙湖、银川	草地植被产量	同心、盐池、韦州、中卫、海原、固原、泾源、隆德、西吉
城市绿地变化	石嘴山、银川	—	—

观测项目主要有大气沉降、地下水位、土壤冻结和解冻、土壤湿度、草地植被产量、优势草种发育期、草地植被覆盖度、草地植物多样性、湿地植物多样性、湖泊水位、湖泊结冰、湖水水温、水体变化、城市热岛效应、城市绿地变化。

3.4 本章小结

本章介绍了宁夏生态气象观测系统的基本情况，包括天基观测、空基观测和地基观测。其中，天基观测主要是基于风云三号、风云四号系列气象卫星、环境减灾卫星、陆地资源卫星等20多种卫星遥感观测资料；空基观测主要是依托两个重大生态气象建设工程项目，购置了无人机及相应的机载遥感观测设备；地基观测则主要是由3个农业气象试验站、21个农业气象观测站、111套农田小气候站及实景观测系统和21个生态气象观测站组成。目前，宁夏气象部门已初步形成了“天一空一地”一体化的生态气象遥感监测能力，为生态气象遥感监测评估业务服务打下了坚实基础。

第 4 章 植被生态气象

4.1 植被分布及变化

植被是覆盖地表植物群落的总称，与气候、土壤、地形及水资源等自然环境要素密切相关，是地球生态系统的重要组成部分，在地表物质与能量交换过程中扮演着重要的角色，与人类的生产生活息息相关。植被在全球能量交换、生物地球化学和水文循环方面也发挥着重要作用，可直接反映生态环境的总体状况。对植被进行动态监测，也可以从一定程度上反映气候变化趋势，具有重要的生态学和气候学意义（杜艳秀，2016；张春森 等，2016；Song et al.，2017）。

4.1.1 植被分布特征

宁夏南北气候差异显著，植被覆盖由南向北为森林草原、干草原、荒漠草原、草原化荒漠。中部常见沙生植物，愈向北，旱生小灌木、小半灌木植被愈多，植被矮小，分布稀疏（裴志方 等，2018）。其次，受温带草原气候控制，干草原和荒漠草原成为植被的主体，尤其是中北部的荒漠草原，除一些多年生草本植物外，更有超旱生小灌木和小半灌木参加群落的建群成分。森林草原仅分布在南部山区的部分地段，面积小，与全国温带草原区以森林草原和干旱草原为主体的植被组合有显著差异（高正中 等，1984）。据 2021 年宁夏统计年鉴，将植被分为耕地、园地、林地和草地。其中，耕地约为 13034.3 km^2，园地约为 481.2 km^2，林地约为 7664.4 km^2。天然林资源贫乏，主要集中分布在六盘山、贺兰山、罗山（杜灵通 等，2012）；草地占比最大，约为 20803.4 km^2，主要以荒漠草原和干草原为主（表 4.1）。

表 4.1　2021 年宁夏各植被类型统计面积

类型	分类	面积/km^2
耕地	灌溉水田	1855.6
	水浇地	3333.7
	旱地	7845.0
园地	果园	271.9
	其他园地	209.3
林地	有林地	1649.3
	灌木林	3152.8
	其他林地	2862.3

续表

类型	分类	面积/km²
草地	天然草地	14535.2
	人工草地	345.2
	其他草地	5923.0

注：资料来源：2021年宁夏统计年鉴。

4.1.2 植被分布变化特征

宁夏植被经过长时间的自然演变及人为开发利用，已逐渐失去原貌。例如，六盘山群落原由云杉、冷杉、华山松、油松、柏树和辽东栎为主的森林群落遭到破坏后形成了以杨、桦、栎为建群成分的落叶阔叶林及部分灌丛和草甸植被；中北部的荒漠草原植被经过退化和沙化，许多已经成为沙生植物群落（高正中 等，1984）。裴志方等（2018）通过对宁夏2000—2016年农田与自然植被区不同级别植被覆盖度面积变化及植被覆盖转移特征进行分析发现，宁夏农田植被区2000年主要以低植被覆盖和中植被覆盖为主，到2016年极低、低以及中植被覆盖面积减少，逐渐以高植被覆盖为主；自然植被区中植被与高植被覆盖面积虽然有所增加，但极低与低植被覆盖仍占全区面积的70%以上（表4.2）。在2000—2005年、2005—2010年、2010—2016年期间，农田植被区和自然植被区均呈现极低植被→低植被→中植被→高植被覆盖区转移趋势，总体上植被覆盖向好发展（表4.3）。

表4.2　2000—2016年宁夏农田与自然植被区不同级别植被覆盖面积变化（裴志方 等，2018）

年份	区域	极低植被覆盖		低植被覆盖		中植被覆盖		高植被覆盖	
		面积/km²	比例/%	面积/km²	比例/%	面积/km²	比例/%	面积/km²	比例/%
2000	农田植被区	844.04	8.90	3349.64	35.33	3106.97	32.77	2180.93	23.00
	自然植被区	17840.12	43.67	18813.76	46.05	2957.67	7.24	1244.27	3.05
2005	农田植被区	919.76	9.70	1890.18	19.94	3735.22	39.39	2936.42	30.97
	自然植被区	18201.87	44.55	16104.82	39.42	4784.96	11.71	1764.17	4.32
2010	农田植被区	832.55	8.78	1176.49	12.41	2773.18	29.25	4699.36	49.56
	自然植被区	15682.96	38.39	14767.87	36.15	6607.57	16.17	3797.42	9.29
2016	农田植被区	643.22	6.78	1248.99	13.17	2281.50	24.06	5307.87	55.98
	自然植被区	14151.16	34.64	15594.85	38.17	6478.61	15.86	4631.21	11.34

宁夏气象部门（宁夏气象服务中心，2018）利用中低分辨率、长序列卫星遥感植被指数（NDVI）资料对全宁夏植被变化进行分析，1981—2015年宁夏植被指数变化百分率为25.51%，位列全国第一。特别是2005年以后增长加快，植被进入快速恢复期。全区湿地面积10 a间增加近30万亩，是全国为数不多的湿地面积增加的省区之一；全区沙化土地面积由20世纪70年代的2475万亩减少到现在的1686万亩，率先在全国实现了沙漠化逆转，连续20 a沙化、荒漠化土地“双缩减”。2000年以来宁夏实施的退牧还草、贺兰山天然林保护、黄河护岸林等一系列工程，对全区的植被生态保护和修复起到了重要作用，在一定程度上遏制了土地荒漠化，水土流失等生态退化问题，生态环境有了明显改善。

表 4.3　2000—2016 年农田与自然植被区不同级别植被覆盖转移特征(裴志方 等,2018)　%

时段	类型	农田植被区				自然植被区			
		极低植被覆盖	低植被覆盖	中植被覆盖	高植被覆盖	极低植被覆盖	低植被覆盖	中植被覆盖	高植被覆盖
2000—2005 年	极低植被覆盖	68.18	23.75	7.16	0.91	80.19	19.29	0.46	0.06
	低植被覆盖	9.95	43.88	42.66	3.52	20.61	65.07	13.84	0.48
	中植被覆盖	0.25	6.00	60.23	33.52	0.37	13.35	65.35	20.93
	高植被覆盖	0.16	1.54	17.18	81.13	0.50	2.14	13.43	83.94
2005—2010 年	极低植被覆盖	75.80	18.19	4.13	1.88	77.05	22.03	0.77	0.15
	低植被覆盖	5.65	41.26	42.53	10.56	10.17	64.86	23.11	1.86
	中植被覆盖	0.50	4.45	42.50	52.55	0.36	5.95	54.07	39.61
	高植被覆盖	0.34	2.15	11.71	85.81	0.22	1.49	8.97	89.33
2010—2016 年	极低植被覆盖	62.40	31.83	4.24	1.53	73.17	25.67	0.98	0.17
	低植被覆盖	8.05	47.86	30.47	13.62	17.69	68.02	12.37	1.92
	中植被覆盖	0.69	11.49	44.91	42.91	0.80	20.97	56.65	21.58
	高植被覆盖	0.21	2.18	13.67	83.95	0.25	3.64	19.87	76.24
2000—2016 年	极低植被覆盖	43.96	27.48	11.87	16.69	59.68	35.28	3.29	1.76
	低植被覆盖	7.36	24.24	39.74	28.66	18.48	48.12	25.91	7.49
	中植被覆盖	0.55	4.12	19.66	75.68	0.73	6.78	31.50	60.98
	高植被覆盖	0.40	3.54	10.98	85.09	0.50	3.79	6.86	88.86

从 2000—2020 年宁夏植被覆盖度平均值逐年变化看,呈增大趋势。其中,2018 年平均植被覆盖度最大;低植被覆盖区面积占比出现极显著减少,2020 年减少至 7%;中低植被覆盖区面积占比略有减少;中、中高、高植被覆盖区面积占比呈增加趋势,分别由 2000 年的 10%、6%、1%增加至 2020 年的 22%、23%、8%(图 4.1)。

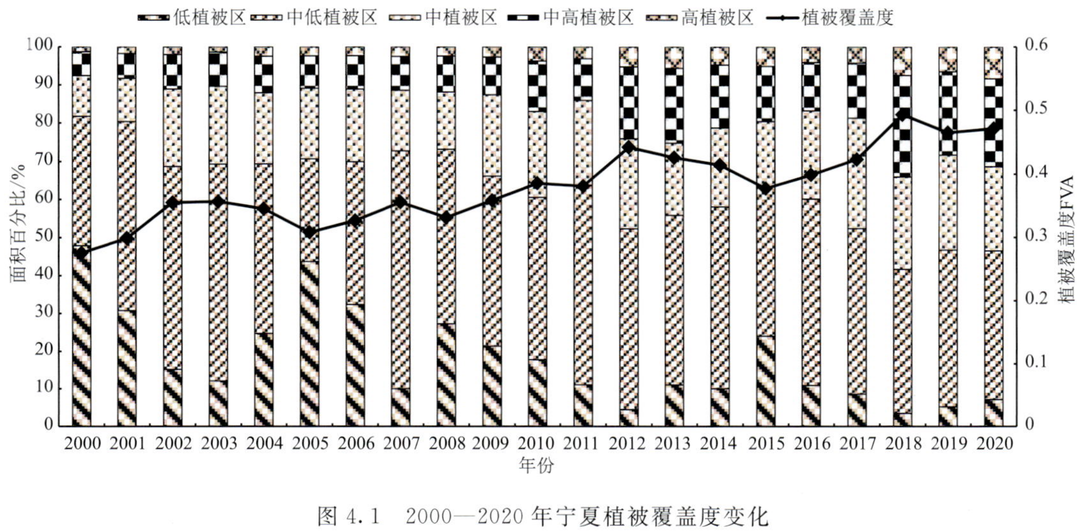

图 4.1　2000—2020 年宁夏植被覆盖度变化

从 2000—2020 年(间隔 10 a 及多年平均)宁夏植被覆盖度空间分布变化看(图 4.2),植被覆盖度高值区主要位于灌区和南部山区,中部干旱带植被覆盖度较小。2000 年植被覆盖度最低,低、中低植被覆盖区面积占比较高;2010 年中低、中植被覆盖区面积占比显著增加,主要表现为中部干旱带中低及中植被覆盖区增加,南部山区中植被覆盖区增加;2020 年植被覆盖度最高,中部干旱带中植被覆盖区面积占比进一步增加,南部山区中高植被覆盖区明显增加。

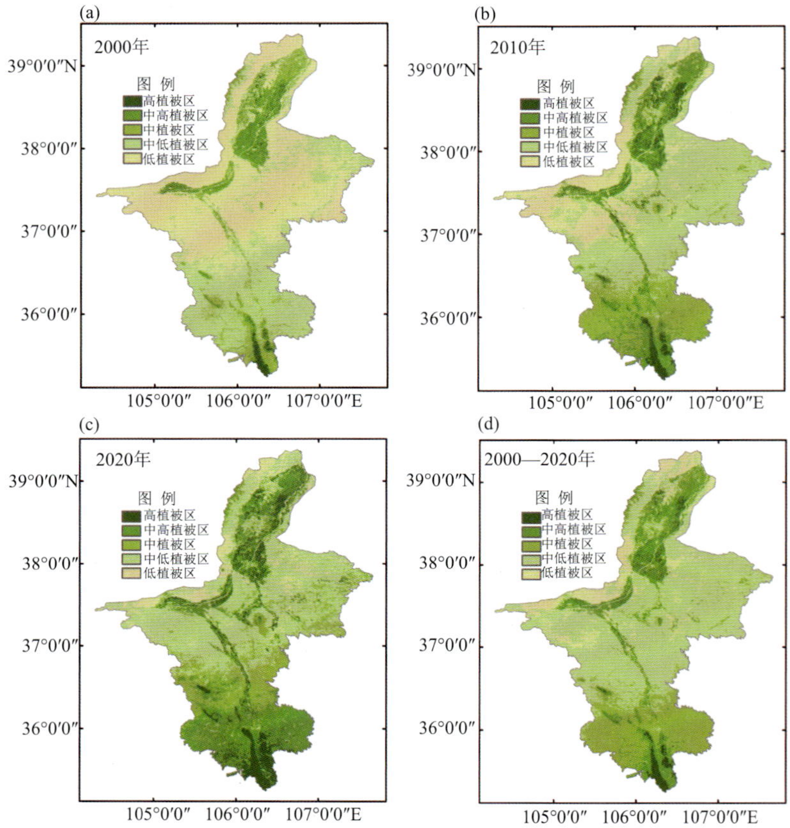

图 4.2 2000—2020 年宁夏植被覆盖度分布

从 2000—2020 年宁夏植被覆盖度空间分布趋势变化看(图 4.3),中部干旱带、南部山区植被指数均呈增长趋势,南部山区年均增长 1.18%,中部干旱带年均增长 0.77%,南部山区较中部干旱带增长更为明显。2013 年两个区域植被指数达到 15 a 间的最高值,并且 2012—2016 年植被指数均大于 15 a 的平均值,中南部山区生态环境进入良性循环的快速恢复期,这一改善很大程度上得益于各类生态工程的实施建设。

通过分析 2000—2020 年宁夏植被覆盖度变化趋势、逐年均值及各等级植被覆盖度面积占比可知,宁夏植被覆盖度变化趋势斜率(b)在 $-0.056 \sim 0.048$,其中 81.79% 地区植被覆盖度呈增加趋势(李梦华 等,2022)。

4.2 植被长势监测评估

长势监测是植被监测的重要内容之一,通过不同时间和空间的分析对比,可以反映植被的

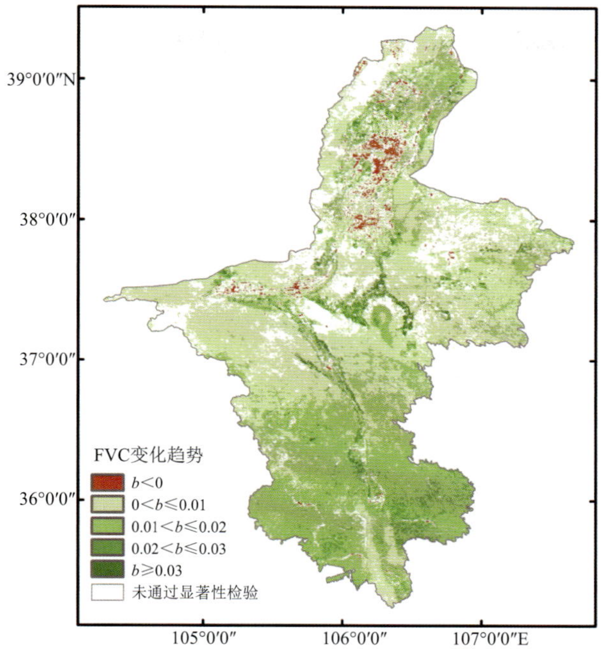

图 4.3　2000—2020 年宁夏植被覆盖度(FVC)变化趋势空间分布

总体生长状况与变化趋势，对评估植被生态环境变化具有一定的意义。植被长势监测方法一般可分为地面监测和遥感监测。地面监测主要通过测定植被的高度、盖度、生物量等以点带面判断当地植被的生长状况，具有较高的可信度，但地面点调查耗时费力，短时间内难以实现大面积的监测要求。利用多源卫星遥感技术开展植被长势监测评估可以发挥其高频、宏观、空间连续等特点，无人机遥感及地面人工调查可以作为卫星遥感监测的重要补充，三者相结合，可以形成空天地一体化的植被长势动态监测评估优势，也成为目前及今后一个阶段的主要发展趋势。

宁夏地处西北地区东部，是气候变化的敏感区和生态的脆弱区。2000 年以来，宁夏依托三北防护林、天然林保护和退耕还林等国家重大林业工程，组织实施了封山禁牧、防沙治沙等一系列生态治理工程和一系列生态补偿政策等，取得了较好的成效。开展基于植被长势的监测评估工作，对动态了解和掌握重大生态建设及修复工程的实施效果，合理持续开展生态建设等具有一定的决策支撑作用。一般情况下，植被长势遥感监测可分两个步骤，一是植被指数计算，二是基于植被指数的长势监测分析。2020 年中国气象局综合观测司印发了《陆地植被卫星遥感监测业务技术导则(试行)》(气测函〔2020〕95 号)，规定了陆地植被卫星遥感监测业务的相关技术要求，包括技术流程、处理方法、专题图制作等。宁夏气象部门依据中国气象局的相关业务制度规范，开展了宁夏本区的植被长势遥感监测，评估了 2000 年以来宁夏的地表植被变化情况，为重大生态工程生态效益客观评估以及政府决策等提供支撑。

4.2.1　植被长势监测

植被指数通常用红光波段和近红外波段，通过线性或非线性组合运算得到。常用的植被指数有归一化植被指数(NDVI)、比值植被指数(RVI)、差值植被指数(DVI)、土壤调节植被指数(SAVI)、增强型植被指数(EVI)等。

归一化植被指数是一种能够反映植被光合作用强度的植被指数，是近红外波段与红光波段的反射率之差与两者之和的比值，可有效表征地面植被覆盖情况(张学霞 等,2005)。

$$\mathrm{NDVI}=\frac{\rho_{\mathrm{nir}}-\rho_{\mathrm{red}}}{\rho_{\mathrm{nir}}+\rho_{\mathrm{red}}} \tag{4.1}$$

式中，NDVI 为归一化植被指数，ρ_{nir} 为近红外波段反射率，ρ_{red} 为红光波段反射率。NDVI 在 −1～1，负值表示地表覆盖为水、雪等，0 表示地表覆盖为岩石或裸土，正值表示有植被覆盖，NDVI 越接近于 1，表示植被生长状况越好。

比值植被指数也应用了冠层反射中的红光和近红外波段的信息，以比值的形式表征植被生长状况，公式如下：

$$\mathrm{RVI}=\frac{\rho_{\mathrm{red}}}{\rho_{\mathrm{nir}}} \tag{4.2}$$

式中，RVI 为比值植被指数。

由于可见光波段的反射辐射随着植被覆盖度增大和长势增强会逐渐降低，近红外波段则与之相反，因子可能出现 RVI 无穷大情况，差值植被指数(DVI)则有效避免了此类情况。DVI 对土壤背景的变化较敏感，植被覆盖度高时，对植被的灵敏度有所下降(张学艺,2009)。

$$\mathrm{DVI}=\rho_{\mathrm{nir}}-\rho_{\mathrm{red}} \tag{4.3}$$

式中，DVI 为比值植被指数。

土壤调节植被指数是在 NDVI 公式的基础上，引入了土壤因子 L 来消除土壤背景对植被光谱信号的影响，L 随植被覆盖度不同而改变，当 L 为 0 时，则 SAVI 与 NDVI 相同(李晶 等,2015)。

$$\mathrm{SAVI}=\frac{(1+L)\times(\rho_{\mathrm{nir}}-\rho_{\mathrm{red}})}{\rho_{\mathrm{nir}}+\rho_{\mathrm{red}}+L} \tag{4.4}$$

式中，SAVI 为土壤调节植被指数，L 为土壤调节因子，取值范围为[0,1]。

在生物量较大区域，可以使用增强型植被指数来提高对植被信息监测的敏感度(Huete et al.,2002)。增强型植被指数的计算公式如下：

$$\mathrm{EVI}=\frac{G\times(\rho_{\mathrm{nir}}-\rho_{\mathrm{red}})}{\rho_{\mathrm{nir}}+C_1\times\rho_{\mathrm{red}}-C_2\times\rho_{\mathrm{blue}}+L} \tag{4.5}$$

式中，EVI 为增强型植被指数，ρ_{blue} 为蓝光波段反射率，G 为增益因子，值为 2.5，C_1、C_2 为大气修正系数，分别为 6、7.5，L 为冠层背景调节因子，值为 1。

单一时相的植被指数，往往受云的影响而难以得到大面积的晴空数据。为有效减小云对植被指数的影响，通常需要进行多时相合成，以获得大面积的晴空覆被图。最大归一化植被指数是通过最大值合成，得到同一区域某一段时间内的 NDVI 最大值，在区域植被长势监测评估中应用广泛。旬、月、季、年尺度的最大归一化植被指数通常用来作为植被遥感监测指标，表征某一时段内的植被生长状况。宁夏气象部门主要应用国家卫星气象中心下发的 MODIS 250 m、1 km 归一化植被指数 16 d 合成产品，以及 FY-3D 250 m、1 km 归一化植被指数月产品开展植被指数的遥感监测业务。

4.2.2 植被长势评估

植被长势评估侧重于分析研究植被年内、年际的变化情况，通常利用归一化植被指数进行评估，方法包括距平法、条件植被指数法、差值法、比值法等，评估时段通常分周、旬、月、季、年等固定时段或指定时段，开展植被长势评估对研究气候变化、生态环境变化等具有重要意义。各方法的定义如下：

$$NDVI_0=\frac{NDVI_1-\overline{NDVI}}{\overline{NDVI}}\times 100\% \tag{4.6}$$

$$VCI=\frac{(NDVI_1-NDVI_{min})}{(NDVI_{max}-NDVI_{min})} \tag{4.7}$$

$$\Delta NDVI=NDVI_1-NDVI_2 \tag{4.8}$$

$$RNDVI=\frac{NDVI_1}{NDVI_2} \tag{4.9}$$

式中，$NDVI_0$为归一化被指数距平百分率，VCI为条件植被指数，$\Delta NDVI$为归一化植被指数的差值，RNDVI为归一化植被指数的比值；$NDVI_1$为当前监测周期的植被指数值，$NDVI_2$为指定年份的同期归一化植被指数，$\overline{NDVI}$为多年同期的归一化植被指数平均值，$NDVI_{min}$为多年同期归一化植被指数的最小值，$NDVI_{max}$为多年同期归一化植被指数的最大值。

距平法与差值法在业务服务中应用广泛。应用差值法分析宁夏2020年的植被长势及变化情况。与2019年相比，2020年最大植被指数平均值增加0.10，全区55.5%的地区植被指数增大(表4.4)。植被指数增长超过0.05的区域主要分布在石嘴山东部、兴庆区东部、红寺堡区、海原县中部和固原市大部；减小超过0.05的地区主要分布在西夏区西南部、灵武市南部、盐池县北部、沙坡头区西部、中宁县西南部。宁夏植被长势整体略好于2019年(图4.4)。

表4.4 宁夏2020年与2019年植被指数差值分级面积占比 %

分级	宁夏	银川	石嘴山	吴忠	固原	中卫
[−1.0,−0.2]	0.4	0.3	0.2	0.4	0.4	0.6
(−0.2,−0.1]	3.7	4.2	1.7	4.9	1.3	4.4
(−0.1,0.0]	40.4	48.5	41.5	45.5	22.5	43.2
(0.0,0.1]	50.6	42.0	48.2	46.1	69.9	46.8
(0.1,0.2]	4.4	4.5	6.8	2.7	5.7	4.7
(0.2,1.0]	0.5	0.5	1.6	0.4	0.2	0.3

基于MODIS 250 m NDVI产品分析2000—2020年宁夏归一化植被指数的变化，并应用距平法进行植被长势分析，将2020年宁夏NDVI与近5 a、近10 a以及2000—2020年的$\overline{NDVI}$进行比较，对宁夏植被的长势进行分析评估。结果表明，2000年以来，宁夏植被总体改善明显(图4.5，图4.6)。

全区$\overline{NDVI}$从2000年的0.26，增长到2020年的0.44，增长了69.2%，其中，吴忠、固原、中卫$\overline{NDVI}$增长均超过80%。宁夏"绿"度为2000—2020年时段内的第二好年，较2016—2020年多年平均增加4.7%，2011—2020年多年平均增加9.8%，2000—2020年多年平均增加23.9%(表4.5)。

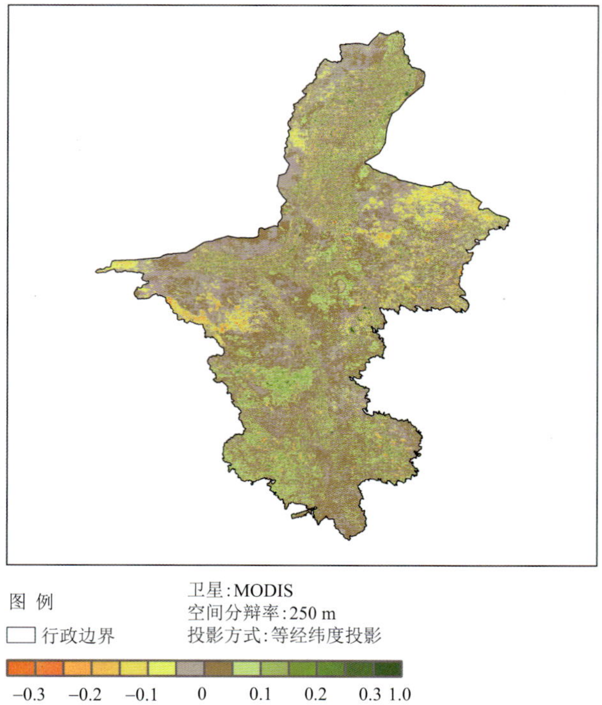

图 4.4 2020 年与 2019 年宁夏归一化植被指数差值图

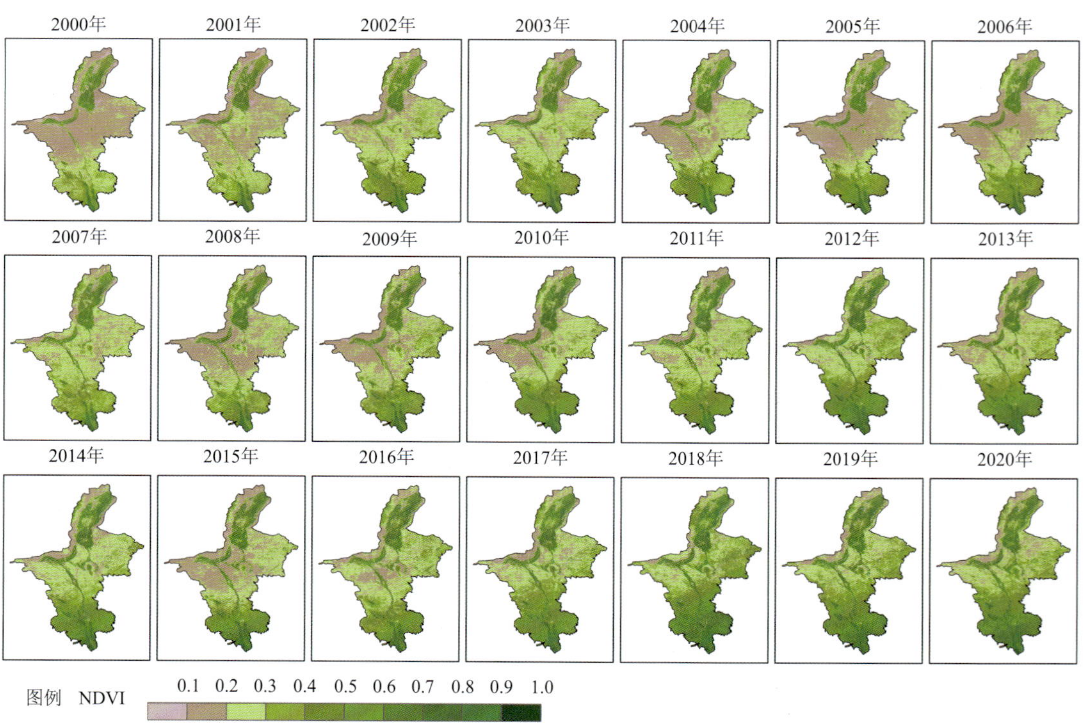

图 4.5 2000—2020 年宁夏年最大归一化植被指数空间分布图

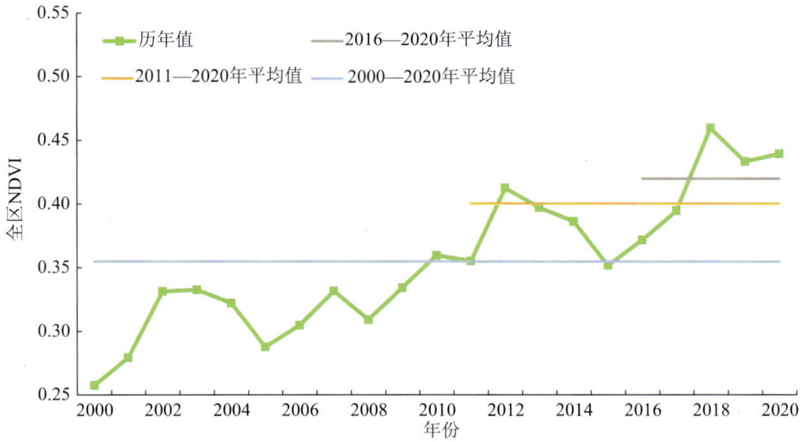

图 4.6　2000—2020 年宁夏年最大归一化植被指数变化图

表 4.5　2020 年归一化植被指数对比分析表

时段	宁夏	银川市	石嘴山市	吴忠市	固原市	中卫市
2020 年	0.44	0.41	0.41	0.37	0.66	0.38
比 2016—2020 年平均值	4.7%	−1.5%	2.4%	2.4%	9.2%	6.1%
比 2011—2020 年平均值	9.8%	1.9%	6.7%	8.8%	12.8%	13.1%
比 2000—2020 年平均值	23.9%	8.5%	16.4%	23.6%	29.7%	29.5%

2020 年固原市 NDVI 为 2000—2020 年间的第一好年，石嘴山、中卫市为第二好年，吴忠市为第三好年，银川市为第五好年(图 4.6，图 4.7)。

基于 2000—2018 年 MODIS NDVI 250 m 分辨率数据，运用 Mann-Kendall(曼-肯德尔)检验、趋势分析、Hurst(赫斯特)指数等方法，分析了宁夏各区域 NDVI 的变化特征。平均斜率表征 2000—2018 年区域的变化趋势，Hurst 指数则用来描述 NDVI 变化的持续性，Hurst 越接近 0，反持续性越强，越接近 1，持续性越强。结果表明，19 a 最大 NDVI 极显著上升，增长速率为 0.008 a^{-1}，70.3%的地区显著增大($P<0.05$)，植被生长状况明显改善，未来 27.8%的区域最大 NDVI 将显著改善(赵慧 等，2021)(表 4.6，图 4.8)。

4.2.3　植被与气象因子的关系

植被与气象因子的关系研究一直是气候变化研究的重点内容之一。近年来，国内部分学者研究了宁夏 NDVI 与气象因子的相关性。陈晓光等(2007)基于 AVHRR 和 MODIS NDVI 数据，分析了宁夏 1981—2004 年覆盖度的变化及其与气温、降水的关系；杜灵通等(2011，2012)分析了 1999—2009 年宁夏 SPOT-VGT(地球观测实验系统卫星宽视域植被探测仪)NDVI 时空变化特征，并分析了植被覆盖变化与气象因子的关系；周梦甜等(2015)基于 1998—2012 年 SPOT-VGT NDVI 数据对西北地区 NDVI 的变化进行了研究；赵卓文等(2017)基于 2000—2014 年 MOD13Q1 NDVI 数据分析了宁夏不同海拔、坡度坡向、植被类型生长季 NDVI 变化特征。

基于2000—2018年MODIS NDVI 250 m分辨率数据，宁夏气象部门应用Matlab、SPSS分析了宁夏各区域NDVI与气象因子、人类活动的相关关系，探究了影响宁夏植被变化的驱动因素(赵慧 等，2021)。研究表明，最大NDVI与春季、夏季和年降水量相关性较显著，与平均气温相关性较弱(图4.9，表4.7)；最大NDVI与地方公共财政收入和地方公共财政支出呈极显著正相关($P<0.01$)；大部分地区NDVI与人口及农作物总播种面积正相关，固原与二者呈极显著负相关($P<0.01$)(表4.8)。

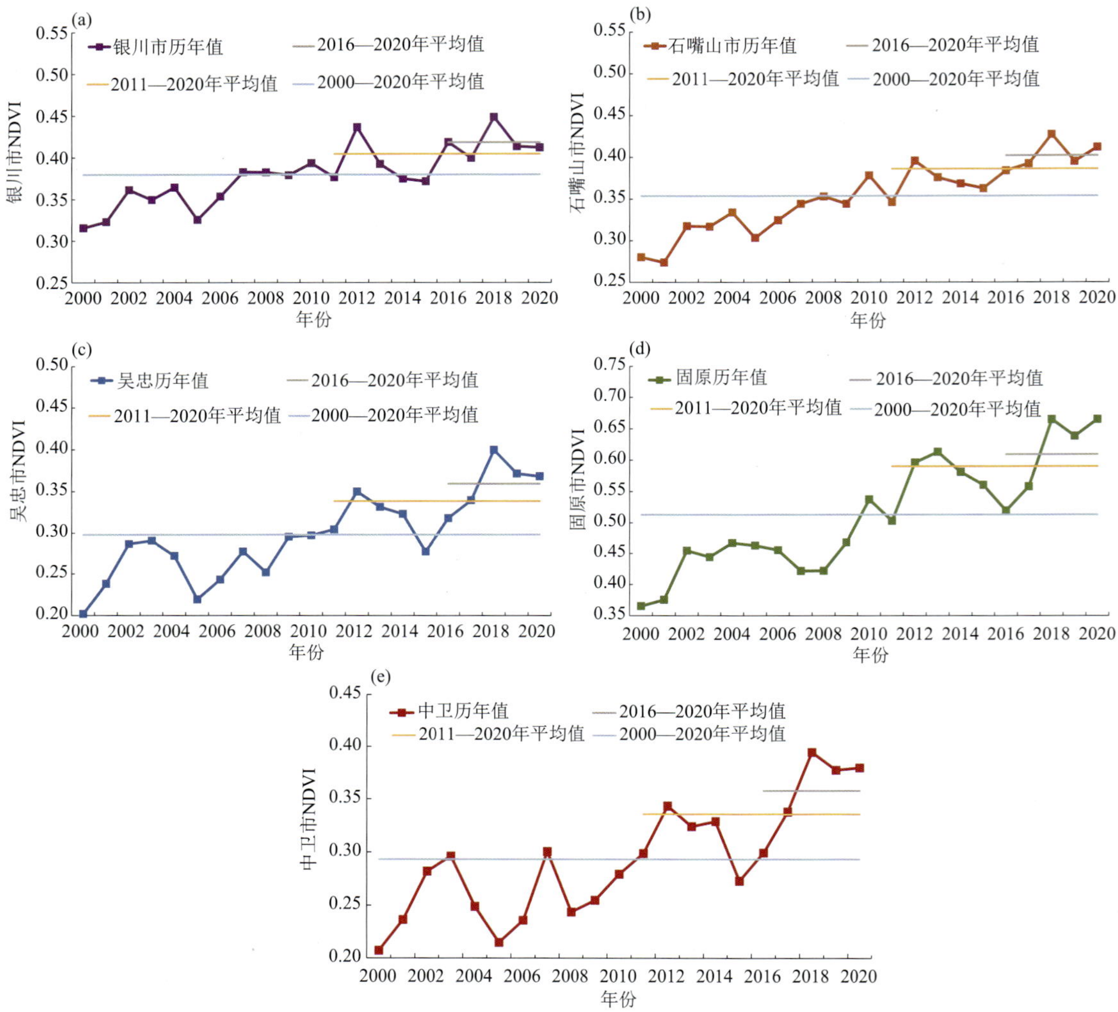

图4.7　2000—2020年宁夏各市年最大归一化植被指数变化图

表4.6　宁夏最大归一化植被指数变化趋势和持续性

区域	宁夏	灌区	中部干旱带	南部山区	银川	石嘴山	吴忠	固原	中卫
平均斜率(变化显著区域面积占比*)	0.008 (71.8%)	0.006 (59.5%)	0.008 (74.7%)	0.012 (93.2%)	0.006 (66.6%)	0.007 (68.2%)	0.007 (68.1%)	0.012 (93.2%)	0.007 (63.5%)
Hurst指数	0.47	0.4	0.54	0.57	0.45	0.32	0.48	0.57	0.53

注：*表示$P<0.05$。

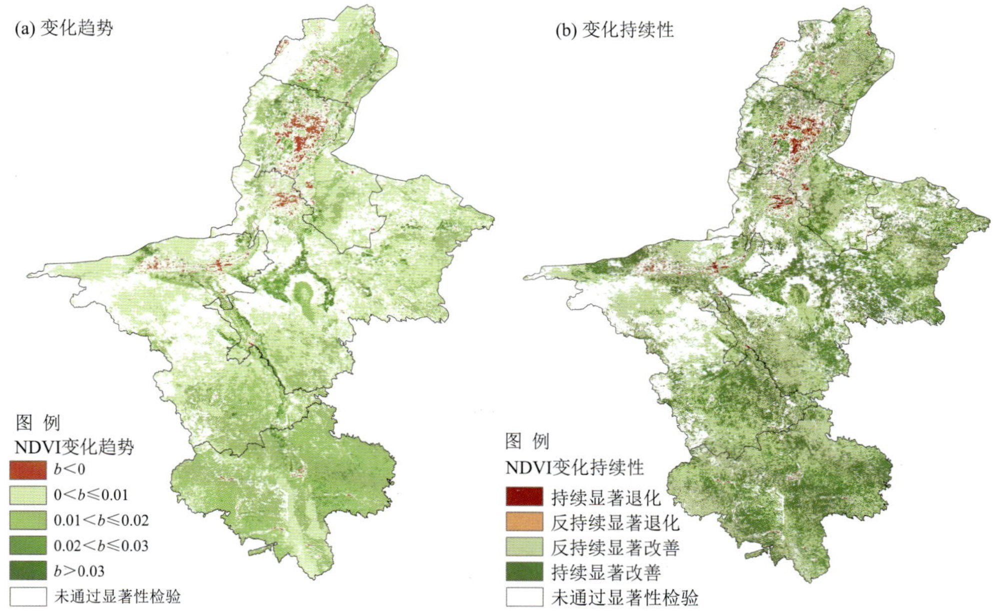

图 4.8 2000—2018 年宁夏最大归一化植被指数变化趋势(a)及持续性(b)

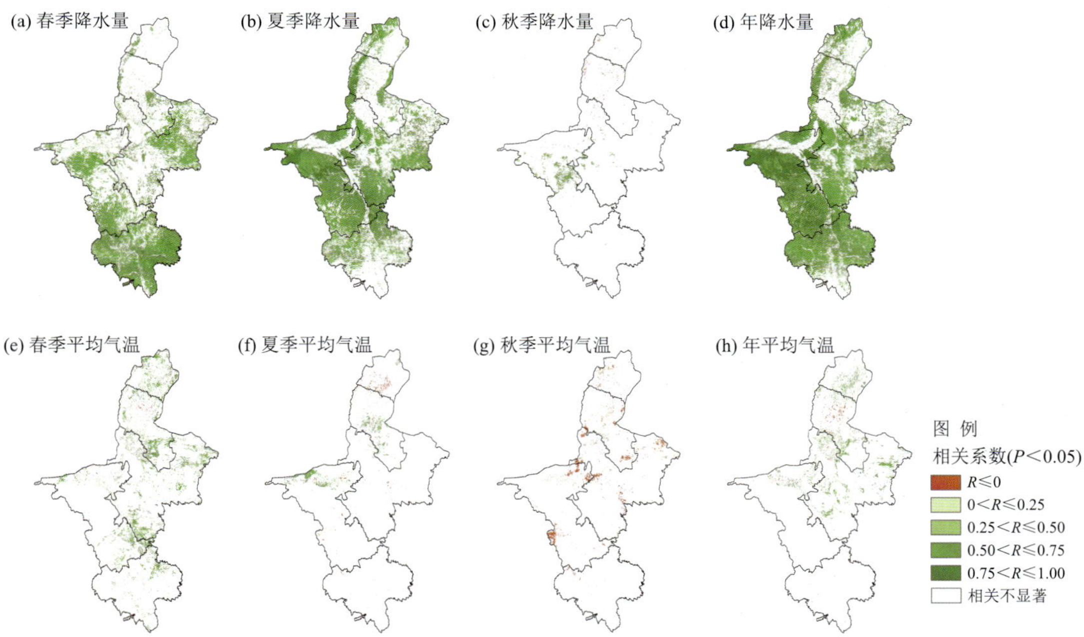

图 4.9 宁夏年最大归一化植被指数与水热因子相关系数分布图

表 4.7 2000—2018 年宁夏年最大归一化植被指数与水热因子相关性面积比例 %

相关性	降水量				平均气温			
	春季	夏季	秋季	全年	春季	夏季	秋季	全年
显著负相关	0.0	0.0	0.5	0.1	0.2	0.7	2.4	0.4
显著正相关	41.2	52.0	2.2	63.4	10.6	1.9	0.4	4.7
负相关不显著	4.0	4.5	38.7	3.9	8.9	44.2	63.3	18.4
正相关不显著	54.8	43.5	58.7	32.6	80.3	53.2	33.9	76.5

表 4.8 宁夏年最大归一化植被指数与经济社会指标的相关系数表

经济社会指标	宁夏	银川	石嘴山	吴忠	固原	中卫
地方公共财政收入	0.830**	0.707**	0.814**	0.789**	0.843**	0.716**
地方公共财政支出	0.839**	0.738**	0.886**	0.814**	0.842**	0.759**
人口	0.843**	0.783**	0.818**	0.625**	−0.778**	0.677**
农作物总播种面积	0.620**	0.666**	0.628**	0.236	−0.610**	0.546*

注：* 表示 $P<0.05$，** 表示 $P<0.01$。

4.3 植被生产力评估

4.3.1 总初级生产力

总初级生产力(Gross Primary Productivity,GPP)是指陆地植被在单位面积、单位时间内通过光合作用所固定的有机碳量(Chapin et al.,2011),是生态系统碳循环的重要环节,也是评价碳循环的重要指标之一(Lieth et al.,1975)。陆地生态系统生产力测定主要有传统的生物量调查法、基于气象学的涡度相关法和模型模拟方法等。其中的模型模拟法可估算大尺度的陆地生态系统生产力,基于遥感信息的生产力模型被广泛应用于区域总初级生产力的模拟估算(Wang et al.,2013)。常用的模拟模型可分为两类,一类是生态过程模型,如 TEM(陆地生态系统模型,Terrestrial Ecosystem Model)、Biome-BGC(生态过程模型,Biome BioGeochemical Cycles model)等,一类是光能利用模型,如 CASA(光能利用模型,Carnegie Ames Stanford Approach model)、VPM(植被光合模型,Vegetation Photosynthesis Model)等。光能利用效率结合卫星遥感数据对 GPP 进行估算的方法应用更为广泛。

植被光合模型由中分辨率成像光谱仪遥感数据和涡度相关碳通量观测数据演变而来(Xiao et al.,2005),在估算 GPP 时考虑到植被叶绿素吸收的光合有效辐射,光合有效辐射能够通过增强型植被指数 EVI 进行估算(Ma et al.,2018)。

$$\mathrm{GPP}=\varepsilon_g\times \mathrm{APAR_{chl}} \tag{4.10}$$

$$\mathrm{APAR_{chl}}=f_{\mathrm{PAR_{chl}}}\times \mathrm{PAR} \tag{4.11}$$

$$f_{\mathrm{PAR_{chl}}}=(\mathrm{EVI}-0.1)\times 1.25 \tag{4.12}$$

$$\varepsilon_g=\varepsilon_0\times T_{\mathrm{scalar}}\times W_{\mathrm{scalar}} \tag{4.13}$$

$$T_{\mathrm{scalar}}=\frac{(T-T_{\max})\times(T-T_{\min})}{(T-T_{\max})\times(T-T_{\min})-(T-T_{\mathrm{opt}})^2} \tag{4.14}$$

$$W_{\mathrm{scalar}}=\frac{1+\mathrm{LSWI}}{1+\mathrm{LSWI_{max}}} \tag{4.15}$$

$$\mathrm{LSWI}=\frac{\rho_{\mathrm{nir}}-\rho_{\mathrm{swir}}}{\rho_{\mathrm{nir}}+\rho_{\mathrm{swir}}} \tag{4.16}$$

式中,GPP 为植被总初级生产力($\mathrm{gC\cdot m^{-2}\cdot a^{-1}}$),$\varepsilon_g$ 为光能利用率($\mathrm{g\cdot MJ^{-1}}$),$\mathrm{APAR_{chl}}$ 为叶绿素吸收的光合有效辐射($\mathrm{MJ\cdot m^{-2}}$),$f_{\mathrm{PAR_{chl}}}$ 表示 PAR 为叶绿素吸收的光合有效辐射比例,PAR 为光合有效辐射($\mathrm{MJ\cdot m^{-2}}$),EVI 为增强型植被指数,ε_0 为表观量子效率或最大光能利用率($\mathrm{g\cdot MJ^{-1}}$),T_{scalar} 代表温度限制因子,$T_{\max}$、$T_{\min}$、T_{opt} 分别代表植物光合作用时的最高、最

低和最适温度(℃),W_{scalar} 指水分对光能利用率的影响,LSWI 为陆地表面水分指数,$LSWI_{max}$ 指生长季最大陆地表面水分指数,ρ_{nir}、ρ_{swir} 分别为近红外波段、短红外波段的地表反射率。

净光合作用(Photosynthesis,PSN)模型是美国宇航局开发的 GPP 算法,用于生产基于 MODIS 全球空间分辨率 1 km、时间分辨率 8 d 的 GPP 产品(MOD17)。MODIS 产品 MOD17A2H 是基于光能利用效率概念的累计 8 d 的值与 500 m 像素大小的复合产品,主要包括关于总初级生产力(GPP)和净光合作用(PSN)的信息。

$$GPP = \varepsilon_g \times f_{PAR} \times PAR \tag{4.17}$$

$$\varepsilon_g = \varepsilon_0 \times TMIN_{scalar} \times VPD_{scalar} \tag{4.18}$$

$$TMIN_{scalar} = \begin{cases} 0, & TMIN < TMIN_{min} \\ \dfrac{TMIN - TMIN_{min}}{TMIN_{max} - TMIN_{min}} & TMIN_{min} < TMIN < TMIN_{max} \\ 1 & TMIN > T_{max} \end{cases} \tag{4.19}$$

$$VPD_{scalar} = \begin{cases} 0, & VPD < VPD_{min} \\ \dfrac{VPD_{max} - VPD}{VPD_{max} - VPD_{min}} & VPD_{min} < VPD < VPD_{max} \\ 1 & VPD > VPD_{max} \end{cases} \tag{4.20}$$

式中,GPP 为植被总初级生产力($g \cdot m^{-2} \cdot a^{-1}$),$\varepsilon_g$ 为光能利用率($g \cdot MJ^{-1}$),f_{PAR} 为被植被光合部分吸收的光合有效辐射比例,MOD17 直接使用 MOD15 的 f_{PAR} 产品,PAR 为光合有效辐射($MJ \cdot m^{-2}$),MOD17 中的 PAR 应用 NASA 的 DAO 数据中的地表气象资料,ε_0 为最大光能利用率($g \cdot MJ^{-1}$),$TMIN_{scalar}$ 和 VPD_{scalar} 分别表示最低温和饱和水汽压差对最大光能利用率的调节系数。TMIN 为全天最低温,VPD 为日间平均饱和水汽压差(Pa),$TMIN_{min}$、$TMIN_{max}$、VPD_{min}、VPD_{max} 为由生物群落参数查找表确定的参数。

杜灵通等(2018)利用 MOD17A2 16 d GPP 数据,研究了 2000—2017 年宁东煤炭基地植被生态系统的时空变化特征。结果表明,宁东平均 GPP 为 195.22 $g \cdot m^{-2} \cdot a^{-1}$,呈波动上升趋势,年增长幅度为 5.10 $g \cdot m^{-2} \cdot a^{-1}$,宁东煤炭基地植被生态系统总体处于稳定好转状态。牛忠恩等(2016)利用 VPM 模型和 MOD17 产品估算了中国农田生态系统总初级生产力,结果表明,MOD17 产品普遍低于 VPM 模型模拟结果,北方旱作区二者的模拟结果高度相关。此外,张世喆等(2022)应用基于光能利用率模型(EC-LUE 模型)的 1982—2017 年时间尺度为 8 d 的总初级生产力 GPP 数据(分辨率 0.05°),分析了气候变化背景下中国总净初级生产力,宁夏主要位于温带草原区、温带荒漠区,结果显示宁夏大部分区域总初级生产力显著增加。

4.3.2 净初级生产力

植被净初级生产力(Net Primary Productivity,NPP)又称净第一性生产力,是绿色植物在单位面积、单位时间内所累积的有机物数量,是由植物光合作用所生产的有机质总量消耗有机质后的剩余部分,是植物自身生理学特性与外界环境因子相互作用的结果,是有机物质的净创造(Lieth et al.,1975),可直接反映植被在自然条件下的生产能力,是衡量植被群落在自然生态和环境条件下生产能力的重要指标(李传华 等,2013),作为地表碳循环的重要组成部分,不仅直接反映植被群落在自然环境条件下的生产能力,表征陆地生态系统的质量状况,而且是判定生态系统碳源/汇和调节生态过程的主要因子(Field et al.,1998),在全球变化及碳平衡中扮演着重要的作用。融合地面站数据和遥感数据开展 NPP 的反演，对研究全球气候变化、生态系统平衡和全球物质循环及能量流动有一定的科学价值。

估算 NPP 的模型有气候生产力模型、生理生态过程模型、光能利用率模型等(朱文泉 等，2005)。气候生产力模型有 Miami(迈阿密)模型、Thornthwaite Memorial(桑斯威特纪念)模型、周广胜-张新时模型等，生理生态过程模型有 Century(土壤有机质模型)、Biome-BGC 等，光能利用率模型有 CASA、GLO-PEM(全球生产效率模型，Global Production Efficiency Model)等。

4.3.2.1　气候生产力模型

气候生产力模型是通过估算植被生产潜力来表征植被的净初级生产力。植被生产潜力是指在一定时期内一定土地面积上，在当地自然环境条件下植被可能获得的单位面积最大生产能力(李世奎 等，1998)。气候生产潜力方法和模型一直在不断修正和完善，目前，逐步订正法(高军波 等，2019；李秀芬 等，2016)、GAEZ(农业生态区划，Global Agro-Ecological Zones)模型(杜国明 等，2016；李依 等，2018)、Thornthwaite Memorial 模型(赵慧颖 等，2017)、Miami 模型(赵俊芳 等，2019)等，成为模拟陆地地表植被气候生产潜力时空变化的代表，为研究不同区域、不同地表植被等生产力变化提供了重要的技术支撑(宫丽娟 等，2020)。相较于逐步订正法和 GAZE 模型，Thornthwaite Memorial 模型和 Miami 模型所需要的参数更少。通过气温和降水量模拟自然植被生物量，获得气候因子模拟自然植被生物量的关系表达式即气候生产潜力，更适合自然条件下植被气候生产潜力研究应用(赵慧颖 等，2017；赵俊芳 等，2019)。Miami 模型和 Thornthwaite Memorial 模型基于植物生产量与光、温、水的相关性而建立，充分考虑了气象条件对作物干物质积累的综合影响，参数简单，相对更为周密、准确，更加接近生产实际，能够较为准确地分析研究区气候生产潜力及其变化趋势，应用较为广泛(逯亚杰，2016)。Miami 模型是 Lieth(1972)根据世界各地植物产量与年平均温度、年降水量之间的关系得到的，能够反映自然状态下水热单因子对生产潜力的影响，可以用于分析研究区年温度生产潜力和降水气候生产潜力。Miami 模型(Lieth et al.，1975)计算公式为：

$$\mathrm{NPP}_T=\frac{3000}{1+\mathrm{e}^{1.315-0.119T}} \tag{4.21}$$

$$\mathrm{NPP}_R=3000\times(1-\mathrm{e}^{-0.000664R}) \tag{4.22}$$

式中，T 为年平均气温(℃)，R 为年降水量(mm)，NPP_T 和 NPP_R 分别为年平均温度和年降水量决定的气候生产潜力($\mathrm{g\cdot m^{-2}\cdot a^{-1}}$)。

Leith 和 Box(1972)在 Miami 模型的基础上考虑了与植物产量密切相关的蒸散量，根据作物产量与年平均降水量、气温和蒸发量之间的关系，建立了一种运用实际蒸散量估算气候生产潜力的经验统计模型，即 Thornthwaite Memorial。该模型充分考虑了光、热、水气候因素作物干物质积累的综合作用，定量表征了作物产量与气温、降水和蒸发量等要素的关系(逯亚杰，2016)。Thornthwaite Memorial 模型(Lieth et al.，1972；Uchijima et al.，1985)计算公式为：

$$\mathrm{NPP}_E=3000\times(1-\mathrm{e}^{-0.0009695(E-20)}) \tag{4.23}$$

$$E=\frac{1.05R}{\sqrt{1+\left(\frac{1.05R}{L}\right)^2}} \tag{4.24}$$

$$L=300+25T+0.05\,T^3 \tag{4.25}$$

式中，NPP_E为蒸散生产潜力（$g \cdot m^{-2} \cdot a^{-1}$），$E$ 是年蒸散量（mm），L 为年平均最大蒸散量（mm）。根据 Liebig 最小因子定律，从NPP_T、NPP_R和NPP_E中取最小值作为气候生产潜力标准值（NPP），即从三者中挑取同年生产潜力最小值作为植被气候生产潜力标准值：

$$NPP = \min(NPP_T, NPP_R, NPP_E) \tag{4.26}$$

张娟等（2020）应用 Miami 模型和 Thornthwaite Memorial 模型计算了宁夏 1981—2017 年草地生产潜力，研究了其时空变化特征，宁夏草地气候生产潜力从西北向东南逐渐递增；草地气候生产潜力变化趋势与降水变化趋势一致，各时间段气候生产潜力与降水呈显著正相关（$P<0.01$），与温度呈负相关关系，降水是宁夏草地气候生产潜力的限制因素，草地生产潜力较大区域在宁夏中南部，而以温度升高为特征的气候变化，对宁夏草地气候生产潜力影响较小。余海龙等（2018）采用 Miami 模型和 Thornthwaite Memorial 模型计算了宁夏中部干旱带草地气候生产潜力，用土壤修正系数对气候生产潜力做修正，研究了该区域气候-土壤生产潜力的时空演变特征，降水是影响该区草地生产潜力的主要因素。

周广胜-张新时模型（周广胜 等，1995）则是基于气象数据计算自然植被的月净第一性生产力，计算公式如下：

$$NPP = RDI^2 \times \frac{r \times (1 + RDI + RDI^2)}{(1 + RDI) \times (1 + RDI^2)} \times \exp(-\sqrt{9.87 + 6.25 \times RDI}) \tag{4.27}$$

$$RDI = \left(0.629 + 0.237 \times \left(\frac{BT \times 58.93}{r}\right) - 0.00313 \times \left(\frac{BT \times 58.93}{r}\right)^2\right)^2 \tag{4.28}$$

式中，NPP 为净初级生产力，RDI 为辐射干燥度，r 为降雨量，BT 为月平均温度。

4.3.2.2 生理生态过程模型

生理生态过程模型是基于生态系统内部过程建立的仿真模型，以模拟植物生长发育研究生产力。生理生态模型机理性及系统性较强，在植被净初级生产力研究中应用较为广泛。Biome-BGC 模型是以日为步长的研究区域及全球尺度生态系统中植被以及土壤中的能量、水、碳、氮等的生理过程及其相互作用的生物地球化学模型。该模型主要包括了冠层辐射、光合作用、蒸发及蒸腾、气孔导度、自氧呼吸和异氧呼吸等模块，模型在碳的生物量积累过程中，计算出每天的总初级生产力（GPP），把生长呼吸和维持呼吸减去后的产物分配给叶、枝条、干和根，考虑了叶和细根的生物气候特征（韩其飞 等，2014）。模型所需要的数据包括初始化文件、逐日气象数据、植物生理生态参数等（李传华 等，2019；胡波 等，2011）。Biome-BGC 模型综合考虑碳、水和能量在生态系统中的流动输送，可以有效模拟碳、水、氮循环，能够输出植被净初级生产力，且可以用于气候变化对生态系统的影响研究，模拟不同气候变化情境下的植被生长状况。

胡波等（2011）利用 Biome-BGC 模型估算了黄淮海地区植被净初级生产力，比较了不同植被类型的 NPP，并与观测数据、MODIS NPP 产品和统计数据进行了对比，结果表明模型能够交合的用于区域植被生产力模拟。李传华等（2019）应用 Biome-BGC 模型模拟了青藏高原五道梁地区 1961—2015 年 NPP 的变化，分析了 NPP 主要影响因子，结果表明，温度是草地 NPP 的主导因子，降水变化在 40%以内对生产力影响不显著，温度和降水交互作用增强了单一因子对 NPP 的影响。

4.3.2.3 光能利用率模型

光能利用率模型基于资源平衡观点来估算植物的 NPP（Field et al.，1998）。光合有效辐射(PAR)是植物光合作用的驱动力,而植物吸收的光合有效辐射(APAR)是植物 NPP 的一个决定因子,由此建立的 Monteith(蒙蒂斯)方程即可用来估算 NPP(Monteith,1972)。主要的光能利用率模型有 CASA、GLO-PEM、SDBM 等。CASA 是改进的光能利用率模型,该模型在中国使用较为广泛,可直接利用遥感获得全覆盖数据,且冠层绿叶所吸收的光合有效辐射的比例也可以通过遥感手段获得,且能够获得确切的 NPP 季节、年际动态变化,在 NPP 估算中广泛应用,其具体计算公式如下:

$$\mathrm{NPP}(x,t)=\mathrm{APAR}(x,t)\times\varepsilon(x,t) \tag{4.29}$$

$$\mathrm{APAR}(x,t)=\mathrm{SOL}(x,t)\times\mathrm{FPAR}(x,t)\times0.5 \tag{4.30}$$

$$\mathrm{FPAR}(x,t)=[\mathrm{FPAR}(x,t)_{\mathrm{NDVI}}+\mathrm{FPAR}(x,t)_{\mathrm{SR}}]/2 \tag{4.31}$$

$$\mathrm{FPAR}(x,t)_{\mathrm{NDVI}}=\frac{\mathrm{NDVI}(x,t)-\mathrm{NDVI}_{i,\min}}{\mathrm{NDVI}_{i,\max}-\mathrm{NDVI}_{i,\min}}\times(\mathrm{FPAR}_{\max}-\mathrm{FPAR}_{\min})+\mathrm{FPAR}_{\min} \tag{4.32}$$

$$\mathrm{FPAR}(x,t)_{\mathrm{SR}}=\frac{\mathrm{SR}(x,t)-\mathrm{SR}_{i,\min}}{\mathrm{SR}_{i,\max}-\mathrm{SR}_{i,\min}}\times(\mathrm{FPAR}_{\max}-\mathrm{FPAR}_{\min})+\mathrm{FPAR}_{\min} \tag{4.33}$$

$$\mathrm{SR}(x,t)=\frac{1+\mathrm{NDVI}(x,t)}{1-\mathrm{NDVI}(x,t)} \tag{4.34}$$

$$\varepsilon(x,t)=f_1(x,t)\times f_2(x,t)\times\omega(x,t)\times\varepsilon_{\max} \tag{4.35}$$

$$f_1(x,t)=0.8+0.02\times T_{\mathrm{opt}}(x)-0.0005\times[T_{\mathrm{opt}}(x)]^2 \tag{4.36}$$

$$f_2(x,t)=1.184/\{1+\exp[(T_{\mathrm{opt}}(x)-10-T(x,t))]\}\times 1/\{1+\exp[0.3\times(-T_{\mathrm{opt}}(x)-10+T(x,t))]\} \tag{4.37}$$

$$\omega(x,t)=0.5+0.5\times\frac{E(x,t)}{E_{\mathrm{p}}(x,t)} \tag{4.38}$$

式中,$\mathrm{APAR}(x,t)$、$\varepsilon(x,t)$、$\mathrm{SOL}(x,t)$、$\mathrm{NDVI}(x,t)$、$\mathrm{SR}(x,t)$是表示像元 x 在 t 月吸收的光合有效辐射($\mathrm{MJ\cdot m^{-2}}$)、光能利用率($\mathrm{g\cdot MJ^{-1}}$)、太阳总辐射量($\mathrm{MJ\cdot m^{-2}}$)、归一化植被指数、比值植被指数;$\mathrm{FPAR}(x,t)$为植被层对入射光合有效辐射的吸收比例;$\mathrm{FPAR}(x,t)_{\mathrm{NDVI}}$为根据 NDVI 计算得到的植被层对入射光合有效辐射的吸收比例;$\mathrm{FPAR}(x,t)_{\mathrm{SR}}$为根据比值植被指数计算得到的植被层对入射光合有效辐射的吸收比例;$\mathrm{NDVI}_{i,\min}$和$\mathrm{NDVI}_{i,\max}$分别为第 i 种植被类型的 NDVI 最小和最大值;$\mathrm{SR}_{i,\min}$、$\mathrm{SR}_{i,\max}$分别由对应第 i 种植被类型的$\mathrm{NDVI}_{i,\min}$和$\mathrm{NDVI}_{i,\max}$求算得到;$\mathrm{FPAR}_{\max}$和$\mathrm{FPAR}_{\min}$与植被类型无关,分别取 0.95 和 0.001;$f_1(x,t)$和$f_2(x,t)$表示 t 月像元 x 的温度对光能利用率的影响;$T_{\mathrm{opt}}(x)$是植物生长的最适温度,为像元 x 一年内 NDVI 达到最大时的当月平均气温;$T(x,t)$为像元 x 在 t 月的平均温度,当 $T(x,t)\leqslant-10$ ℃时,$f_1(x,t)=0$,当 $T(x,t)$比$T_{\mathrm{opt}}(x)$高 10 ℃或低 13 ℃时,该月$f_2(x,t)$值为 $T(x,t)$为最适温度$T_{\mathrm{opt}}(x)$时$f_2(x,t)$值的一半;$\omega(x,t)$为 t 月像元 x 的水分胁迫影响系数;$\varepsilon_{\max}$为理想状态下植被的最大光能利用率($\mathrm{g\cdot MJ^{-1}}$),不同植被类型的最大光能利用率取值不同;$E(x,t)$是像元 x 在 t 月的实际蒸散量(mm),根据周广胜和张新时建立的区域实际蒸散模型求取;$E_{\mathrm{p}}(x,t)$像元 x 在 t 月的潜在蒸散量(mm)。

朴世龙等(2001)利用 CASA 模型对中国 1997 年 NPP 进行了估算,总量为 1.95 Pg。张峰等(2008)利用 CASA 模型分析了内蒙古典型草原 1982—2002 年 NPP 的时间变异及其影响因子,21 a 间典型草原平均年 NPP 为 290.23 $\mathrm{g\cdot m^{-2}\cdot a^{-1}}$。李贵才(2004)利用 MODIS 数据,在 CASA 模型基础上建立了陆地净初级生产力的估算模型,估算了 2001 年中国陆地 NPP,并对 NPP 的时空格局进行了分析。董丹等(2011)基于 SPOT 遥感数据,通过改进

CASA 过程模型,估算了中国西南喀斯特地区 1999—2003 年的 NPP。毛德华等(2012)整合应用 MODIS 和 AVHRR 数据,利用 CASA 模型估算得到了东北地区 29 a 的 NPP 数据集,29 a 平均植被 NPP 总量为 6.5×10^8 t · a^{-1}。焦伟等(2017)基于 2000—2014 年 MODIS 资料,从土地覆盖类型、分类精度、辐射数据选取、计算公式选择等方面对 CASA 模型进行了改进和率定,估算了西北干旱区的 NPP,分析了 NPP 的时空变化特征。

CASA 模型认为,全球植被最大光能利用率为 0.389 g · MJ^{-1},但有研究表明该值对广东植被偏低,且广大学者认为不同类型植被最大光能利用率不同。宁夏气象部门基于前人研究,对 CASA 模型中的最大光能利用率进行了修正,改进了模型。根据宁夏土地覆盖类型及前人研究,得到 MODIS 土地覆盖类型产品 MCD12Q1 的 IGBP 各植被类型对应的最大光能利用率,以及归一化植被指数最大值和最小值(表 4.9)。

表 4.9　各植被类型最大光能利用率和归一化植被指数最大值与最小值

序号	植被类型	最大光能利用率/(g · MJ^{-1})	$NDVI_{max}$	$NDVI_{min}$
1	常绿针叶林	1.008	0.647	0.023
2	落叶阔叶林	1.044	0.747	0.023
3	混交林	1.044	0.747	0.023
4	开放灌丛	0.774	0.636	0.023
5	多树的草原	0.768	0.634	0.023
6	稀树草原	0.768	0.634	0.023
7	草原	0.608	0.634	0.023
8	永久湿地	0.389	0.634	0.023
9	耕地	0.604	0.634	0.023
10	城市和建成区	0.389	0.634	0.023
11	耕地和自然植被的镶嵌体	0.604	0.634	0.023
12	裸地或低植被覆盖地	0.389	0.634	0.023
13	水体	0.389	0.634	0.023

宁夏气象部门基于 MOD13Q1 产品,结合全区 24 个气象站平均气温、降水量、日照时数,以及 MODIS 土地覆盖产品 MCD12Q1,应用改进光能利用率模型 CASA,估算了宁夏植被净初级生产力,得到了 2000—2019 年宁夏逐月以及年 NPP 数据集,分析了植被净初级生产力空间分布特征,多年平均值为 281.4 g · m^{-2},呈南北高、中间低的空间分布特点。NPP 高值区主要位于灌区北部和南部山区,灌区南部、中部干旱带 NPP 较小。六盘山林区 NPP 最大,沿黄河流域、清水河流域、大罗山、南华山林区次之,腾格里沙漠东南缘及贺兰山北部 NPP 较小(图 4.10)。

此外,MODIS 植被净初级生产力产品 MOD17A3HGF 也提供了一种 NPP 估算方案,该产品是 Biome-BGC 模型与光能利用率模型模拟得到的,空间分辨率 500 m,时间分辨率为1 a。该数据将卫星获得的土地覆盖 MCDLCHKM 数据、部分光合有效辐射和叶面积指数数据作为输入的地表植被信息,模拟获得全球陆地植被年净初级生产力。宁夏气象部门基于 MOD17A3HGF 数据,分析了 2000—2019 年 NPP 时空特征。植被净初级生产力平均值 193.1 g · m^{-2},多年平均 NPP 空间分布特征为南北高、中部低。NPP 高值区主要位于灌区北部和南部山区，灌区南部、中部干旱带 NPP 较小。六盘山林区 NPP 最大，沿黄河流域、清水河流域、大罗山、南华山林区次之，腾格里沙漠东南缘及贺兰山北部 NPP 较小（图 4.11）。

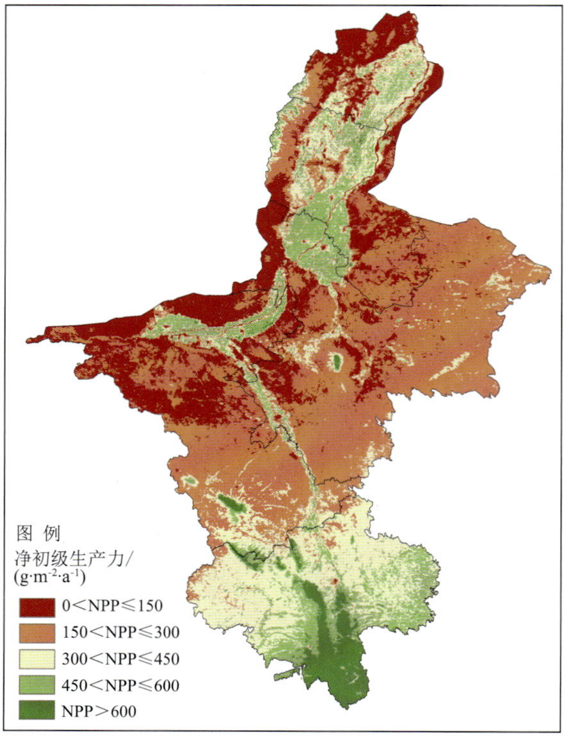

图 4.10 基于改进型 CASA 模型的宁夏 2000—2019 年平均植被净初级生产力空间分布图

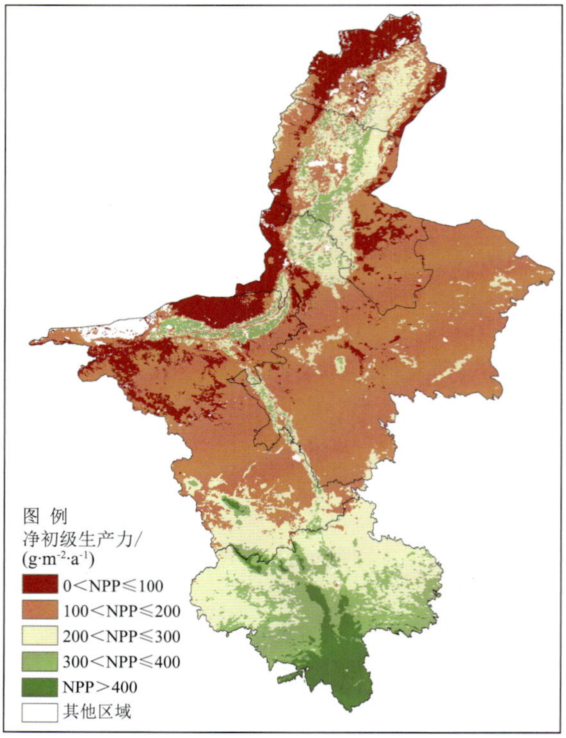

图 4.11 基于 MOD17A3HGF 的宁夏 2000—2019 年平均植被净初级生产力空间分布图

4.3.3 固碳量

植被碳吸收是国家“双碳”发展战略中“增汇”的重要组成部分，合理、准确估算植被固碳量（Vegetation Carbon Sequestration，VCS）是国家和各省份制定“双碳”相关政策的重要前提（李成 等，2014）。生态系统中植被通过光合作用吸收空气中 CO_2 生成葡萄糖等碳水化合物，放出 O_2。其化学反应方程式为：

$$6\,CO_2+6\,H_2O \rightarrow C_6H_{12}O_6+6\,O_2 \tag{4.39}$$

由光合作用方程式可知，每生产 1 kg 干物质可固定 1.63 kg CO_2 并释放 1.2 kg 的 O_2，且 1 kg CO_2 包含了 0.27 kg 的碳。而固定时段内植被光合作用产生的干物质量与 NPP 为 2.2 倍关系（陈明辉 等，2012；温宥越 等，2020），植被固定 CO_2 量可用如下公式计算得到。

$$W_{CO_2}=NPP\times 2.2\times 1.63 \tag{4.40}$$

$$W_C=W_{CO_2}\times 0.27 \tag{4.41}$$

式中，W_{CO_2} 为某一时间段内单位面积植被固定的 CO_2 量（$g \cdot m^{-1}$），NPP 为某一时间段内单位面积植被净初级生产力（$g \cdot m^{-2}$），W_C 为某一时间段内单位面积植被固碳量（$g \cdot m^{-2}$）。

宁夏气象部门基于中国气象局国家气象中心的植被净初级生产力产品，利用式（4.40）和式（4.41）计算宁夏植被的固碳量，结果显示，2021 年宁夏植被固碳量呈现南北高中间低的分布特征，高值区主要分布在沿黄河地区、中部干旱带以及南部山区。2021 年植被固碳量平均值为 161.56 g·m^{-2}，较 2020 年减小 23.71%；与近 5 a 平均水平相比，减小 21.53%，84.34% 的地区偏小，银川市南部、中卫市北部、吴忠市部分地区持平（图 4.12）。

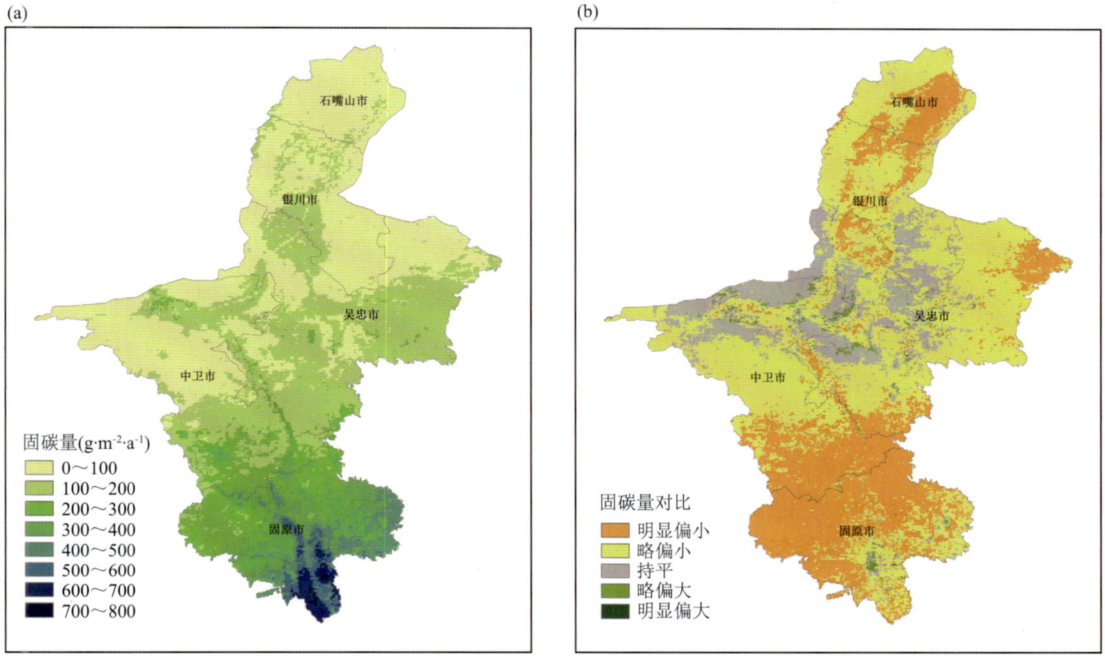

图 4.12　2021 年宁夏植被固碳量(a)及与 2017—2021 年平均对比(b)空间分布图

4.3.4　植被生物量

植被生物量是指单位面积植物的总重量，通常以鲜重（湿重）或干重表示。严格意义上讲植被生物量为任一时间段内植被的生产总量或植被种群进行光合作用总积累的初级生产。植被生物量反映了物质流、能量流和初级生产过程，是森林和草地生态系统一个重要的功能性指标（严月 等，2017），通过对区域尺度生物量进行反演，可有效监测植被的生长状况。同时地上生物量也是构成全球碳循环的重要组成部分，进行地上生物量时空监测对生态系统碳循环和能量流动研究具有重要的意义（张翔，2020）。植被地上生物量的测定方法主要有直接测量和间接估算法两种。

其中，直接测量法即收获法。森林地上生物量测量步骤为：选取典型样地和样带，设置数量不等的样方（至少 3 个）；记录每个样方中的物种数、冠幅等；选取较为典型的标准木，伐倒后精确测定胸径和树高，以 1 m 或 2 m 为区分段进行分层切割，测定样本地上部分各器官（干、皮、枝、叶、花、果等）鲜重；分别选取 10～200 g 样品置于 85 ℃或 105 ℃恒温干燥箱内烘干至恒重，计算含水率及各器官干重生物量。草地地上生物量测定步骤为：选择代表性样地并确定样方数量和位置；记录每个样方的地理位置，统计该样方中植被的密度、盖度、平均高度、最大高度、物种丰富度等；采取收割法收割地上部分，并立即称其鲜重；选取一部分带回实验室，在 80 ℃或 105 ℃下烘干至恒重后称重，获得该样方地上部分干物质量；计算各类型样方地上部分干重平均值，得到各植被类型单位面积地上部分生物量（王树功 等，2004）。直接测量法多用于小范围植被生物量的测定，操作简单，精度高，但进行大面积观测时耗人耗力耗材，且对自然环境有一定的破坏。

间接估算法。森林生物量间接估算法主要利用生物量模型、生物量估算参数和遥感技术等方法。相对生长关系是生物量和生产率估算中最常见的生物量模型，它是植株结构和功能特征指标（如生物量）与易于测量的植株形态学变量（胸径、树高等）之间数量关系的统称。相对生长生物量模型的构建通常采用平均标准木法或者径级标准木法，即先破坏性测量有限数量的标准木，然后建立全部或者部分生物量与易于获得植株形态学变量（如胸径、树高等）之间的数量关系，该模型中生物量的估算精度随着自变量增加而增加，但野外调查时基本数据获取的难度也会增加，则模型的实用性会随之降低。生物量估算参数主要由生物量转扩因子、生物量扩展因子、根茎比和木材密度 4 个常用参数来表示。大量的研究表明，生物量估算参数值不仅会随森林类型的变化而变化，而且在同一类型森林中也会随林龄、林分密度、立地条件等变化而变化，因此构建以林龄、蓄积量和器官生物量指标为自变量、生物量估算参数为因变量的连续估算生物量参数成为主要的方法（罗云建 等，2009）。遥感具有宏观、综合、动态、快速、可重复等特点，其波段信息和森林生物量结构具有一定的相关性，已成为区域或大尺度森林生物量估算的主要方法。李德仁等（2012）研究认为，低分辨率光学遥感影像可用来研究全球、大陆或国家区域等大尺度森林生物量；中分辨率光学遥感数据可以更加准确、方便地提取森林生态系统的林种、群落特征等信息；高分辨率光学遥感影像可以充分利用空间特征、纹理、植被指数及光谱信息等，反映更详细的森林遥感信息；雷达遥感具有全天候、全天时等特点，并且对树冠具有穿透能力，能获取森林内部结构信息，在森林生物量估算中具有一定的优势。此外，激光雷达（LiDAR）对森林具有一定的穿透能力，可以测定地表和林冠的高度信息以及平均树冠面积、树木密度等信息，在估算森林生物量方面表现出巨大的优势，如罗洪斌等（2019）和李桂林等（2018）利用机载激光雷达的三维坐标信息，使用分水岭分割算法对无人机机载激光雷达数据进行处理，同时利用地面实测地上生物量，建立无人机激光雷达植被参数（树高和冠幅）与生物量之间的模型，从小尺度估算整个孤岛林场地上生物量。但是，随着遥感技术的进一步发展，同时由于光学遥感数据存在混合像元、饱和度等问题，因而多传感器遥感数据集成估算森林生物量成为新的发展趋势，如 Clark 等（2011）采用 LiDAR 数据和高光谱数据相结合对热带雨林的生物量进行了估算，Hyde 等（2006）根据野外样点调查数据比较了 LiDAR、SAR 和光学影像估算的生物量，发现 Landsat TM 影像可以提高 LiDAR 估算森林生物量的精度。尽管多传感器遥感数据有效减少了光学遥感混合像元、饱和度等问题，但目前遥感技术在估算森林生物量中还存在如下问题：①每种遥感数据在空间、光谱和辐射分辨率等方面存在一定的局限性，影响了遥感技术估算森林生物量的能力；②光学遥感数据和雷达数据在估算森林生物量比较高的地区时，存在遥感信息饱和的问题，不能准确反映生物量的变化，成为遥感方法估算生物量的瓶颈；③多源遥感影像估算森林生物量成为目前的发展趋势，但如何将不同传感器、不同时间、不同空间分辨率及不同光谱分辨数据有机结合，选择最优信息估算生物量是目前遥感发展面临的问题（李德仁 等，2012）。

从区域或大尺度水平上估算草地生态系统生物量的方法主要有三种，一是通过大规模的实地调查，取得实测数据，根据相对较长时间序列的研究资料，建立生物量计算模型或相关变量的数据库，估算区域生物量；二是从已有的样地数据或文献中获取不同草地植被单位面积生物量，并与对应的面积相乘计算生物量；三是利用已有的实地调查资料，建立环境因子（温度、降水等）或遥感参数为自变量、生物量为因变量的回归模型，在此基础上推算生物量（朴世龙等，2004）。自 20 世纪 80 年代遥感技术正式用于草地资源监测中以来，目前草地生物量估算以地面实测和遥感估算建模最为常见（何丽，2020）。从 1985 年起，光学遥感技术被广泛应用于植被生长参数监测，主要是从光学遥感影像中提取植被光谱反射值，利用不同波段的光谱特征构建相应的植被指数，并与草地植被生物量建立反演模型对草地生物量进行估算。然而，由于光学遥感数据的可见光波段与近红外波段容易受到植被冠层散射与吸收的影响，难以获得草地植被的内部结构信息。同样，在植被覆盖率较高的情况下，生物量计算准确性受到影响，故高分辨率图像因具有更高的精度被用于草地生物量的研究中（胡远宁 等，2014）。但牛铮（1998）采用 Landsat7 TM 遥感影像数据，调查广东雷州林场叶面积指数（LAI）时发现，因光学波段受到其他非植被因素的影响无法穿透植被，难以利用遥感影像进行大面积精确评估，得到的评估结果有一定局限性。也有学者研究发现合成孔径雷达成像虽然具有很好的穿透能力和对多种生物量水平的敏感度（陈尔学，1999），但相对林地来说，草地生物量较低，合成孔径雷达尚不能应用于草地生态系统地上生物量的研究。目前，无人机遥感技术由于其机动灵活、作业周期短、时效性好等特点，已成为国内外新型遥感技术研究的新热点，如张翔（2020）利用无人机激光雷达和多光谱数据对内蒙古草地植被生物量进行了研究。

近年来，宁夏气象部门依托“中央财政”“三农服务专项”等项目，以 GF-1/WFV 为主要数据源，结合无人机遥感技术及人工观测手段等，获得草地正射影像数据、地面草地观测数据等，对宁夏草地最大地上生物量进行了研究。通过研究构建了草地植被指数与最大地上生物量关系模型，研发了草地植被长势遥感监测评估功能模块，并用于区、市、县的草地最大地上生物量遥感估测业务服务，实现了区、市、县三级一体化的草地植被最大地上生物量的遥感监测及评估。

4.3.4.1 宁夏草地空间分布信息提取

采用多源卫星遥感、地面人工观测、无人机遥感等天空地一体化技术，选取全区典型草地植被区 12 个点进行观测采样。基于 2000—2018 年 MODIS 和 NOAA 归一化植被指数（NDVI）时序数据集，提取并建立草地植被 NDVI 曲线，比较不同地表植被 NDVI 变化情况，运用时相法获得草地信息提取的最佳时像。据研究，宁夏草地信息提取最佳时相为 7 月上旬（图 4.13）。根据确定的最佳时像，获取该时段内 GF 卫星遥感影像数据，利用随机森林法对宁夏草地空间分布信息进行提取，得到宁夏草地的空间分布信息，详细技术路线见图 4.14。然后，叠加中国科学院遥感与数字地球研究所发布的宁夏回族自治区草地资源数据，最终提取出宁夏不同草地类型的矢量数据。

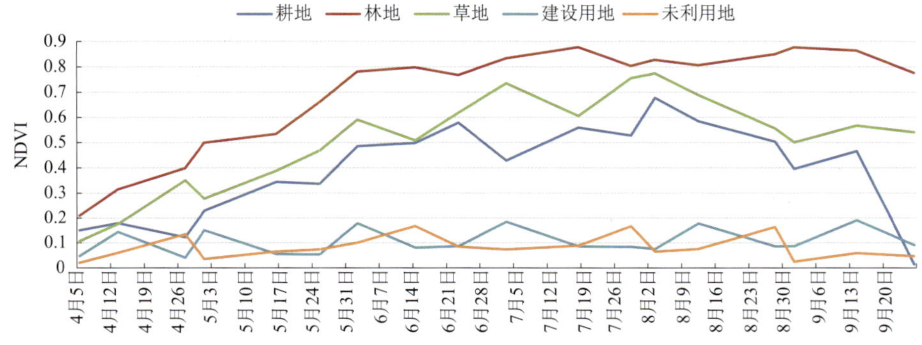

图 4.13 不同地类 NDVI 时间序列图

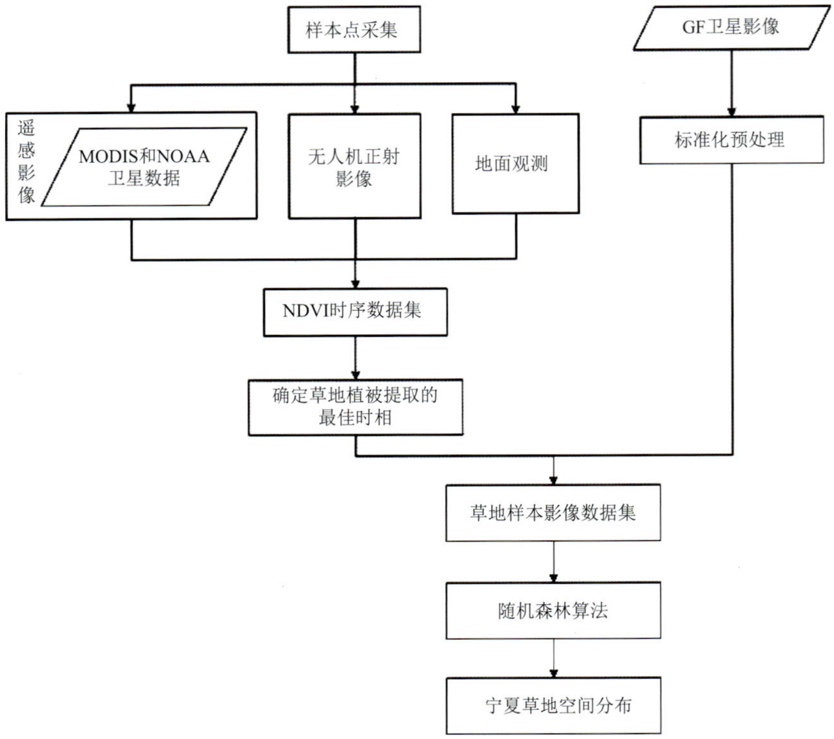

图 4.14 宁夏草地空间分布提取技术路线图

4.3.4.2 宁夏草地最大地上生物量遥感监测模型构建

基于收集整理的分类型草地地上生物量观测数据和计算得到的植被指数，首先确定草地最大生物量的反演时段，对最佳反演时段内的植被指数、影像通道值与地上生物量进行相关性分析，选取能够准确反映草地最大地上生物量的因子，再分类型建立指数因子与最大地上生物量关系模型，即为最大地上生物量的遥感估测模型。

(1)植被指数提取

首先，对下载的2015—2019年6—9月覆盖140个观测样地的GF-1/WFV卫星遥感影像数据进行地理精校正、大气校正等预处理，再运用ENVI软件中相关栅格数据计算功能，获得归一化植被指数(NDVI)、增强型植被指数(EVI)、比值植被指数(RVI)、差值植被指数(DVI)、植被状态指数(VCI)等指数的栅格计算结果，并建立不同草地类型的植被指数数据集。

(2)模型因子选取

通过相关性分析，草甸草原VCI、DVI、FVC、RVI、EVI、NDVI均与草甸草原最大地上生物量有较好的相关性，因此，均作为模型的自变量因子。干草原VCI、DVI、FVC、RVI、EVI均与干草原最大地上生物量有较好的相关性，因此，均作为模型的自变量因子，剔除NDVI。荒漠草原VCI、DVI、FVC、RVI、EVI均与荒漠草原最大地上生物量有较好的相关性，因此，均作为模型的自变量因子，剔除NDVI。

(3)最大地上生物量反演模型构建

对指标因子与最大地上生物量进行回归分析，建立不同草地类型的回归模型即最大地上生物量遥感估测模型，如表 4.10 所示。

表 4.10 不同草地类型地上生物量与各指标之间的关系分析

草地类型	公式	R^2	P 值
草甸草原	$y=-2413.295+2268.32\times \mathrm{RVI}+44935.703\times \mathrm{NDVI}-923.327\times \mathrm{EVI}+2786.701\times \mathrm{DVI}+1598.181\times \mathrm{FVC}-372.929\times \mathrm{VCI}$	0.726	<0.001
干草原	$y=-1900.514-940.489\times \mathrm{EVI}+315.200\times \mathrm{RVI}+1367.746\times \mathrm{DVI}+149.306\times \mathrm{FVC}+101.332\times \mathrm{VCI}$	0.846	<0.001
荒漠草原	$y=-6638.457+218.983\times \mathrm{EVI}+6648.409\times \mathrm{RVI}+854.606\times \mathrm{DVI}-31.266\times \mathrm{FVC}-110.395\times \mathrm{VCI}$	0.743	<0.001

注：表中 y 为不同草地类型地上生物量，R^2 为相关系数，P 为显著性检验值。

4.4 植被生态质量与气象条件贡献率

植被生产力和覆盖度是衡量陆地生态系统生态质量特别是植被生态质量的关键指标，当前植被生态质量监测评估方法多基于二者建立。国家气象中心钱拴等以基于光能利用率模型计算的植被净初级生产力、基于 MODIS NDVI 数据获得的覆盖度为两个关键指标，构建了植被生态质量指数，并制定了气象行业标准《陆地植被气象与生态质量监测评价等级》(QX/T 494—2019)，指导气象部门开展植被生态质量的监测评估业务，计算公式具体如下：

$$\mathrm{NPP}_k=\varepsilon\times\sigma\times \mathrm{FPAR}\times \mathrm{PAR}\times\frac{1-R_{\mathrm{grow}}}{1-R_{\mathrm{maint}}} \tag{4.42}$$

$$\mathrm{NPP}=\sum_{k=1}^{K}\mathrm{NPP}_k \tag{4.43}$$

$$C_k=\frac{V_k-V_{\mathrm{soil}}}{V_{\max}-V_{\mathrm{soil}}}\times 100\% \tag{4.44}$$

$$C=\frac{\sum_{k=1}^{K}C_k}{K} \tag{4.45}$$

$$Q=100\times\left(f_1\times C+f_2\times\frac{\mathrm{NPP}}{\mathrm{NPP}_{\max}}\right) \tag{4.46}$$

式中，NPP_k 为全年或生长季第 k 月陆地植被净初级生产力($\mathrm{g\cdot m^{-2}}$)，ε 为光能转化率($\mathrm{g\cdot MJ^{-1}}$)，σ 为影响光能转化率的因子，反映温度、水分等因子对光合作用的影响，FPAR 为陆地植被吸收光合有效辐射比例，PAR 为陆地植被所利用的光合有效辐射($\mathrm{MJ\cdot m^{-2}}$)，R_{grow} 为陆地植被生长呼吸消耗系数，R_{maint} 为陆地植被维持呼吸消耗系数。NPP 为全年或生长季陆地植被净初级生产力($\mathrm{g\cdot m^{-2}}$)，K 为该时段包含的月数，k 为该时段月序。C_k 为全年或生长季第 k 月陆地植被覆盖度，V_k 为该时段第 k 月的 NDVI，V_{soil} 是像元为纯土壤时的 NDVI，根据我国陆地特点推荐 $V_{\mathrm{soil}}=0.05$，$V_{\max}$ 是像元为全植被覆盖时的 NDVI，根据我国陆地特点推荐 $V_{\max}=0.95$，C 为全年或生长季平均陆地植被覆盖度。Q 为全年或生长季陆地植被生态质量指数，f_1 为陆地植被覆盖度的权重系数(根据区域及其植被类型进行调整，全国取 0.5)，f_2 为陆地植被净初级生产力的权重系数(根据区域及其植被类型进行调整，全国取 0.5)，$\mathrm{NPP}_{\max}$ 为该空间区域范围内最好气象条件下的陆地植被净初级生产力。表 4.11 为陆地植被生态质量监测评价等级。

表 4.11 陆地植被生态质量监测评价等级

全年或生长季陆地植被生态质量指数(Q)	监测评价等级
$Q \geqslant 80$	优
$60 \leqslant Q < 80$	良
$50 \leqslant Q < 60$	中等偏好
$40 \leqslant Q < 50$	中等偏差
$20 \leqslant Q < 40$	差
$Q < 20$	很差

宁夏气象部门利用卫星遥感技术监测评估宁夏陆地植被生态质量，结果显示，2021 年宁夏植被生态质量指数南部高，中间和北部低。灌区贺兰山一带、沿黄河地区较高，大部分地区为16～24；中部干旱带大部分地区 Q 集中在 8～16；南部山区植被生态质量指数较大，主要集中在 24～60，六盘山 Q 值最高达 60(图 4.15)。

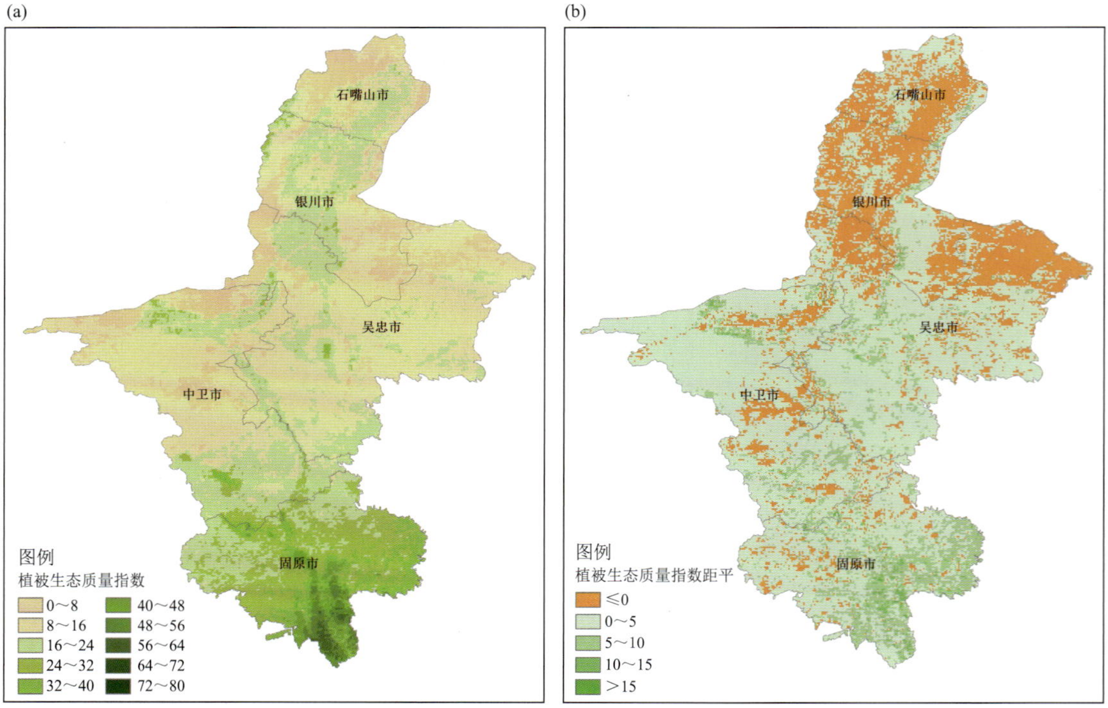

图 4.15 2021 年宁夏年植被生态质量指数(a)及距平(b)空间分布图

2021 年全区 74.1%以上区域植被生态质量指数高于近 22 a 平均水平，而石嘴山市、银川市大部分地区及吴忠市的青铜峡和盐池北部低于近 22 a 平均水平。2021 年全区 Q 平均值较 2020 年减少 12.5%；与近 22 a 相比增加 11.4%，其中吴忠、固原、中卫增长明显；与近 10 a 相比减少 6.2%；与近 5 a 相比减少 10.5%(图 4.15，图 4.16，表 4.12)。

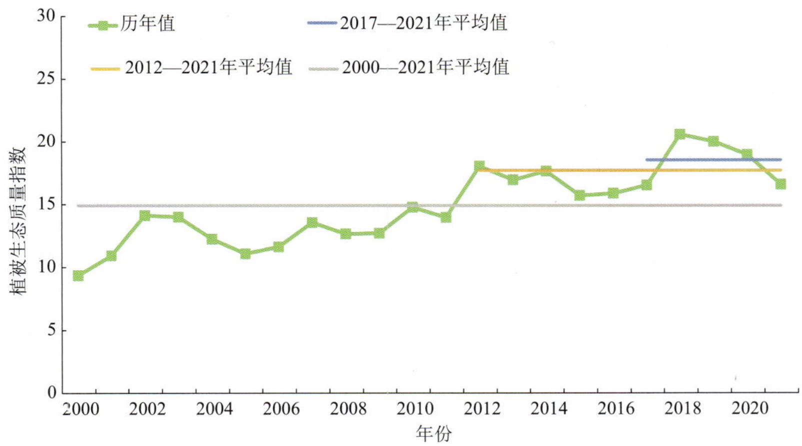

图 4.16　2000—2021 年宁夏年植被生态质量指数变化图

表 4.12　2021 年宁夏植被生态质量指数对比分析表

	宁夏	银川市	石嘴山市	吴忠市	固原市	中卫市
2021 年	16.6	13.1	11.4	12.8	30.8	13.9
比 2017—2021 年平均值	−10.5%	−9.9%	−14.4%	−10.3%	−9.5%	−11.5%
比 2012—2021 年平均值	−6.2%	−9.7%	−11.2%	−7.0%	−4.9%	−4.2%
比 2000—2021 年平均值	11.4%	0.4%	−1.4%	11.2%	14.3%	16.7%

植被生态质量变化及归因分析可为生态保护和修复绩效及过程评估提供科学依据。植被生态质量既受气象条件变化影响，又受人为活动影响。为分离气象条件变化和人为活动对植被生态质量的影响，周广胜等(2020)建立了通过研究实际植被生态质量与潜在植被生态质量，对植被生态质量的变化进行了归因，实现了气象条件和人为活动对植被生长的影响分离，该方法已被集成到生态文明建设绩效考核气象条件贡献率评价系统中。该方法认为基于遥感信息反演得到的实际植被生态质量包含气象条件变化和人类活动的共同影响，采用气象条件相似型方法就可以得到相同人类活动下仅反映气象条件变化影响的实际植被生态质量，后者与前者相减就得到气象条件变化决定的实际植被生态质量。植被生态质量的气象条件变化影响采用气象条件决定的实际植被生态质量变化量与实际植被生态质量变化量之比评价。具体公式如下：

$$Q_{a,i}=N_{a,i}\times C_{a,i}\times S_{a,i} \tag{4.47}$$

$$Q_{m,i+1}=N_{m,i+1}\times C_{m,i+1}\times S_{a,i+1} \tag{4.48}$$

$$\Delta Q_{a,i+1}=Q_{a,i+1}-Q_{a,i} \tag{4.49}$$

$$Q_s=\sum_{i=1}^{n-1}\Delta Q_{a,i+1} \tag{4.50}$$

$$\Delta Q_{m,i+1}=Q_{m,i+1}-Q_{a,i} \tag{4.51}$$

$$Q_{ms}=\sum_{i=1}^{n-1}\Delta Q_{m,i+1} \tag{4.52}$$

$$F_m=\frac{Q_{ms}}{|Q_s|} \tag{4.53}$$

$$F_h=1-F_m \tag{4.54}$$

式中，$Q_{a,i}$为第 i 年实际植被生态质量（g·a^{-1}），$N_{a,i}$为第 i 年实际植被净初级生产力（g·m^{-2}·a^{-1}），$C_{a,i}$为第 i 年实际植被覆盖度，$S_{a,i}$为第 i 年实际植被地理分布面积（m^2），采用公开权威发布的土地利用产品数据。$Q_{m,i+1}$为第 $i+1$ 年相对于第 i 年的气象条件决定的实际植被生态质量（g·a^{-1}），$N_{m,i+1}$为第 $i+1$ 年气象条件决定的实际植被净初级生产力（g·m^{-2}·a^{-1}），$C_{m,i+1}$为第 $i+1$ 年气象条件决定的实际植被覆盖度，$S_{a,i+1}$为第 $i+1$ 年实际植被地理分布面积（m^2）。$\Delta Q_{a,i+1}$为第 $i+1$ 年相对于第 i 年的实际植被生态质量变化量（g·a^{-1}），$Q_{a,i+1}$为第 $i+1$ 年实际植被生态质量（g·a^{-1}），Q_s为评价期内的实际植被生态质量变化量（g·a^{-1}），n 为评价期的年份数。$\Delta Q_{m,i+1}$为第 $i+1$ 年相对于第 i 年的气象条件决定的实际植被生态质量变化量（g·a^{-1}）。Q_{ms}为评价期内气象条件决定的实际植被生态质量变化量（g·a^{-1}），F_m为评价期内植被生态质量变化的气象条件贡献率，可划分为 5 种等级（表 4.13）；Q_{ms}为评价期内气象条件决定的实际植被生态质量变化量（g·a^{-1}）；Q_s为评价期内实际植被生态质量变化量（g·a^{-1}），F_h为评价期内人为决定的实际植被生态质量变化量（g·a^{-1}）。

表 4.13　气象条件贡献率评价等级

气象条件贡献率指标	评价等级	监测评价等级
$F_m \geqslant 1$	高度正贡献	气象条件极有利于植被生态质量提升
$0.1 < F_m < 1$	中度正贡献	气象条件有利于植被生态质量提升
$-0.1 \leqslant F_m \leqslant 0.1$	无贡献	气象条件对植被生态质量影响不显著
$-1 \leqslant F_m < -0.1$	中度负贡献	气象条件不利于植被生态质量提升
$F_m < -1$	高度负贡献	气象条件极不利于植被生态质量提升

宁夏气象部门根据《植被生态质量气象条件贡献率评价方法及系统应用指南》，利用气象贡献率评价方法，估算了单位面积宁夏植被生态质量，结果表明，2021 年宁夏单位面积自然植被生态质量为 60.2 g·m^{-2}·a^{-1}，总体由北向南递增。贺兰山、罗山、中卫市南部以及南部山区自然植被生态质量较高，一般在 50 g·m^{-2}·a^{-1}以上，其他地区自然植被生态质量较低（图 4.16）。

2021 年宁夏单位面积自然植被生态质量与 2000—2021 年平均值相比，提高 34.5%，是 2000—2021 年期间第四好年，77%以上的自然植被区植被生态质量好于 22 a 平均水平，其中，中卫市自然植被生态质量改善最为明显；与 2012—2021 年平均值相比，降低 0.6%；与 2017—2021 年平均值相比，降低 12.7%（图 4.17，图 4.18，表 4.14）。

2002 年以来，宁夏先后实施了退耕还林（草）政策以及封山禁牧政策，为评估相关生态政策实施以来气象因素以及人为因素对自然植被生态质量的影响，进一步分析了 2002 年以来，自然植被生态质量变化的各因素贡献率。

表 4.14　2021 年宁夏植被生态质量指数对比分析表

	宁夏	银川市	石嘴山市	吴忠市	固原市	中卫市
2021 年/（g·m^{-2}·a^{-1}）	60.2	43.3	39.5	43.4	160.2	51.2
比 2017—2021 年平均值/%	−12.7	−9.8	0.4	−15.1	−11.1	−12.8
比 2012—2021 年平均值/%	−0.6	−2.7	14.7	−1.9	−2.3	4.3
比 2000—2021 年平均值/%	34.5	21.8	36	35.8	34.3	46.1

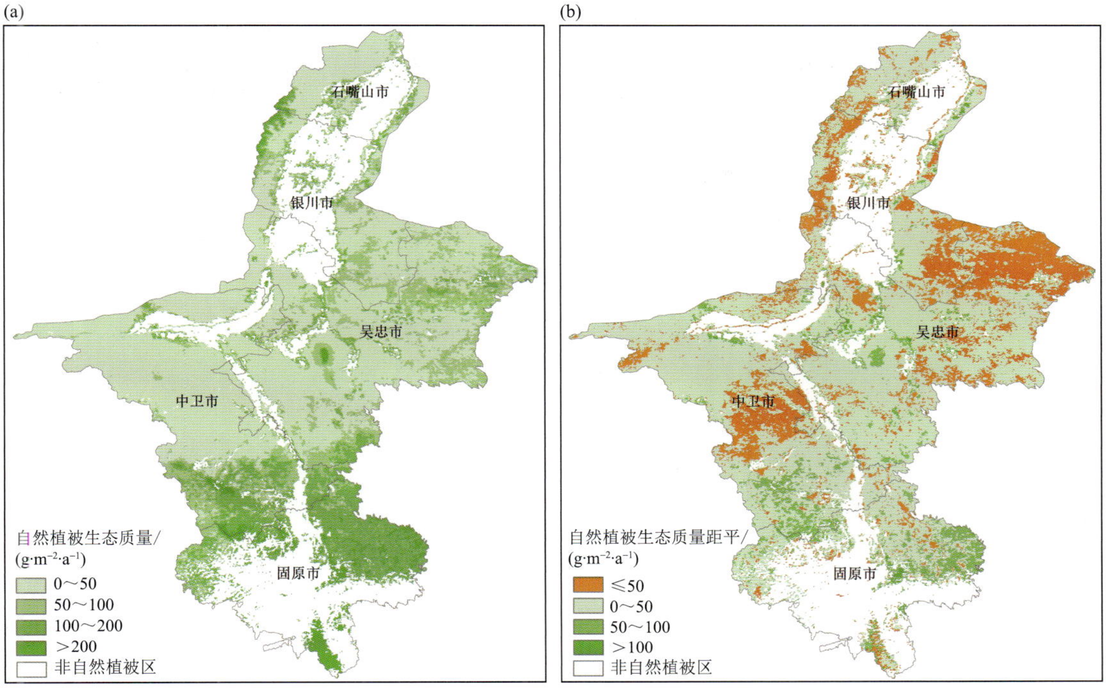

图 4.17　2021 年宁夏自然植被生态质量(a)及距平(b)空间分布图

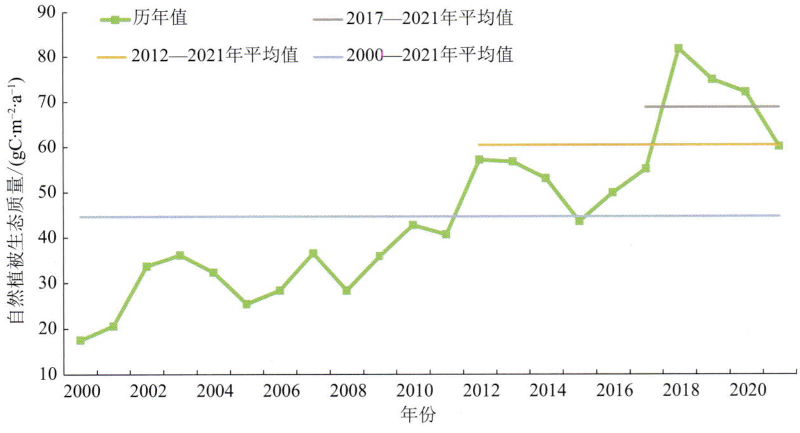

图 4.18　2000—2021 年宁夏自然植被生态质量变化图

2021 年相对于 2002 年自然植被生态质量变化的气象贡献为 36.9%，2003—2021 年相对于 2002 年的气象贡献率均以正贡献为主，呈弱减小趋势，平均贡献率为 18.4%（图 4.19）；人为贡献率亦以正贡献为主，呈弱增加趋势，平均贡献率为 81.6%（图 4.20）。相较于气象因子，人类活动对自然植被生态质量变化的贡献更大。由此可见，人类活动在促进生态环境良性发展方面起到了主导作用，自然植被生态质量持续改善主要得益于生态修复工程的大力实施。

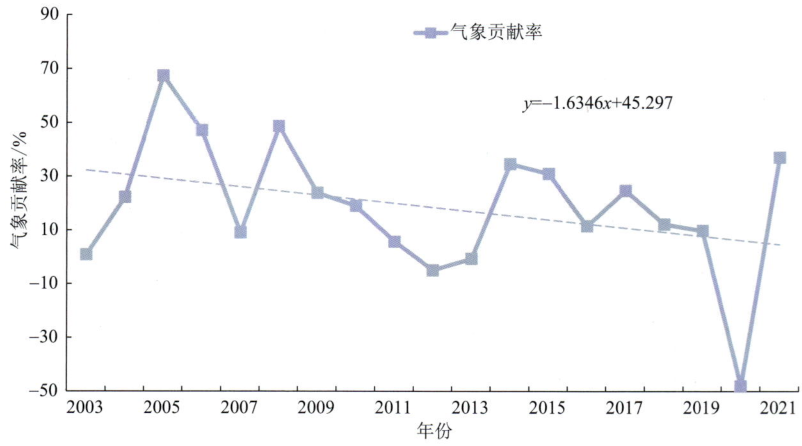

图 4.19　2003—2021 年相对于 2002 年宁夏自然植被生态质量变化气象贡献率

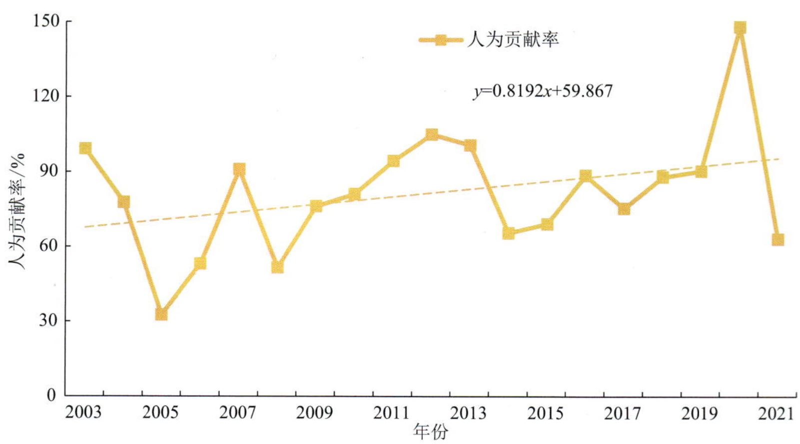

图 4.20　2003—2021 年相对于 2002 年宁夏自然植被生态质量变化人为贡献率

4.5　本章小结

本章介绍了宁夏的植被分布及时空变化特征，植被长势遥感监测评估分析方法，植被与气象因子之间的关系研究，以及植被的生产力评估，包含总初级生产力、净初级生产力、固碳量、植被生物量，植被生态质量与气象条件贡献率评价等研究进展。同时，详细介绍了宁夏基于这些研究，多年来所开展的业务、科研以及服务的相关情况。根据分析：(1)宁夏在 2000—2005 年、2005—2010 年、2010—2016 年期间，农田植被区和自然植被区均呈现极低植被→低植被→中植被→高植被覆盖区的转移趋势，总体上植被覆盖向好发展。(2)2000—2020 年宁夏植被覆盖度平均值呈逐年增大趋势，其中中部干旱带中低及中度植被覆盖区增加，南部山区中度植被覆盖区增加。2020 年植被覆盖度最高，中部干旱带中度植被覆盖区面积占比进一步增加，南部山区中高植被覆盖区明显增加，中南部山区生态环境进入良性循环的快速恢复期。(3)2021 年宁夏植被固碳量呈现南北高中间低分布特征，平均值为 161.56 g・m^{-2}，较 2020 年减小 23.71%，与近 5 a 平均水平相比，减小 21.53%，84.34%的地区偏小，银川市南部、中卫市北部、吴忠市部分地区持平，高值区主要分布在沿黄河地区、中部干旱带以及南部山区。(4) 2021 年宁夏单位面积自然植被生态质量与 2000—2021 年平均值相比，提高 34.5%，是 2000—2021 年期间第四好年，77%以上的自然植被区植被生态质量好于 22 a 平均水平，其中，中卫市自然植被生态质量改善最为明显；与 2012—2021 年平均值相比，降低 0.6%；与 2017—2021 年平均值相比，降低 12.7%。(5)2021 年相对于 2002 年自然植被生态质量变化的气象贡献为 36.9%，2003—2021 年相对于 2002 年的气象贡献率均以正贡献为主，呈弱减小趋势，平均贡献率为 18.4%；人为贡献率也以正贡献为主，呈弱增加趋势，平均贡献率为 81.6%。相较于气象因子，人类活动对自然植被生态质量变化的贡献更大。人类活动在促进生态环境良性发展方面起到了主导作用，自然植被生态质量持续改善主要得益于生态修复工程的大力实施。

第5章 生态气象灾害

5.1 干旱监测评估

广义的干旱是指因长期少雨、空气干燥、土壤缺水，不足以满足人的生存和经济发展的气候现象。世界气象组织将干旱分为气象干旱、气候干旱、大气干旱、农业干旱、水文干旱、用水管理干旱六类。我国通常分气象干旱、农业干旱、水文干旱和社会经济干旱四类。狭义的干旱是指长期无雨或少雨，土壤水分不足、作物水分平衡破坏而减产的农业气象灾害，一般分土壤干旱、大气干旱和生理干旱三类。

宁夏"三面环沙"，被腾格里沙漠、乌兰布和沙漠和毛乌素沙地包围，水资源短缺，干旱是宁夏发生频率最高、影响范围最广的气象灾害，民间广泛流传有"十年一大旱，五年一小旱，三年两头旱"的说法。在气候变化背景下，宁夏干旱发生程度、发生频率及持续时间均有加重趋势，如2004年9月—2006年6月出现了历史罕见的持续大旱；2008年春夏季、2012秋季—2013年春季、2013年秋季—2014年春季、2015年和2016年夏季、2016/2017年冬季均出现了严重的季节性干旱或季节性连旱，对生态环境建设及农业生产造成了极大危害（韩颖娟，2020）。

遥感技术以其客观、及时、经济、监测范围广、数据连续等优点，为大范围监测干旱提供了可能。国内外众多学者提出或发展了一系列干旱遥感监测的技术方法，按使用的数据源可划分为光学遥感、热红外遥感、高光谱遥感和微波遥感四类。

在光学和红外遥感方面，主要有植被指数法、热惯量法、植物蒸散法、光学与热红外波段融合反演法、土壤水分光谱法等。在植被指数法研究中，Rouse等（1974）最早将NDVI用于美国中部大草原地区的植被季节性干旱监测；Kogan（1990）提出条件植被指数（Vegetation Condition Index，VCI）的概念，认为VCI比NDVI对干旱的监测更为有效和实用；陈维英等（1994）采用距平植被指数监测了1992年影响中国大范围区域的特大型干旱；Gao（1996）建立了归一化差异水体指数（Normalized Difference Water Index，NDWI）；Fensholt等（2003）构建了短波红外水分胁迫指数（Shortwave Infrared Water Stress Index，SIWSI）；Ceccato等（2001）以SPOT影像为数据源建立了全球植被水分指数（Global Vegetation Moisture Index，GVMI）；杜晓等（2006）采用GVMI对中国区域的植被水分进行了反演，证明了GVMI指数在中国区域的适用性。在热惯量法研究中，Watson等（1971）最早将热惯量模型应用于基于遥感技术的土壤水分反演研究中；Price（1985）提出了表观热惯量的概念，有效降低了利用遥感技术获取热惯量的技术难度，在裸土及稀疏植被区反演精度明显优于热惯量法；隋洪智等（1990）在此基础上进一步简化了能量平衡方程并实现对土壤水分的反演。在植物蒸散法研究中，Idso等

(1981)最先提出作物水分胁迫指数(Crop Water Stress Index,CWSI),可依此对植物受水分胁迫的程度进行评价;Jackson 等(1981)对 Idso 定义的 CWSI 进行了理论解释,提出了作物水分胁迫指数的理论模式,实现了对植物根系范围内土壤含水量状况的反演;刘安麟等(2004)利用 NOAA/AVHRR 数据,引入气象因子,采用 CWSI 指数对陕西关中的春季干旱进行了监测;宋小宁等(2006)对潜在蒸散计算方法进行了优化,基于 MODIS 数据反演了内蒙古草地区域土壤水分;刘振华等(2012)对 CWSI 模型的参数进行了调整,并基于 ASTE 卫星遥感数据对黑河区域土壤水分进行了反演及验证;Kogan 等(1995)最早提出了温度条件指数(Temperature Condition Index,TCI)。在光学与热红外波段融合反演法研究中,Carlson 等(1994)提出了植被供水指数(Vegetation Supply Water Index,VSWI),适用于植被覆盖度较高的地表;梁芸等(2007)建立了植被供水指数(VSWI)与土壤湿度的关系模型;王鹏新等(2001)基于 VCI、TCI、AVI 三种指数,构建了条件植被温度指数法(VTCI);Sandholt 等(2002)基于 NDVI-LST 特征空间,最先构建了温度植被干旱指数(TVDI);Kimura(2007)提出了改进型 TVDI 指数;随欣欣等(2013)构建了基于叶面积指数(LAI)和地表温度的特征空间,并在此基础上提出温度叶面积干旱指数(Temperature LAI Drought Index,TLDI)。在土壤水分光谱法研究中,刘培君等(1997)构建了基于 NOAA/AVHRR 数据的土壤水分反演模型;孙建英等(2007)黑土含水率吸收峰值点 1946 nm 处的吸光度与土壤湿度建立了一元线性回归模型;高中灵等(2016)构建了土壤水分与土壤反射率回归模型和 ADI 模型(Angle Dryness Index)。

在高光谱遥感方面,研究主要集中在三个方面:不同水分含量情况下土壤光谱特征研究、土壤水分光谱敏感波段研究和土壤水分高光谱反演方法研究。Liu 等(1996)以及刘伟东等(2004)发现在可见光至近红外光谱区间,以田间持水量为临界值,当土壤水分含量小于临界值时,土壤反射率与土壤水分呈负相关,当土壤水分含量大于临界值时,土壤反射率与土壤水分呈正相关;Bach 等(1994)发现不同含水量的土壤光谱曲线存在 3 个明显的吸收谱带,分别为 1430～1450 nm、1520～1650 nm、1920～1940 nm;王静等(2005)构建了基于 1423 nm、1524 nm 和 1746 nm 波段的土壤水分含量回归模型;张莉等(2009)建立了基于高光谱数据的土壤含水量回归模型。

在微波遥感方面,通过对土壤含水量与后向散射系数的关系研究,建立了诸多模型,有经验模型,如 Oh 模型、Dubois 模型;半经验模型,如 Shi 模型;以及理论模型,如小扰动模型(Small Perturbation Model,SPM)、物理光学模型(Physical Optic Model,POM)、几何光学模型(Geometrical Optic Model,GOM)、积分方程模型(Integral Equation Model,IEM)、高级积分方程模型(advanced IEM)等。被动微波研究中建立了统计反演算法、物理反演算法等。

20 世纪 90 年代以来,宁夏气象部门开始尝试应用卫星遥感数据开展干旱遥感监测研究,并将研究成果转化应用到了干旱气象业务服务中。先后基于 NOAA、EOS/MODIS、FY-3D/MESRI 等数据,利用土壤水分光谱法、植被指数法、光学与热红外波段融合反演法、深度学习方法等构建了宁夏的干旱遥感监测模型。

5.1.1 基于 EOS/MODIS 的干旱遥感监测

(1)改进型温度旱情指数(MTVDI)

温度植被指数(TVDI)是被广泛应用的干旱遥感监测方法,精度被普遍认可。但使用的分裂窗算法是建立在大气热辐射传输模型和对相关参数各种近似、假设基础上的,算法复杂,不利于推广使用。TVDI 计算公式为：

$$TVDI=\frac{T_s-T_{s\min}}{T_{s\max}-T_{s\min}} \tag{5.1}$$

式中，TVDI 为温度植被指数；T_s 为某像元地面温度，一般取通道的辐射亮温值；$T_{s\min}$ 为对应 NDVI 值时的最低地面温度；$T_{s\max}$ 为对应 NDVI 值时最高地面温度。

宁夏气象科学研究所对 TVDI 进行了改进，利用本地化 LST 反演算法进行地表温度反演，同时，用 EVI 取代 NDVI 构建 LST-EVI 的特征空间，进而对温度植被指数（TVDI）进行改进，得到了改进型温度旱情指数（MTVDI）（张学艺 等，2009a），计算公式为：

$$MTVDI=\frac{LST-LST_{min}}{LST_{max}-LST_{min}} \tag{5.2}$$

式中，MTVDI 为改进型温度植被指数，LST 为任一像元反演得到的陆面温度，LST_{min} 为对应 EVI 值时反演得到的最低陆面温度，LST_{max} 为对应 EVI 值时反演得到的最高陆面温度。

基于地面自动站观测资料和遥感资料的统计分析方法，结合 11 时自动站 0 cm 地温和 EOS/MODIS 卫星过境 31、32 通道的亮温值，分别建立各季和全年 LST 的统计方程（张学艺 等，2009b）。

引入因子主要考虑对陆面温度影响较大的大气水汽和地表植被因子，即 19 水汽通道资料和 EVI 值，统计方程如表 5.1 所示。

表 5.1　全年及各季 LST 反演模式

时间	复相关系数	F 值	预测模式
全年	0.955	386.893	$LST=4.545\times T_{31}-3.625\times T_{32}+140.548\times T_{19}+17.257\times EVI-8.451$
春季	0.770	25.471	$LST=3.924\times T_{31}-3.486\times T_{32}+70.394\times T_{19}+4.66\times EVI+19.522$
夏季	0.744	13.326	$LST=-2.777\times T_{31}+3.472\times T_{32}+6.756\times T_{19}+16.276\times EVI+24.014$
秋季	1.000	2790.579	$LST=0.985\times T_{31}-1.044\times T_{32}-5.233\times T_{19}+0.473\times EVI+1.296$
冬季	0.644	10.434	$LST=2.854\times T_{31}-2.586\times T_{32}+62.119\times T_{19}+62.81\times NDVI-7.56$

各模式及因子均通过信度 0.01 显著性检验，LST 为反演的陆面温度（℃），T31、T32 分别为 31、32 通道辐射亮温值，T19 为 19 通道反射率值，EVI 为增强型植被指数，NDVI 为归一化植被指数。经业务验证，反演值与对应自动站观测值基本一致，整体趋势好，可满足业务的需要（图 5.1）。

基于反演的 LST 和 EVI，EVI 范围根据经验定义为（0，0.80），步长取 0.01，经资料整理获取宁夏地区的干边和湿边方程（图 5.2）。

由宁夏 2005—2007 年多景遥感资料统计分析获得 LST-EVI 干湿边特征空间分布可知（图 5.2），宁夏 LST-EVI 的特征空间分布可划分为两段。当 EVI>0.1 时，干边随着 EVI 增大递减，而湿边随着 EVI 增大也增大，可以用来监测作物、林草发育期的旱情监测；当 EVI≤0.10 时，基本可认为下垫面是裸地，此时 EVI 没有意义，可以认为此段不适合做干旱监测，建议改用其他监测方法。具体分段函数如表 5.2 所示。

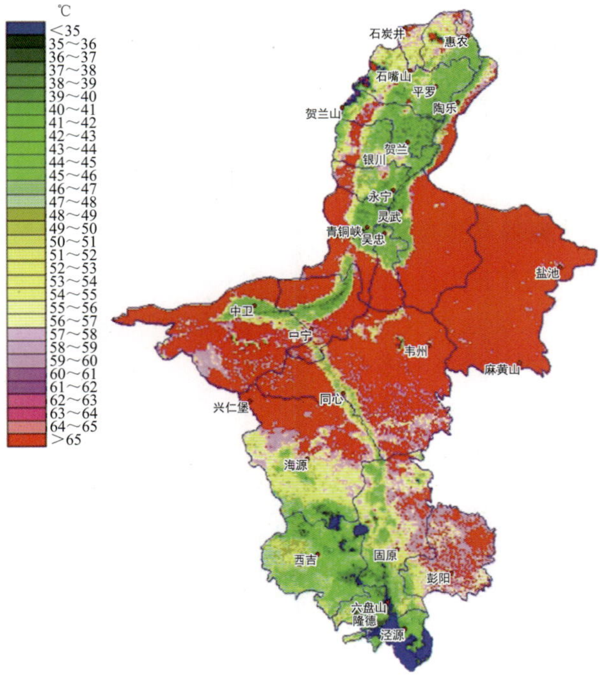

图 5.1　2006 年 6 月 28 日宁夏 LST 分布图

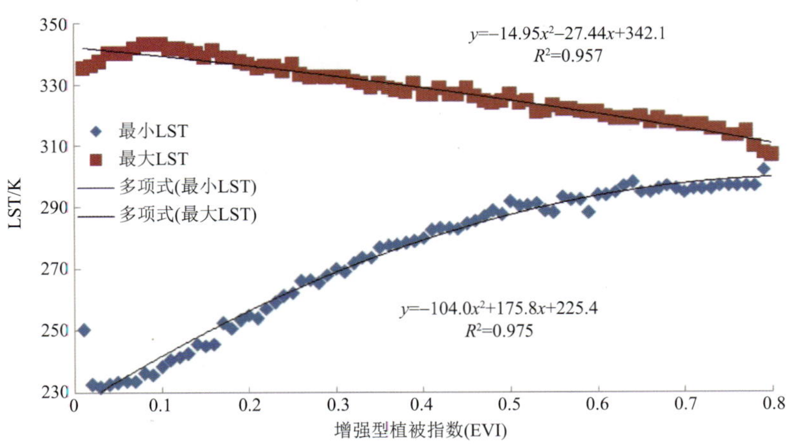

图 5.2　宁夏地区 LST-EVI 特征空间分布图

表 5.2　宁夏回族自治区 LST 与 EVI 之间的关系分析

EVI 范围	方程类型	公 式	R^2
EVI∈(0,0.80)	干边方程	$LST_{max}=-14.958\times EVI^2-27.444\times EVI+342.13$	0.9576
	湿边方程	$LST_{min}=-60.3\times EVI^2+146.79\times EVI+224.02$	0.9610
EVI∈(0,0.10)时	干边方程	$LST_{max}=100.72\times EVI+334.52$	0.9498
	湿边方程	$LST_{min}=-67.25\times EVI+238.67$	0.0965
EVI∈(0.10,0.80)	干边方程	$LST_{max}=16.555\times EVI^2-55.46\times EVI+347.42$	0.9853
	湿边方程	$LST_{min}=-122.91\times EVI^2+207.36\times EVI+211.4$	0.9806

经过业务应用，改进型温度旱情指数（MTVDI）在高植被覆盖地区对干旱的监测精度较高，比较适用于植被生长季的干旱监测，反演结果如图 5.3 所示。

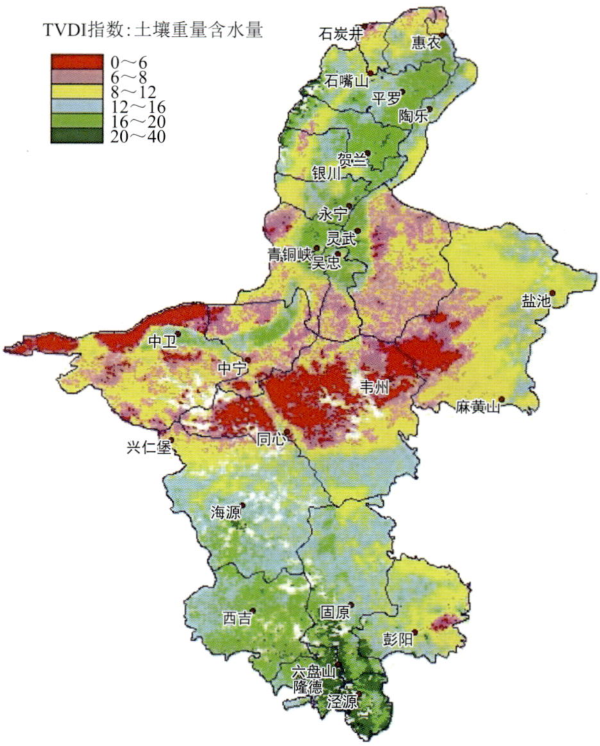

图 5.3　2006 年 6 月 28 日 TVDI 指数反演土壤重量含水量

（2）改进型能量指数（MEI）

根据土壤热力学理论，地球表面接收太阳辐射以后，经过复杂的转换又以长波辐射的形式向外发射能量，长波辐射使地表温度升高。能量指数（EI）的基本思路是：地球表面单位面积上得到短波辐射后，如果土壤越干燥，经过转换向外放出的长波辐射则越强，表现为地表和植冠温度越高；相反，因为土壤中或植被中的水分吸收了一部分太阳辐射，土壤越湿润，经过转换向外放出的长波辐射越弱，表现为地表和植冠温度越低。计算公式为：

$$\mathrm{EI}=(1-A_1)/T \tag{5.3}$$

式中，A_1 是 EOS/MODIS 卫星 CH2（光谱范围 841～876 nm）的反射率，T 是 EOS/MODIS CH31 或 CH32 通道亮温，这里 T 选取 32 通道亮温资料。

根据本地化 LST 反演算法，将 31 通道亮温转换为陆面温度 LST，获得改进型能量指数（MEI）（张学艺 等，2009a），计算公式为：

$$\mathrm{MEI}=(1-A1)/\mathrm{LST} \tag{5.4}$$

式中，$A1$ 为 2 通道反射率，LST 为任一像元对应反演得到的陆面温度。

另外，为提高计算结果的业务可用性，对 MEI 结果进行扩大处理，替代 MEI 用 MEI′ 表示，转换公式为：

$$\mathrm{MEI}'=(\mathrm{MEI}\times 10000\times 5-100)\times 5 \tag{5.5}$$

经过业务应用，改进型能量指数（MEI）可以用于植被全生育期的干旱监测，但在非生长季的监测精度明显好于生长季，适用于非植被生长季的干旱监测，反演结果如图 5.4 所示。

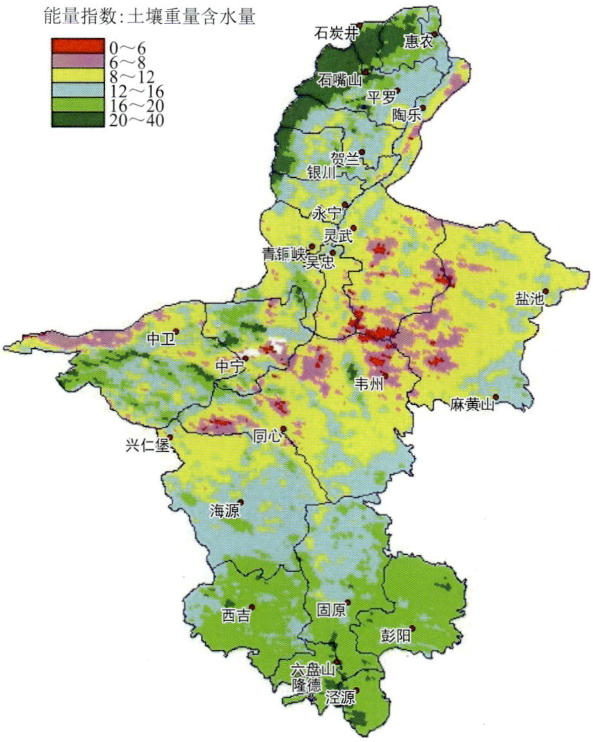

图 5.4　2006 年 6 月 28 日能量指数反演土壤重量含水量

(3)改进型垂直干旱指数(MPDI)

植被对红光有强烈的吸收，对近红外有强烈的反射，而裸地反射率从红光(Red)到近红外(NIR)变化很小。植被覆盖越高，红光反射越小，近红外反射越大。由于对红光的吸收很快饱和，只有近红外反射的增加才能反映植被增加。任何增强近红外和红光差别的数学变换都可以作为植被指数描述植被状况。植被指数都是利用此原理建立的，如比值植被指数、差值植被指数和均一化植被指数。然而，由于水体对红光和近红外波段吸收极强，土壤含水量是影响土壤反射率的主要因素，土壤含水量越多反射率越低，反之亦然。因此，可见光、近红外波段一定形式的组合不仅可以用来监测植被长势和地表覆盖状况，还可以用于土壤水分估算。就是因为可见光、近红外光谱指数能够反映植被覆盖，同时对土壤水分含量敏感，有利于从植被和土壤水分的角度分析地表旱情。从 NIR-Red 空间的散点图中(图 5.5)，我们发现不仅可以描述植被的覆盖度，而且也可以反映地表干旱状况(阿布都瓦斯提·吾拉木 等，2006)。

在 NIR-Red 特征空间上，从任何一个点 $E(R_{red}, R_{nir})$ 到直线 L 的距离可以说明地表的干旱情况，即离 L 线越远地表越干旱，反之亦然。对黑体来说其干旱指数为最小，正好落在坐标原点，其他具有一定反射能力的任何物体越湿润越接近原点。一般来说，最接近 L 线的空间都是水体或较湿润区域分布。远离 L 线的空间都是较干旱的区域。因此，可以用 NIR-Red 特征空间上的任意一点 $E(R_{red}, R_{nir})$ 到直线 L 的距离来描述干旱的状况，可以建立一个基于 NIR-Red 光谱空间特征的干旱监测模型，即垂直干旱指数(PDI)。

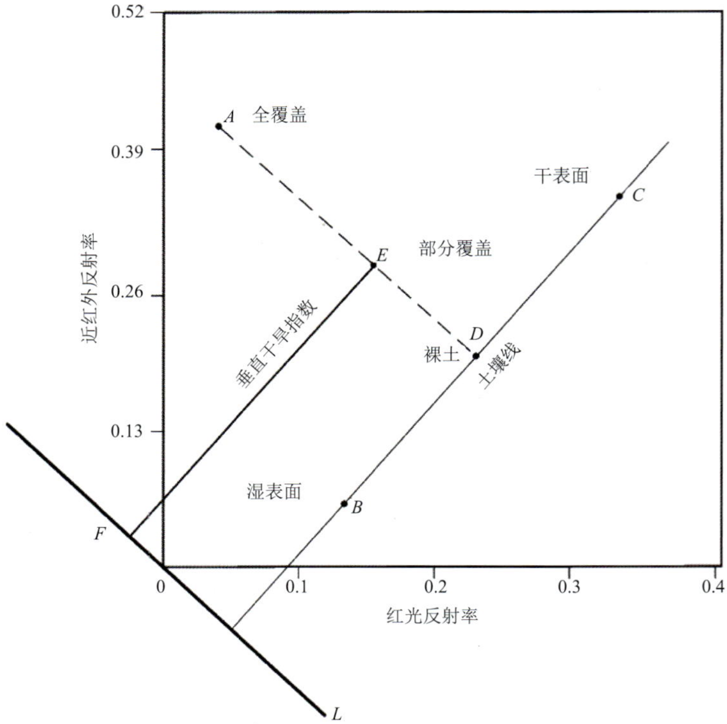

图 5.5 垂直干旱指数(PDI)的示意图

$$\mathrm{PDI}=\frac{1}{\sqrt{M^2+1}}(R_{\mathrm{red}}+MR_{\mathrm{nir}}) \tag{5.6}$$

式中,PDI 为垂直干旱指数,R_{red},R_{nir} 分别为经过大气校正的红光和近红外波段反射率,M 为土壤线斜率。PDI 越大表示地表越干旱,反之亦然。

PDI 虽然简单实用,易于操作和获取,在实际应用中,仅仅从光谱的特征空间 NIR-Red 就可以有效地对地表干旱进行实时监测。但 PDI 存在三个局限性:①数学表达式和相关参数是基于一条固定土壤基线来确定的,这仅是一种理想的假设,实际上土壤线的形状和性质随土壤类型和土壤的施肥状况有关,暗色干燥土壤反射率可能比湿润亮土壤的反射率低,从而其对在同样水分状况下的不同区域呈现出不同的 PDI 值,这是引起误差的原因之一;②植被对可见光、近红外波段多次散射作用强,也对 PDI 有较大影响;③不具备对地表覆盖类型差异较大的地表或不同的区域之间的可比性,没有考虑植被覆盖的影响。

针对 PDI 本身的局限性,引入植被覆盖度的概念,对在 NIR-Red 光谱特征空间的混合像元进行分解,获取旱情有关的纯土壤信息,以便与 PDI 区分,改进后的指数称之为改进型垂直干旱指数(MPDI)(张学艺 等,2009a),计算公式为:

$$\mathrm{MPDI}=\frac{1}{\sqrt{M^2+1}}(R_{\mathrm{red},s}+MR_{\mathrm{nir},s}) \tag{5.7}$$

式中,$R_{\mathrm{red},s}$ 为纯土壤地表时红光波段反射率;$R_{\mathrm{nir},s}$ 为纯土壤地表时近红外波段反射率。

植被覆盖度(FVC)是植被冠层的垂直投影面积与土壤总面积之比,是描述冠层反射特征的重要因素。在可见光、近红外反射遥感中,当植被覆盖度小于 100%时,土壤对植被反射光谱影响大，提取植被信息要消除土壤反射光谱的贡献，而获取土壤参数如土壤含水量、地表面温度等就需要消除植被对土壤反射率的干扰。由于光谱植被指数(SVIs)和植被覆盖度具有较高的相关性，可以利用光谱植被指数来计算植被覆盖度。根据像元中植被覆盖结构的不同，可以分为纯像元和混合像元两类。其植被覆盖度为 FVC=1，属于纯像元；如植被不能完全覆盖整个像元，FVC<1，是植被与土壤构成的混合结构，属于混合像元。若用 R_i 来表示 i 波段经过大气校正的混合像元反射率，则有：

$$R_i = \mathrm{FVC} \times R_{i,v} + (1-\mathrm{FVC}) \times R_{i,s} \tag{5.8}$$

式中，$R_{i,v}$、$R_{i,s}$ 代表混合像元中植被和土壤反射率部分。对公式变形，可以得到土壤反射率 $R_{i,s}$。

$$R_{i,s} = \frac{R_i - \mathrm{FVC} \times R_{i,v}}{1-\mathrm{FVC}} \tag{5.9}$$

得到 Nir 和 Red 两个波段土壤反射率表达式，代入 MPDI 算式，可以计算 MPDI，其数学表达式为：

$$\mathrm{MPDI} = \frac{R_{\mathrm{red}} + MR_{\mathrm{nir}} - \mathrm{FVC}(R_{\mathrm{red},v} + MR_{\mathrm{nir},v})}{(1-\mathrm{FVC})\sqrt{M^2+1}} \tag{5.10}$$

式中，$R_{\mathrm{red},v}$ 和 $R_{\mathrm{nir},v}$ 代表植被在 Red 和 Nir 波段的反射率。对某种长势条件下的植被而言，$R_{\mathrm{red},v}$ 和 $R_{\mathrm{nir},v}$ 可以近似为固定参数，而引起植被反射率变化的是植被覆盖度。

MPDI 的物理意义是：在 Nir-Red 特征空间中，在平行于土壤线的方向，土壤水分越小，像元离坐标原点的距离越远，MPDI 的值越大，地表越干旱；在垂直于土壤线的方向，随着植被的增加，NIR 反射率增加，植被覆盖度越大，MPDI 越小，地表越湿润，反之亦然。与 PDI 的区别是，MPDI 的大小由植被覆盖和土壤水分确定，在无植被覆盖的裸露土壤表面土壤水分对 MPDI 的影响大，而在植被覆盖的地表或农田，植被覆盖状况决定 MPDI。土壤水分和植被覆盖度的增加都使 MPDI 下降。

经过业务应用，改进型垂直干旱指数(MPDI)可以用于植被全生育期的干旱监测，在非生长季的监测精度明显好于生长季，适用于非植被生长季的干旱监测，但精度低于 MEI。

5.1.2 基于 FY-3/MESRI 的干旱遥感监测

(1)温度植被干旱指数(TVDI)

FY-3A 卫星搭载的可见光红外扫描辐射计 VIRR，有三个热红外波段，可用于地表温度和土壤水分的反演。LST 计算公式为：

$$\mathrm{LST} = T_4 + C_1(T_4 - T_5) + 2C_2(T_4 - T_5) + C_0 + (C_3 + C_4 W)(1-\varepsilon) + (C_5 + C_6 W)\Delta\varepsilon \tag{5.11}$$

式中，T_4 和 T_5 为 4、5 波段的亮温(K)；ε 为 4、5 波段的平均比辐射率，即 $\varepsilon = 0.5(\varepsilon_4 + \varepsilon_5)$，Δε 为 4、5 波段的比辐射率差值，即 $\Delta\varepsilon = (\varepsilon_4 - \varepsilon_5)$，$W$ 为总大气水汽含量($\mathrm{g \cdot cm^{-2}}$)；参数 C_0—C_6 分别为：−0.268、1.378、0.183、54.3、−2.238、−129.2、16.4。其中大气水分含量需结合 MODIS 数据的第 17、18、19 波段与第 2 波段进行运算。

利用劈窗算法进行地表温度反演，可得到 LST 值，再利用植被指数与地表温度计算TVDI 指数，可以更为全面地反馈干旱信息、提高干旱监测的精度。TVDI 值在[0,1]之间，TVDI 值越大，表明该区域越干旱，TVDI 值越小，表明该区域越湿润。按照不同的地理单元分别进行系数拟合与模型构建，进而达到提高计算结果精度的目的。由于植被覆盖度不同会影响地表温度，7 月、8 月、9 月植被覆盖度高，地表温度更接近于近地面 1.5 m 的气温，该时段内用“气温”参与模拟；4 月、5 月、6 月、10 月植被覆盖度低，地表温度更接近于地温，温度反演的时候利用“地温”更为合理。将基于 FY-3/VIRR 的 TVDI 计算结果与基于 EOS/MODIS 的 TVDI 的计算结果进行对比（表 5.3）。

表 5.3　基于 FY-3/VIRR 和 EOS/MODIS 的 TVDI 的监测结果对比

	MODIS	FY-3/VIRR
输入数据	TERRA/MODIS	FY-3/VIRR
可行性对比	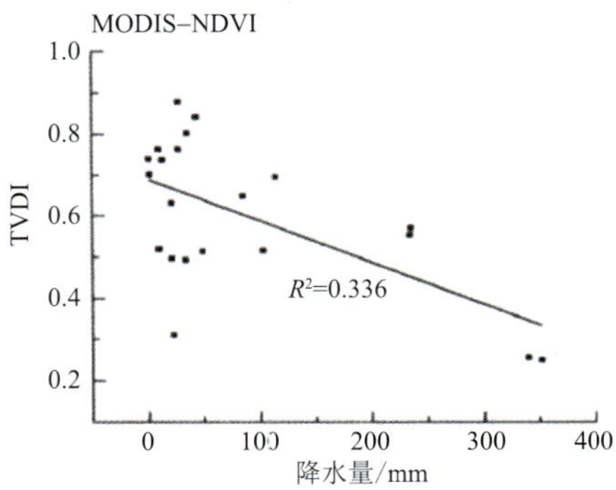	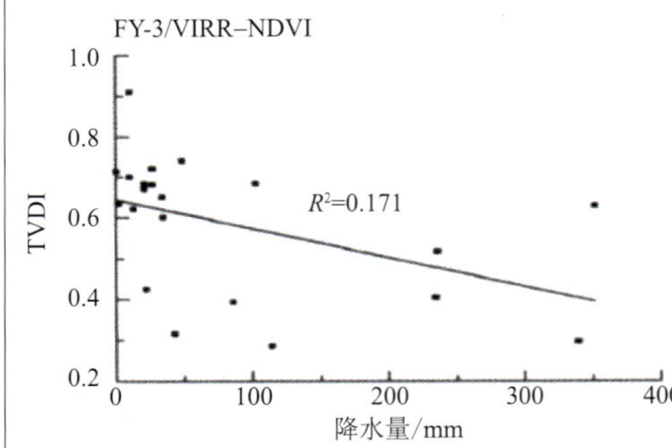
实用性对比	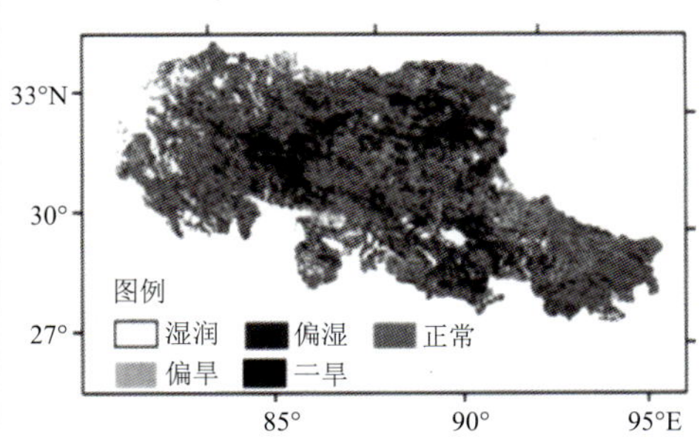	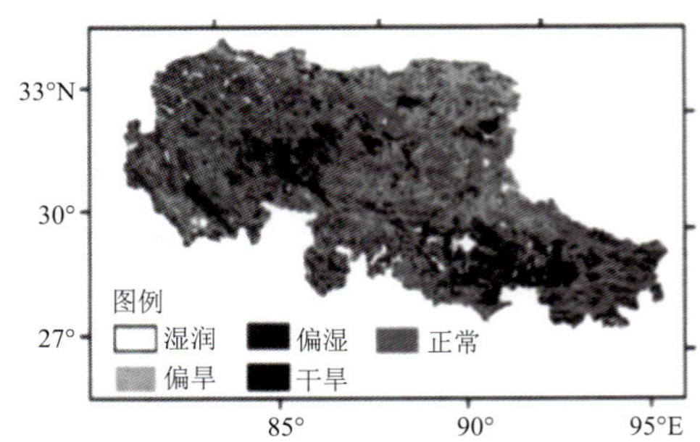
对比验证	降水量与 TVDI 为负相关关系，降水增多，土壤水分增多。干旱等级降低，TVDI 减小，由相关性系数 R^2 知，基于 FY-3/VIRR 数据 TVDI 的相关性系数虽小于基于 MODIS 的，但仍具备很强的相关性，因此基于 FY-3/VIRR 的 TVDI 具有可行性。实用性对比图反映了基于 FY-3/VIRR 的 TVDI 在监测精度上的能力，由实用性对比图可知，基于 FY-3/VIRR 的 TVDI 的检测结果与基于 MODIS 的 TVDI 监测结果大体一致。	

（2）基于深度信念网络的土壤水分反演模型

深度信念网络（Deep Belief Network，DBN）是 Hinton 等（2006）提出的一种深度学习方法，这种方法能够学习神经元间深层关联信息，从而建立起输入数据与结果的联合分布。DBN 可以定义为一组受限玻尔兹曼（Restricted Boltzmann Machine，RBM），RBM 通过在隐层中引入二进制随机变量，模拟输入和输出数据的联合概率分布。RBM 通常由一个可见层和一个隐藏层组成，同层内的结点间互不连接，而在层间则使用全连接方式。其中，可见层代表该层 RBM 的输入，而隐藏层则代表对输入进行变换后的结果，即隐藏变量。从可见层到隐藏层的转化公式为：

$$y = f\left[\sum_i (x_i \times k_i) + b\right] \tag{5.12}$$

式中，x_i，y 分别为第 x 层（上一层）、y 层（下一层）的神经元节点，k_i 为连接对应神经元节点的权值，b 为 x 层的偏置值，$f(x)$ 为激活函数。

传统的 DBN 通常是由若干个 RBM 堆叠而成的。其中，第一层 RBM 的可见层对应输入，最后一层 RBM 隐藏层代表目标变量，除这两层外的其他层均是将上一层的隐藏变量作为下一层的输入。也就是说，上一层的输出与下一层的输入是一一对应的。这种方式虽然有利于保持层与层间的独立性，但也会造成较大的网络冗余。此外，使用 RBM 作为基本单元构成 DBN 时，得到的网络只能采用逐层训练方式，增加了训练难度，并且 RBM 要求使用归一化的输入，不利于在数值模拟问题中应用。而全连接层（Full Connected layer，FC）是在卷积神经网络中使用较多的一种结构，每个 FC 层仅包括一层且对结点的取值没有限制，使用 FC 层替代 RBM 作为 DBN 的基本单元，既可保留 DBN 的优势，又解决了 RBM 数值模拟和训练难度大的问题。

韩颖娟（2020）构建了基于 DBN 的土壤湿度反演模型 SM-FC-DBN（fully connected based deep belief network for soil moisture）。针对风云卫星的波段及其数值特点，采用温度和湿度双网络耦合的方式进行土壤湿度的反演。

从物理意义上来讲，水的热容比土壤的热容大，土壤可以看作是土壤颗粒和水组成的混合物，而在土壤中水的温度一般又比土壤的温度低。因此，在土壤中，水分含量的多少会直接影响土壤的热红外特性，同时也表现出不同的光谱反射特性。基于这一特征，可以利用分析土壤对光谱的反射特性而间接获取土壤中水分含量的多少。在土壤的属性中，地表温度（LST）是能够直接反映土壤热红外特性的变量，但又极易受环境中多种因素的影响。而土壤水分是植物赖以生存的直接条件，植被长势与土壤水分关系密切。同时，FY-3D/MERSI 的多个通道与地表温度有较好的相关性。基于以上分析，在设计 SM-FC-DBN 时，采用了先利用 FY-3D/MERSI 影像数据反演地表温度，再利用地表温度和植被指数进一步反演土壤相对湿度的策略。

筛选得到 FY-3D/MERSI 遥感影像中能够反演地表温度的波段，利用这些波段进行地表温度的反演；再将反演得到的地表温度和计算得到的 NDVI、EVI 进行组合得到一个特征向量集，进一步进行土壤相对湿度的反演，最终通过土壤湿度子网络得到土壤相对湿度（图 5.6）。

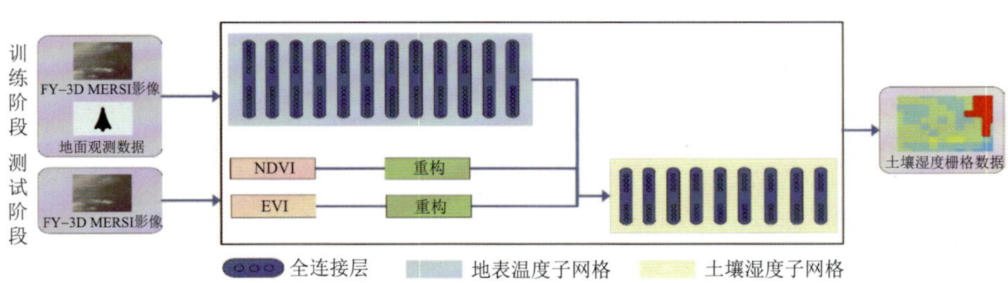

图 5.6　SM-FC-DBN 网络流程图

SM-FC-DBN 模型包括输入、地表温度子网络、NDVI 提取、EVI 提取、土壤湿度子网络和输出 6 部分。在模型训练阶段，使用预处理后的 FY-3D/MERSI 影像波段值和地面实测数据作为输入；在模型测试阶段，使用预处理后的 FY-3D/MERSI 影像波段值作为输入。地表温度子网络用于从 FY-3D/MERSI 影像中反演地表温度；NDVI 提取模块用于从 FY-3D/MERSI 影像中提取 NDVI；EVI 提取模块用于从 FY-3D/MERSI 影像中提取 EVI，以上 3 部分的结果将作为土壤湿度子网络的输入。土壤湿度子网络利用地表温度、NDVI、EVI 反演土壤相对湿度。模型的最终输出为逐像元土壤相对湿度值。地表温度子网络由 11 层 FC 层组成，最后一层 FC 层只有一个输出节点，上一层 FC 层将作为下一层的输入。从 FY-3D/MERSI 影像中选择与地表温度相关性强的波段，作为第一层 FC 层的输入，以地表温度预测（拟合）值作为输出（图 5.7）。

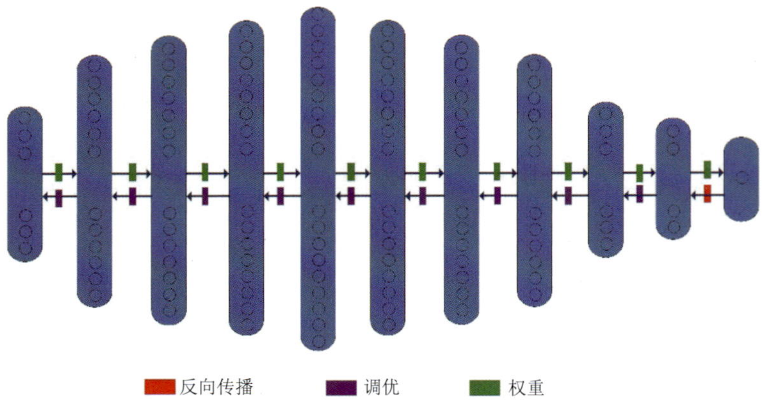

图 5.7　SM-FC-DBN 地表温度子网络结构图

土壤相对湿度是 SM-FC-DBN 最终的拟合目标，通过将地表温度子网络的地温拟合、NDVI、EVI 值组合为一个特征向量并作为土壤湿度子网络的输入而进行土壤相对湿度的模拟。土壤湿度子网络由 13 层 FC 层组成，每个组成部分与地表温度子网络相应部分结构相似（图 5.8）。

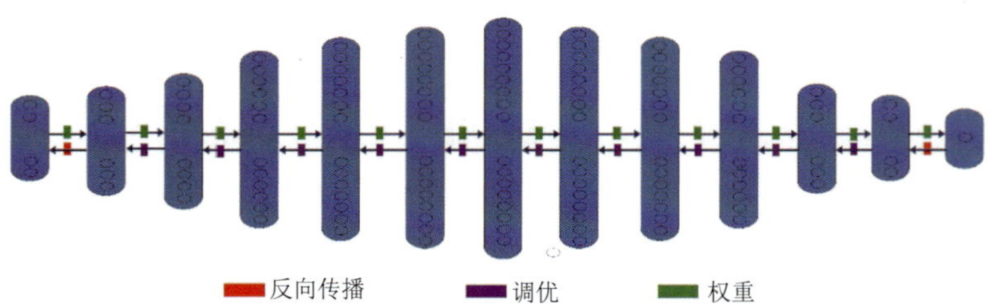

图 5.8　SM-FC-DBN 土壤湿度子网络结构图

基于 FY-3D/MERSI 遥感影像，分别利用 SM-FC-DBN 模型、SM-LR 模型（线性回归模型）及 SM-BP 模型（BP 神经网络模型）对 2018 年 4 月 17 日、2018 年 5 月 1 日、2018 年 5 月 31 日和 2018 年 6 月 14 日 4 个时期的土壤表层相对湿度进行反演。利用 4 个时期的反演结果从区域尺度对三种模型反演结果进行对比分析（图 5.9）。从反演的土壤表层相对湿度空间分布来看，三种模型的反演结果均与宁夏实际土壤湿度的空间特征相一致，北部引黄灌区虽属于干旱区，但有良好的灌溉条件，是宁夏主要的粮食作物与特色作物种植区，土壤湿度相对较高；中部干旱带属于半干旱区，除扬黄灌区外，其他大部分地区灌溉条件不足或无灌溉条件，土壤相对湿度较低；南部山区属于雨养农业区，年降水 400 mm 以上，土壤水分条件好，土壤相对湿度大。从反演结果的空间变化来看，尽管三种模型的反演结果都能够在一定程度上反映研究区土壤湿度的实际分布，但在 SM-FC-DBN 模型反演结果中，土壤表层相对湿度在空间上的变化比较平滑，这与土壤湿度实际的空间变化规律是一致的；在 SM-LR 模型和 SM-BP 模型的反演结果中，均存在临近像元土壤相对湿度的突变情况，有明显的变化切线，不符合土壤湿度实际的空间变化规律。由此可见，在与实际土壤水分空间变化的一致性方面 SM-FC-DBN 模型最优。

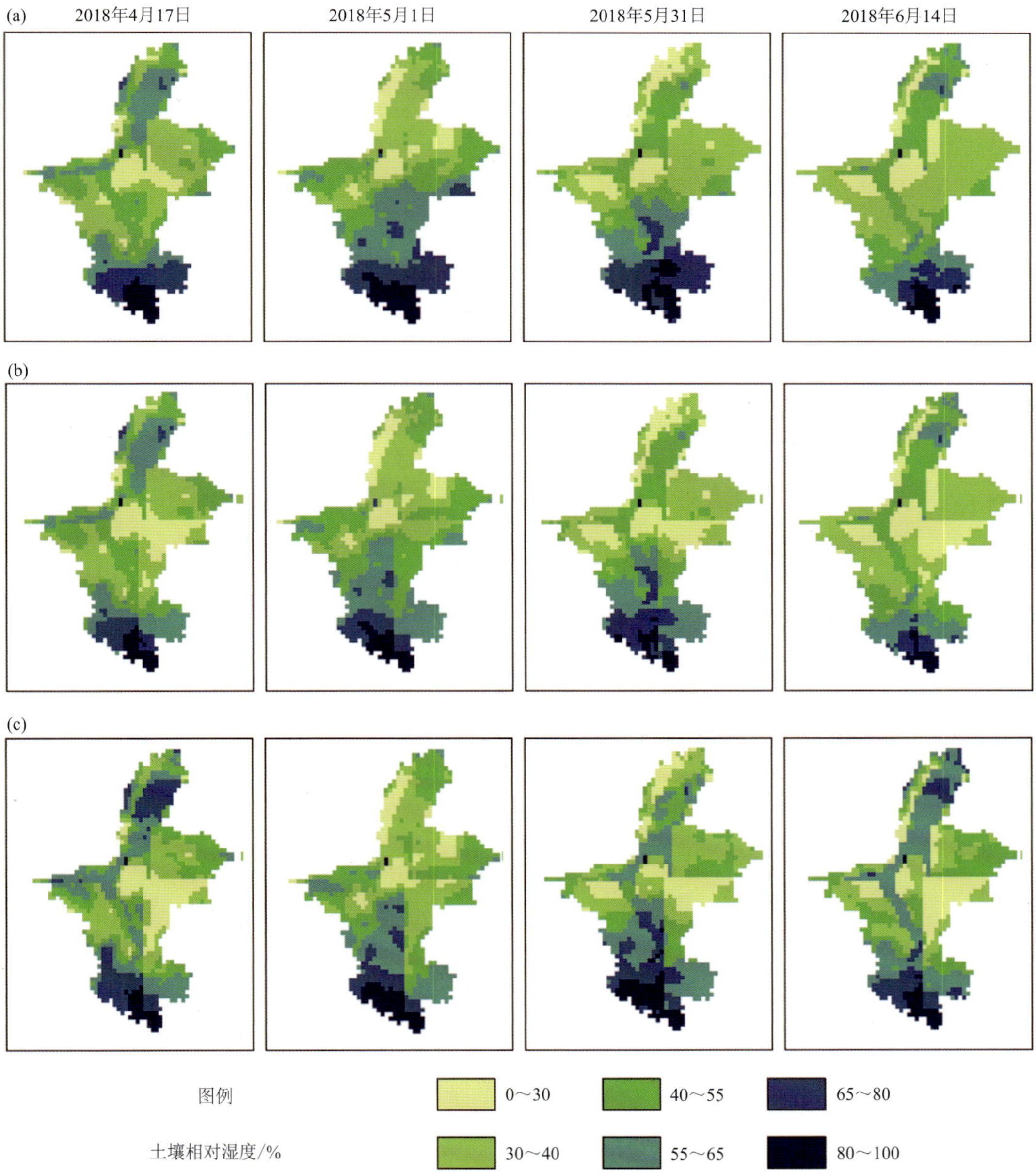

图 5.9 土壤表层相对湿度反演结果对比图

(a)SM-FC-DBN 模型反演结果；(b)SM-LR 模型反演结果；(c)SM-BP 模型反演结果

利用决定系数(R^2)对拟合度进行量化评价、均方根误差(RMSE)对反演精度进行评价。利用 R^2 和 RMSE 作为评价指标对模型精度进行综合评价，公式分别为：

$$R^2 = \frac{\sum_{i=1}^{n}(p_i - \overline{y})^2}{\sum_{i=1}^{n}(y_i - \overline{y})^2} \tag{5.13}$$

$$\mathrm{RMSE} = \sqrt{\frac{\sum_{i=1}^{n}(p_i - \overline{y})^2}{n}} \tag{5.14}$$

式中，p_i表示模型输出的土壤相对湿度值，$\overline{y}$表示土壤相对湿度平均值，y_i表示地面观测站获取的土壤相对湿度实测值，即“真值”。当 R^2 越接近 1，说明模型对于样本数据的拟合度越高；RMSE 越小，表示模型的精度越高。

利用 2018 年 4 月 17 日、2018 年 5 月 1 日、2018 年 5 月 31 日和 2018 年 6 月 14 日 37 个自动土壤水分站点实测数据对三种模型进行检验性评价。从散点可以看出，SM-FC-DBN 反演结果中，绝大多数验证点的反演数据与实测数据吻合度较高；而在 SM-LR 模型和 SM-BP 模型的反演结果中，均存在一定数量误差较大的验证点（图 5.10）。三种模型的反演数据与实测数据均表现出较好的相关性且全部通过 0.001 显著性检验。从模型精度评价表看，SM-FC-DBN 的 R^2 最高，达到了 0.893，而 RMSE 仅为 0.007，这说明三种模型中 SM-FC-DBN 反演值与实测值的拟合度最高而偏差最小，由此可见，在模型的准确性方面 SM-FC-DBN 模型最优，可满足对土壤表层相对湿度的大范围监测要求（表 5.4）。

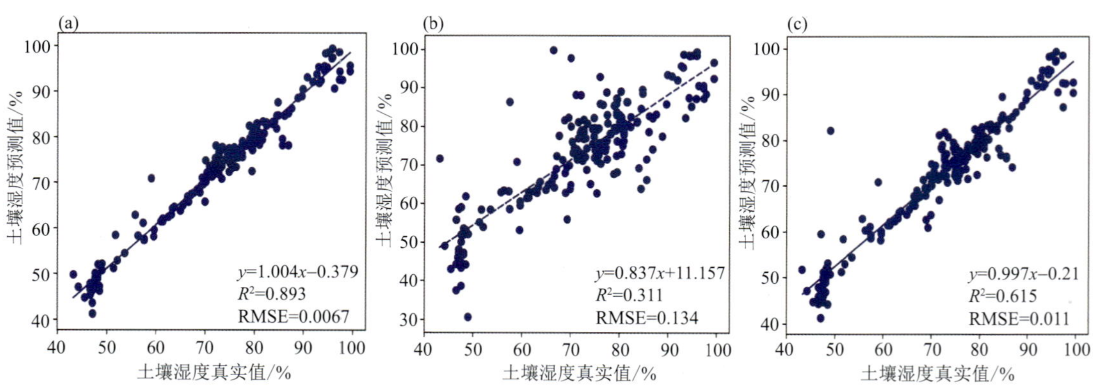

图 5.10　土壤表层相对湿度反演结果与实测值散点图

(a)SM-FC-DBN 模型；(b)SM-LR 模型；(c)SM-BP 模型

表 5.4　模型精度对比评价表

模型	R^2	RMSE
SM-FC-DBN 模型	0.893	0.007
SM-LR 模型	0.311	0.134
SM-BP 模型	0.615	0.011

通过分析站点数据的连续动态变化能够更加准确评价模型反演效果。利用 SM-FC-DBN 模型，对 2018 年 4—6 月、2019 年 4—6 月土壤表层相对湿度进行连续反演，并提取 37 个自动土壤水分站所在地理位置的反演值，组成基于站点的反演数据时间序列数据集。剔除异常值

并筛选出连续 10 d 以上的正常数据，形成不间断反演数据集，作为开展基于站点的反演效果评价基础数据。

宁夏土壤水分有明显的空间特征，为更准确分析模型在不同空间区域的反演效果，分别选取立岗站、同心站和武塬站、隆德站作为北部引黄灌区、中部干旱带和南部山区的代表站，利用从站点尺度对模型反演结果进行精度检验(图 5.11)，4 个站点反演数据与自动土壤水分站实测数据的时间变化趋势有较好的一致性，能够反映地表土壤水分的实际动态变化情况。

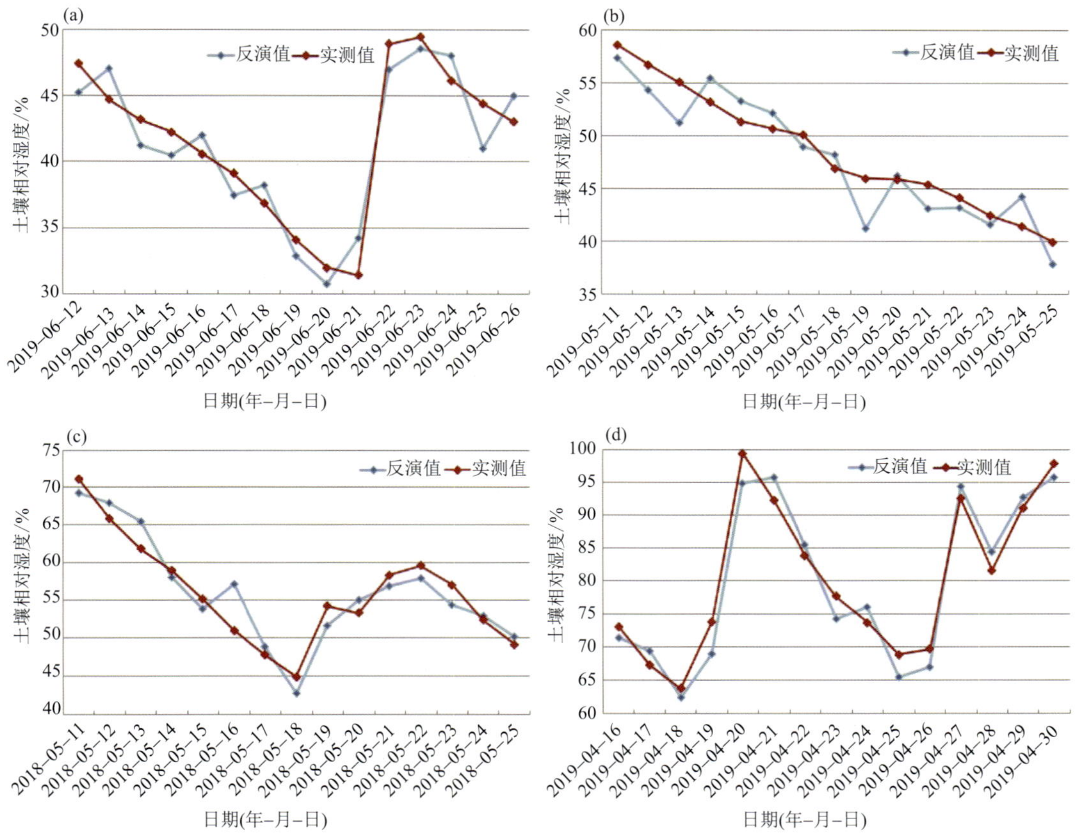

图 5.11　代表站点反演值与实测值时序对比分析图

(a)立岗站；(b)同心站；(c)武塬站；(d)隆德站

对 4 个站点连续 15 d 反演数据与自动土壤水分站实测数据进行误差分析，平均相对误差分别为 4.53%、4.08%、3.75%和 3.31%，均小于 5%(表 5.5)。说明模型在引黄灌区、中部干旱带和南部山区不同空间区域均能较好保持土壤相对湿度数据的时序特征，可满足土壤水分的动态监测要求。

表 5.5　SM-FC-DBN 模型误差评价表

站点	平均相对误差/%
立岗站	4.53
同心站	4.08
武塬站	3.75
隆德站	3.31

5.1.3 基于多元数据融合的土壤水分监测

随着自动土壤水分站的应用，土壤湿度数据在时间频次和空间密度上均有提升。2020 年底，宁夏业务化运行的自动土壤水分站达 120 余个。从分布看，其针对性强，大多数测站布设在农田，东部天然草地和中部干旱带测站较少。当前，监测中使用的指标为土壤相对湿度，类型划分基本与《农业干旱等级》(GB/T 32136—2015)中壤土数值一致。由于土壤湿度为自动获取，因此实现了干旱的实时监测，并根据土地利用或生态系统类型进行分类监测评估(图 5.12、图 5.13)。

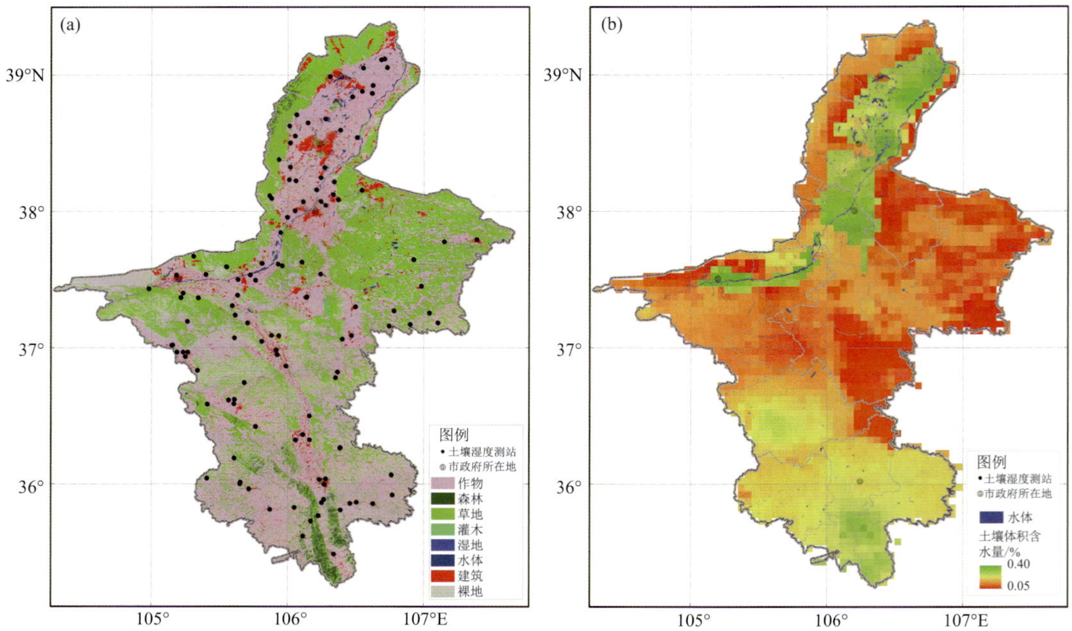

图 5.12 宁夏自动土壤湿度观测站(a)和格点化土壤湿度(b)

尽管地面土壤湿度观测的时效性有了极大提升，但仍因密度不足而空间代表性差，无法全面反映空间分布特征。近年来，国内外在陆面数据同化方法研究和系统建设方面开展了很多工作，国内部分省份开展了验证和应用工作，宁夏这方面工作开展的较晚，今后将在提高土壤湿度的空间密度和准确性，分生态系统和下垫面类型，结合植物物候期等开展干旱监测业务工作(图 5.14)。

在提高土壤湿度空间密度方面，考虑应用陆面数据同化系统产生的土壤湿度产品。当前，国际上较为著名的业务化的陆面数据同化系统有全球陆面数据同化系统(The Global Land Data Assimilation System，GLDAS)、欧洲陆面数据同化系统(European Land Data Assimilation System，ELDAS)、中国陆面数据同化系统(China Land Data Assimilation System，CLDAS)等。全球陆面数据同化系统开始于 1998 年，主要包括 NASA GLDAS、NCEP GLDAS 和 ECMWF GLDAS。NASA GLDAS 是一个非耦合系统，NCEP GLDAS 和 ECMWF GLDAS 是一个弱耦合系统。当前该系统已发展到第二阶段，即 GLDAS-2。其同化算法包括四维变分、卡尔曼滤波、集合卡尔曼滤波；陆面模式为 Mosaic、CLM2、Noah，VIC、Catchment LSM；驱动数据多达 12 种。国内外对该系统输出的土壤湿度相关对比研究较多。

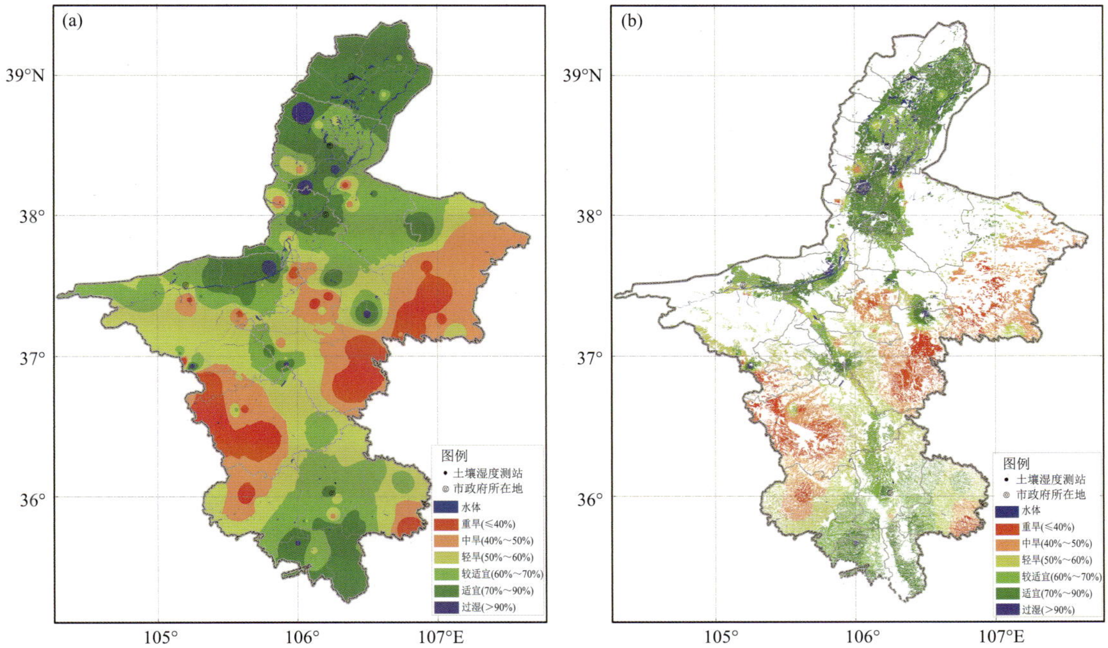

图 5.13　宁夏全域土壤湿度干旱监测图(a)和农田土壤湿度干旱监测图(b)

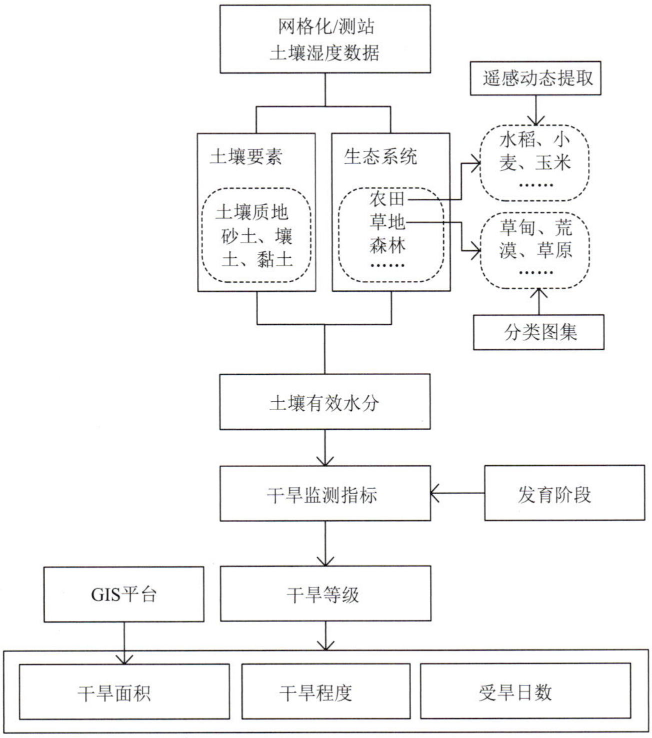

图 5.14　干旱监测技术路线

我国陆面数据同化系统主要有两个，一个是中国科学院寒区旱区环境与工程研究所联合兰州大学大气科学系在2003年开发的陆面数据同化系统(CLDAS)，其官方网站称为中国西部地区陆面数据同化系统，以CoLM模型作为模型算子，耦合针对土壤(包括融化和冻结)、积雪等不同地表状态的微波辐射传输模型，集合卡尔曼滤波(EnKF)同化被动微波观测(SSM/I和AMSR-E)，系统输出较高精度的土壤湿度、土壤温度等同化资料。该系统输出的时间分辨率虽为小时，但因是国家自然科学基金支持的研发项目，数据范围仅为2002年。

另一个是中国气象局国家气象信息中心发展的陆面数据同化系统(CMA CLDAS)，起步较晚，2013年发布第一版(CLDAS-V1.0)同化数据，2015年第二版(CLDAS-V2.0)实时发布亚洲区域逐时和逐日0.0625°分辨率包括土壤湿度在内的陆面要素分析产品和大气驱动场。其后，在CLDAS-V2.0的基础上研发了高分辨率中国气象局陆面数据同化系统(HRCLDAS-V1.0)，产品分辨率提高至1 km。我国陆面数据同化系统的主要技术及输出数据见表5.6。我国陆面数据同化模式虽起步较晚，但后发优势非常明显，尤其是中国气象局国家气象信息中心研发的系统均已在业务中应用。

表5.6　与土壤湿度相关的中国主要陆面数据融合与同化产品

机构	名称	主要技术	产品要素	起止时间	时空分辨率
中国气象局国家气象信息中心	CLDAS	多重网格变分；空间格点拼接、离散纵坐标短波辐射遥感反演；CLM、Noah-MP、CoLM多陆面模式集合模拟	气温、气压、湿度、风速、降水、短波辐射、土壤湿度、土壤温度、地表温度、土壤相对湿度	2008年—	1 h,0.0625°
中国气象局国家气象信息中心	HRCLDAS	多重网格变分；离散纵坐标短波辐射遥感反演和融合；CLM陆面模式模拟	气温、气压、湿度、*U*/*V*风、风速、降水、短波辐射、土壤湿度、土壤温度、地表温度、土壤相对湿度	2015年—	1 h,0.01°
中国科学院寒区旱区环境研究所	中国西部陆面数据同化系统	陆面模式模拟	土壤水分、土壤温度、积雪、冻土	2002年	1 h,0.25°
国家青藏高原科学数据中心	基于微波数据同化的中国土壤水分数据集	陆面同化系统(ITPLDAS)；SIB2；AMSR-E亮温	土壤体积含水量	2002—2011年	1 d,0.25°
广东省科学院广州地理研究所	全球土壤水分产品融合数据集	ESA-CCI土壤湿度、SMA土壤湿度、时空序列插补、重投影、重采样	土壤体积含水量	2015—2019年	1 d,0.25°
中国科学院青藏高原研究所	中国区域地面气象要素驱动数据集	双线性空间插值；Hybrid Model辐射估算	气温、气压、湿度、风速、降水、太阳辐射	1979—2018年	3 h,0.25°

2020年，宁夏气象科学研究所开始尝试研制宁夏格点化土壤湿度数据集，基于通用陆面模式，利用大气驱动数据、本地化土壤水文参数，产生了全区土壤湿度数据集。试制之初由于未获得灌溉数据，初步比较与人工原位观测在北部灌区和南部山区存在较大差异。截至2022年7月，已完成第二版宁夏5 km×5 km网格化土壤湿度数据集研制和验证工作，并发现其质量在南部山区有一定提升。下一步将继续补充土壤水分参数测定、利用遥感影像解译灌区信

息、输入灌溉数据和原位土壤湿度观测及降水等数据，以提高该数据集的准确性，为基于土壤湿度的干旱监测提供支撑。

5.2 黄河凌汛监测评估及预报

凌汛是较高纬度河流特有的水文现象，在封河、开河期，冰凌不断聚集形成冰塞或冰坝，水位大幅度抬高，造成漫滩或决堤等重大气象次生灾害，给黄河滩区和两岸人民群众的生命财产安全带来威胁和损失。其突发性强、持续时间长，灾害期天寒地冻等特点也给防凌工作带来极大的困难。另外，在全球气候变暖背景下，冬季极端事件频发，突发凌灾的概率和致灾程度增大。黄河贯穿宁夏灌区，自中卫南长滩入境，至石嘴山麻黄沟出境，全程 397 km。冬汛期来水量约占年径流量的 30%，常被冷高压控制，寒潮活动频繁。宁夏河段为天然和水库运行双重过渡河段，冰情变化复杂，灾害频繁。中宁县枣园以上 130 km 为不稳定封河段，枣园至石嘴山 260 多千米为常封河段。受青铜峡水利枢纽上游刘家峡（1968 年运行）、龙羊峡（1986 年运行）和下游乌海海勃湾（2014 年运行）等大型水库调度，调蓄后冰期月平均流量保持平稳态势，但由于近年来沿黄经济的大力发展，各类民生设施建设全面铺开，经济投入巨大，使得凌汛可能带来的次生灾害风险加大且致灾程度增强，所以做好灾害监测、预测，提前防范显得越来越重要。而以往的黄河凌汛监测多靠人工巡查或通过少量的沿河安装的摄像头拍摄，但人力往往只能达地形相对简单的河段，摄像头也往往只能在条件较好的地段安装。总的来说人力和摄像头的监测都存在一定的限制，尤其是凌情发生时往往是人力所不能达的，两者均不能很好地从宏观上掌握凌情的发生、发展及变化情况。而遥感技术具有宏观、连续等特点，采用遥感技术监测黄河凌汛可为防汛部门快速、动态、宏观获得河道信息，及时发现险情并做出合理评估和预测，为及时采取措施和科学指挥调度防灾救灾等提供依据。

宁夏气象部门是全国较早利用遥感手段开展黄河凌汛遥感监测的业务部门之一，2002 年之前多用 NOAA、风云卫星等开展监测，之后逐渐开始使用 EOS/MODIS 卫星开展黄河凌汛遥感监测，其空间分辨率由原来的 1.1 km 提高到 250 m，能够对封河上首、封河速度、漫滩位置以及漫滩面积等快速做出判断，监测业务质量得到了一定提升，黄河凌汛遥感监测业务也由原来的定性分析逐渐向定性与定量相结合转变。由于受遥感资料空间分辨率较低的限制，对河道内的流凌密度不能很好分辨，尤其是对多段封河时的间断性封河上首位置等分辨能力差。2010 年以后，宁夏气象部门开始使用 30 m 空间分辨率的 HJ-1A/B 卫星资料，该资料能够较好分辨河道内的水体三相态，也能区分出河道内较多的细节信息。同时结合中国气象局下发的 1∶50000 地理信息数据，可以准确判断漫滩位置所对应的下垫面信息，从而更好为防汛部门提供详细的灾情信息。总的来说，综合运用多源卫星资料开展冬汛期黄河凌汛监测服务，能够更加高效地为决策部门提供减灾防灾所需信息，为救灾提供更加有效的技术支撑，最大限度减少损失。另外，由于以往的凌汛预报是基于人工巡查或视频监测结果进行人为估测，所以一般只能对封河河段的漫滩区位置及可能产生的灾害进行预估，而这些显然不能够满足实际服务需求。而在遥感监测的封河上首位置、流凌密度等结果基础上，结合精细化数值天气预报结果，既能实现封河速度、流凌密度等的定量化预报，又可在此预报结果上对漫滩发生位置及可能的次生灾害及程度进行预测，其服务的实效性、前瞻性、科学性等都将得到提升，监测的精密度、预报的精准度和服务的精细度都将得到提高。

5.2.1 基于多源遥感的黄河凌汛监测技术

遥感监测黄河凌汛具有快速、动态、宏观等优势，可及时发现险情并进行科学处置，发挥"千里眼"作用，是冬季凌汛监测服务的尖兵利器。在国内，赵杰明等(1996)利用极轨气象卫星资料开展黄河凌汛遥感动态监测，虽然空间分辨率低，但时间分辨率较高，在短时性自然灾害动态监测上具有其他卫星资料难以替代的作用。鄢俊洁等(2004)利用EOS/MODIS资料开展黄河凌汛监测应用，表明EOS/MODIS在冰雪检测方面具有很大的潜力。杨中华等(2006)利用"四星三源"即MODIS、ETM＋、CBERS-02、RADARSAT/SAR对黄河凌汛进行逐日动态变化监测、重点时段的精细监测和凌灾发生时的应急监测，发挥最优数据组合模式，连续、快速监测灾情的发生发展情况，有效跟踪黄河主要河段凌情的发生、发展和消退全过程，为黄河防凌提供科学、及时的信息支持。尤其是充分利用CBERS-02具有的较高空间分辨率，对冰凌具有良好的识别能力，不仅为黄河防汛遥感监测工作开辟了一个新的数据源，也为积极应用中国自己的卫星进行相关的研究和应用探索奠定了基础、树立了信心，成为国产卫星应用的一个成功典范。许志辉等(2010)利用中巴地球资源卫星数据，对黄河内蒙古杭锦旗出现的凌汛溃堤险情进行了跟踪监测，表明中巴资源卫星遥感数据在监测凌汛溃堤口门位置、溃堤洪水演进及淹没范围、蓄滞洪区蓄水情况以及评估灾情等方面能够发挥重要作用。陈琳等(2012)应用国产高分辨率卫星数据开展在黄河防凌监测中的应用，表明国产高分辨率卫星遥感数据能够有效跟踪黄河凌情的发展过程，实现黄河凌情的日动态监测、重点时段的精细监测和突发凌汛灾害时的实时监测。黄河凌情尤其在封开河阶段日变化显著，中巴资源卫星作为国产高分辨率可见光民用遥感卫星的代表，以其大视场、高空间、高时间分辨率特点，动态监测凌情，基本做到每天实现一次全覆盖监测的能力，配合其他如中国遥感卫星等高分辨率可见光、雷达数据，初步实现了凌情发展预估、开河前河道槽蓄水量计算、封开河期间冰凌险情监测以及发生凌汛灾害时灾情信息采集与评估，为黄河防凌调度、决策会商提供了有力技术支持。夏辉宇等(2012)用国产环境与灾害监测预报小卫星CCD相机遥感影像数据对黄河2009—2010年度凌汛进行重点时间和区域监测，并利用实测数据对监测结果进行应用评价。陈琳等(2012)应用多星多源数据组合动态监测黄河凌汛进程，表明多星多源数据组合可充分利用不同时期在轨运行卫星数据特点，实现对黄河凌汛的日宏观动态监测、重点时段的精细监测和灾害突发时的准实时监测，能有效监测黄河凌汛发展进程，为防凌决策提供依据。国产高分辨率卫星能有效进行黄河冰凌灾害的精细监测，特别是CBERS-02B具有侧摆编程快速获取数据功能，是进行突发灾害应急监测的理想数据源。

宁夏气象部门主要基于中低分辨率MODIS、NOAA、FY资料，中高分辨率环境减灾小卫星HJ-1A/B，以及近地面无人机和地面高光谱等开展黄河凌汛遥感监测的业务及科研，充分发挥天空地一体化协同优势，对封河上首、漫滩区位置、流凌密度等进行遥感监测；同时，将监测结果与精细化数值天气预报结果相结合，开展3～7 d的黄河宁夏段封河上首、流凌密度、封河速度等预报及风险预估。通过近年的研究，主要解决了黄河宁夏段流凌密度、封河速度定量化预报关键技术，以及应用无人机技术解决了封河上首位置不能精确确定的问题；实现了基于中低分辨率和中高分辨率、无人机及近地面高光谱等多源遥感资料的黄河凌汛遥感监测技术初步研究，建立了流凌密度、长度及封河速度的定量化预报模型；针对不同水体相态、不同流凌密度、不同物理特性的冰凌等，开展高光谱测定，为星地校标及模型迁移打基础。但由于流凌密度和封河速度是气象条件、河道地形、地貌、含沙量、流量等多因素综合作用结果，本研究多侧重于气象因素影响，所以模型还有很大的改进空间，且受所收集资料的限制，预报模型在较高流凌密度范围的预报效果还不是很理想。结合未来发展趋势，建议在加强无人机遥感的研究和业务化应用，开展高分系列卫星在黄河凌汛遥感监测中的应用，提升流凌密度分级监测精度，多部门联合开展机理性模型研究等方面重点开展工作。

5.2.1.1 基于中低分辨率 NOAA、MODIS、风云系列卫星资料的黄河凌汛监测应用

宁夏气象部门从 2000 年前后开始开展基于 NOAA 及风云系列卫星的黄河凌汛遥感监测业务，主要针对封河上首位置、漫滩区及其次生灾害等开展监测。2003 年开始逐渐以 EOS/MODIS 卫星为主开展黄河凌汛遥感监测业务，每年冬季制作并发布封河上首预测及可能带来的灾害、宁夏黄河凌汛遥感监测分析报告等专题材料。制作材料时使用 2、1、2 通道假彩色合成直接进行目视解译。其优点在于由于卫星遥感资料的时间分辨率高，可对黄河的封河上首以及漫滩区位置、长度、面积等信息进行快速、高频次判断。但其缺点也比较明显，由于空间分辨率较低，一是无法判断河道流凌情况，二是由于黄河宁夏段本身较窄，所以监测误差较大，三是在判断封河上首精确位置时，由于空间分辨率不够，对多段封河时的封河上首位置判断不准确。

NOAA、风云系列卫星资料主要是基于中国气象局下发的 Smart 软件对资料先进行预处理，然后应用水体判识模块进行黄河凌汛的监测应用；MODIS 资料主要是基于中国气象局下发的 DVB-S 系统进行资料的接收和预处理，然后直接将预处理后的资料通过软件进行 2、1、2 通道假彩色合成进行目视解译开展黄河凌汛的遥感监测服务（图 5.15）。

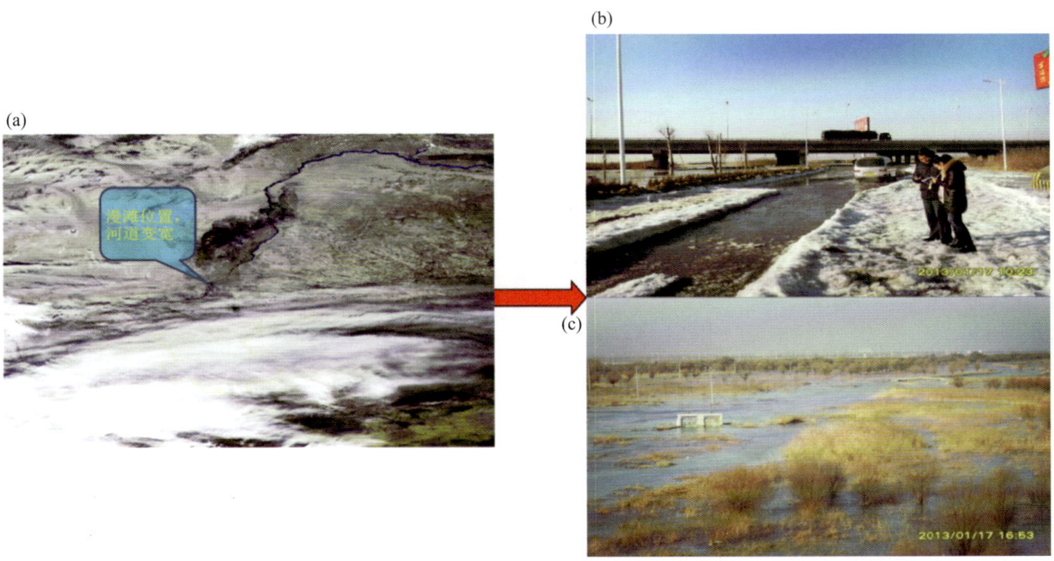

图 5.15 基于 EOS/MODIS 的黄河凌汛漫滩区遥感监测图

(a) EOS/MODIS 卫星黄河凌汛监测图（分辨率 250 m）；(b) 黄河凌汛漫滩实况 1；(c) 黄河凌汛漫滩实况 2

5.2.1.2 基于中高分辨率环境减灾小卫星 HJ-1A/B 的黄河凌汛监测应用

环境减灾小卫星 HJ-1A/B 于 2009 年 3 月 30 日开始正式交付使用，HJ-1A 星搭载了 CCD 相机和超光谱成像仪（HSI），HJ-1B 星搭载了 CCD 相机和红外相机（IRS）。HJ-1A/B 卫

星是继我国气象、海洋、国土资源卫星之后一个全新的民用卫星。卫星投入使用后，对自然灾害、生态破坏、环境污染进行大范围、全天候、全天时动态监测，对灾害和环境质量进行快速和科学评估，提高灾害和环境信息的观测、采集、传送和处理能力，为紧急救援、灾后救助及恢复重建和环境保护工作提供科学依据。基于 HJ-1A/B 资料的黄河凌汛监测一般先进行地理精校正、投影变换等预处理，然后再进行通道辐射/亮温的转换、通道合成或构建 NDWI、NDWI-B 指数等。一般来说，在实际的黄河凌汛遥感监测业务服务中经常用到四种方法。

一是基于灰度值(DN)进行 4、2、1 或 4、3、2 通道的合成，然后目视解译进行监测；环境减灾小卫星下载数据一般为 2 级数据，共 4 个通道的资料，通常存在 1 到 2 个像元的位置偏差。需要对影像数据进行地理几何校正，误差通常控制在 1 个像元以内。据研究，由于受通道合成资料大小以及内存读取速度的限制，研究水体时通常情况下使用 1、2、4 通道数据，分别对应 R、G、B 三个通道。

二是先将 DN 值转化为辐射/亮温，然后再将辐射/亮温转换为反射率，再重复方法一中的操作；再应用 ENVI 软件自带的通道计算功能(Band Math)，将每个通道 DN 值转化成辐射/亮温值，再利用绝对定标系数将 DN 值图像转换为辐亮度图像，其转换公式为：

$$L=\frac{\mathrm{DN}}{a}+L_0 \tag{5.15}$$

式中，L 为辐亮度，a 为绝对定标系数增益，L_0 为偏移量，辐亮度单位为 $\mathrm{W\cdot m^{-2}\cdot sr^{-1}\cdot \mu m^{-1}}$。定标系数和公式可以从元数据文件(.xml)中直接获取。环境减灾小卫星通道相对反射率是在 DN 值转换为辐射值后再进行计算获得，其公式为：

$$\rho=\frac{\pi L_\lambda d^2}{\mathrm{ESUN}_\lambda\times\cos\theta_\lambda} \tag{5.16}$$

式中，ρ 为地面相对反射率；L_λ 为辐射量度；d 为日地天文单位距离；ESUN_λ 为各波段太阳照度；θ_λ 为太阳天顶角，等于 90°与太阳高度角 SE 的差值，即(90°－SE)。计算中的 SE 可从下载文件中的 *.xml 获得，即为：<sun Elevation>25.555</sun Elevation>中的值，然后得出太阳天顶角的值，与太阳高度角和为 90°，应用三角函数计算其余弦值。其中，日地天文单位距离计算公式如下：

$$d=1+0.0167\sin\left[2\pi\times\frac{(D-93.5)}{365}\right] \tag{5.17}$$

式中，D 为过境数据日期距离 1 月 1 日的天数。各通道的辐射/反射率计算可在 Excel 表格中完成或者应用 ENV 软件中的 Band Math 计算功能模块进行每个通道相对反射率计算，将计算结果存储为 *.img 格式文件。将计算得到的辐射/反射率通道，通过方式一中的通道合成进行监测结果显示，然后用目视解译方法进行黄河凌汛遥感监测服务。

三是在第二种方法基础上，通过通道计算，生成 NDWI 或 NDWI-B，再通过指标分类进行判断；利用环境减灾小卫星监测黄河凌汛主要有两类方法，一类是使用指数法，主要使用水体指数监测；另一类是利用图像的真彩色或者假彩色合成，直接利用目视解译方法进行判断。水体指数是利用水体和背景地物在不同波段之间光谱特征差异进行构建的，代表性水体指数是 NDWI 和 NDWI-B。其中，NDWI 定义为：

$$\mathrm{NDWI}=\frac{\mathrm{Green}-\mathrm{NIR}}{\mathrm{Green}+\mathrm{NIR}} \tag{5.18}$$

式中，Green、NIR 分别为绿光和近红外波段反射率。虽然 NDWI 在区分纯水体与背景地物时有很大优势，但混分比例会增大。为解决这一问题，用蓝光波段代替绿光波段，生成改进型归一化差异水体指数 NDWI-B，其定义为：

$$NDWI\text{-}B=\frac{Blue-NIR}{Blue+NIR} \tag{5.19}$$

式中，Blue、NIR 分别为蓝光和近红外波段的反射率。利用 ENVI 中的 Band Math 功能，结合前期处理得到的近红外波段 Band1 和蓝光波段 Band4 的反射率的 *.img 文件，根据公式(5.18)和公式(5.19)进行相应的指数运算，可以获得指数遥感监测结果。

根据两个指数监测结果对比看，在黄河凌汛遥感监测中 NDWI 对水体监测结果比 NDWI-B 的表现更好。所以，建议在冬汛期黄河凌汛水体监测时最好选择 NDWI 进行监测而不是选择 NDWI-B 进行选择，后者更适合做非冬汛期时的水体与陆地地表的水体遥感监测。将基于环境减灾小卫星 NDWI 黄河凌汛遥感监测结果与实际调查资料进行研究，得到不同相态水体监测阈值：当 NDWI<0.0，可以判断为冰或除冰之外的其他地物；当 NDWI 为 0.0～0.002 时，认为是封河上首或河段流凌密度大于 90%；当 NDWI 为 0.002～0.150 时，可判断为流凌；当 NDWI>0.150 时，可判断为水体。

四是在第二、三种方法基础上，与水体指数进行合成，更好突出河道和水体特征，在水体判断上较第一种直接合成效果好，但地表地物和纹理特征被忽略。

综合对比上述四种方式，第一种和第二种在最终判断结果上基本一致，无太大差别。其优点是：图像上能够通过颜色直观地判断出水、冰、冰水混合物，且色彩丰富、精度高。缺点是：因没有指标或阈值，不能实现不同相态水体面积等信息的精确提取。对于黄河凌汛监测来说，能直观看出封河上首、河道是什么相态、是否有漫滩区、不同相态具体的地理位置等信息就完全能够满足业务的需求。所以应用最简单的 DN 值三通道合成方法既可以省时间又能获得不错的监测结果。但如果需要统计不同水体相态面积时，要基于 NDWI 水体指数，用值域判断方法进行提取，而通道合成方法达不到要求。

5.2.1.3 近地面无人机在黄河凌汛监测中的应用技术

为弥补卫星遥感空间分辨率较低的不足，尤其是在不连续封河时上首位置不能精确判断的问题，以及发挥无人机在灾情调查服务中的优势，宁夏气象科研所 2012 年开始探索试制简易无人机，并于 2013 年试制组装成功，开始在黄河凌汛遥感监测中应用，初步具备了空地数传、GPS 定位、飞行拍摄可视化、静止悬浮拍摄、单拍、连拍、录像等功能。同时，利用相关软件对飞行航迹进行规划，对拍摄图像进行鱼眼校正，对多幅影像进行简单拼接等处理，因其成本低、结构简单、操作方便、稳定性好等优势，在业务中得到广泛使用，并被央视新闻栏目报道数次(图 5.16)。

2021 年，宁夏气象科学研究所研究人员开展了基于无人机遥感的冰面 AI 识别算法研究。以无人机拍摄并拼接的正射影像为数据源，以 UNet 结构为内核建立冰面提取的语义分割模型，并最终通过冰与水面的面积比值计算河道的流凌密度。UNet 由一条收缩路径(左侧)与一条扩张路径(右侧)组成。收缩路径是一个典型的卷积网络结构，由两个 3×3 卷积层(无填充卷积，线性激活函数(ReLU))以及一个 2×2 最大池化重复组成。扩张路径中的每个步骤首先对特征图进行上采样，然后进行 2×2 卷积(向上卷积)，以将特征图通道的数量减半，并与从相应收缩路径中裁剪特征图进行级联，再进行两个 3×3 卷积，每个卷积后是 ReLU 激活函数。由于每次卷积后边缘像素都会丢失，因此需要对收缩路径中的特征图进行裁剪。在最后一层，使用 1×1 卷积将每个 64 分量特征向量映射到所需的类别数，网络共 23 个卷积层(图 5.17)。

图 5.16　无人机在宁夏冬汛期黄河凌汛监测中的应用
(a)无人机遥感监测黄河凌汛封河上首位置；(b)央视新闻报道无人机遥感监测黄河凌汛情况

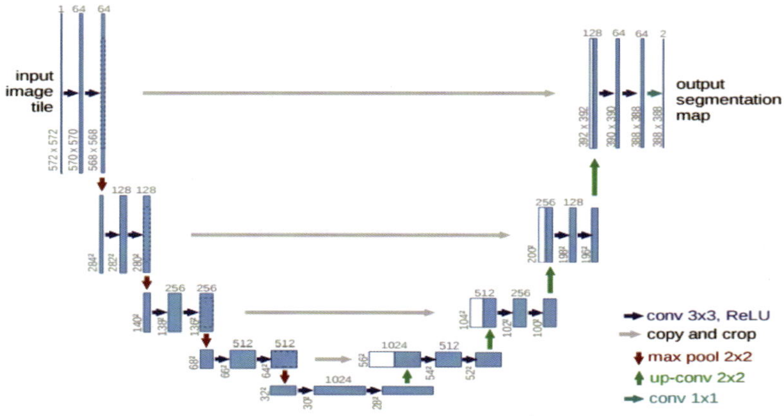

图 5.17　UNet 语义分割模型

以无人机搭载的 RGB 相机对黄河石嘴山段进行拍摄，并融合使用 UNet 语义分割和多尺度卷积深度学习技术，对河道的流凌进行快速识别发现，流凌区只存在水和流凌，对于不同密度的流凌区，水和流凌的区分精度较高，达 90%；岸边区，存在土壤、灌木、淤积封冻的灰色冰凌等，基本可以区分土壤背景和流凌，但难以识别透明冰凌，也难以剔除和灰色冰凌色调接近的土壤。在计算流凌密度时，岸边面积过半的图片不参与计算，其他图片可以绘制岸边掩膜或直接剔除。相对于高分 1 号的识别情况，哨兵 2 号识别冰面的连通性更好，且避免了较多碎斑(图 5.18—图 5.20)。

另外，结合无人机机载激光雷达，配合无人机 GRB 多镜头相机立体成像，对河道内冰面进行三维建模，获取高精度冰面高差数据，可对黄河冬汛期河道内的水面抬升高度、漫滩区变化信息以及积冰等情况进行监测，为冬季黄河凌情监测评估提供了更加精细可靠的手段(图 5.21)。

5.2.1.4　近地面高光谱在黄河凌汛监测中的应用初探

2012—2014 年冬季，宁夏气象科学研究所人员利用 UniSpec-SC 型(310～1100 nm)单通

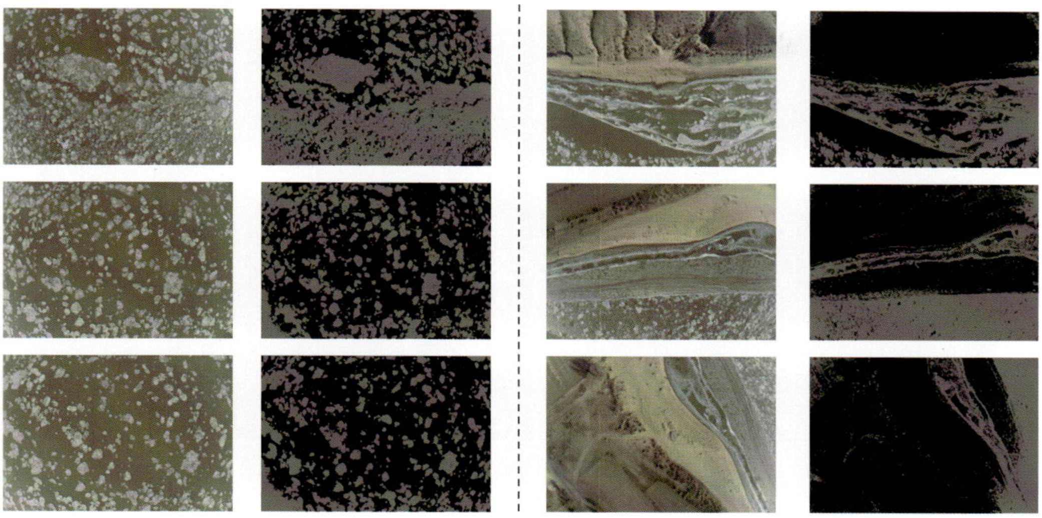

图 5.18 无人机凌情 AI 模型识别效果（虚线左侧为河道流凌识别结果，右侧为岸边冰凌识别结果）

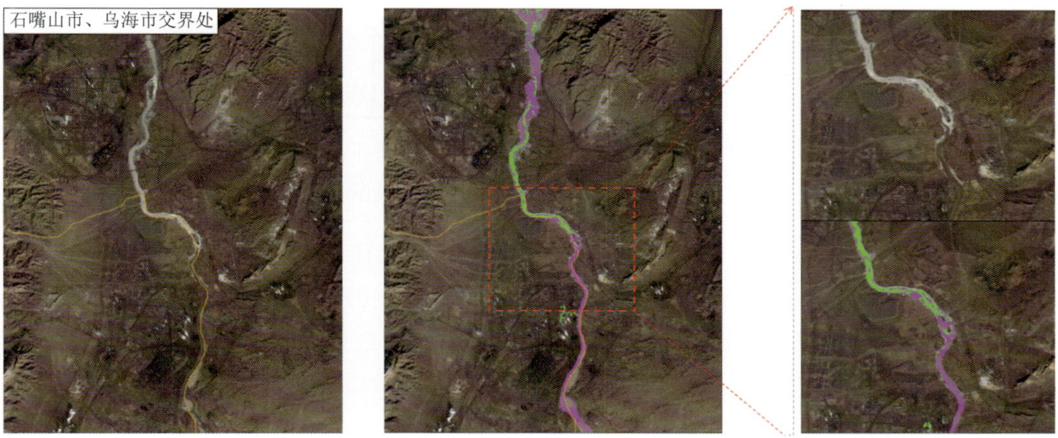

图 5.19 2022 年 1 月 13 日，高分 1 号(16 m)黄河河道冰面和水体 AI 模型识别结果

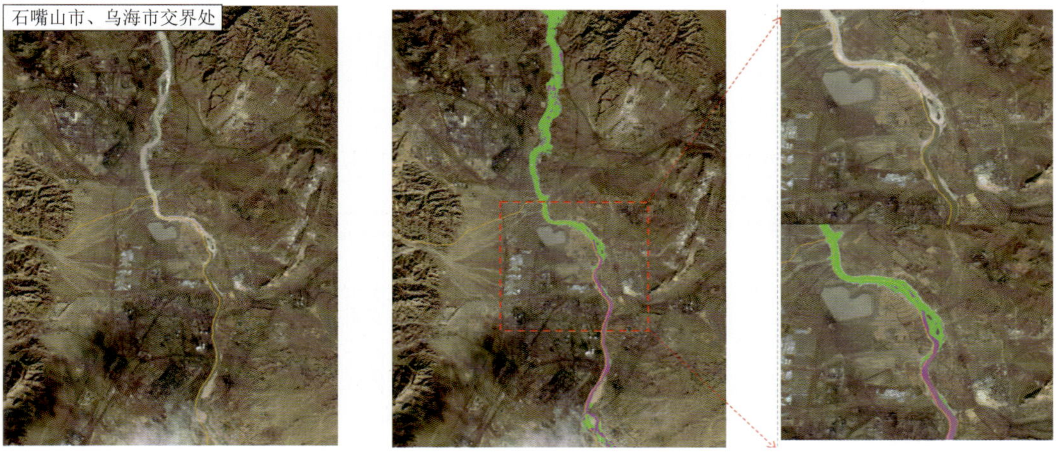

图 5.20 2022 年 1 月 14 日，哨兵 2 号(10 m)黄河河道冰面和水体 AI 模型识别结果

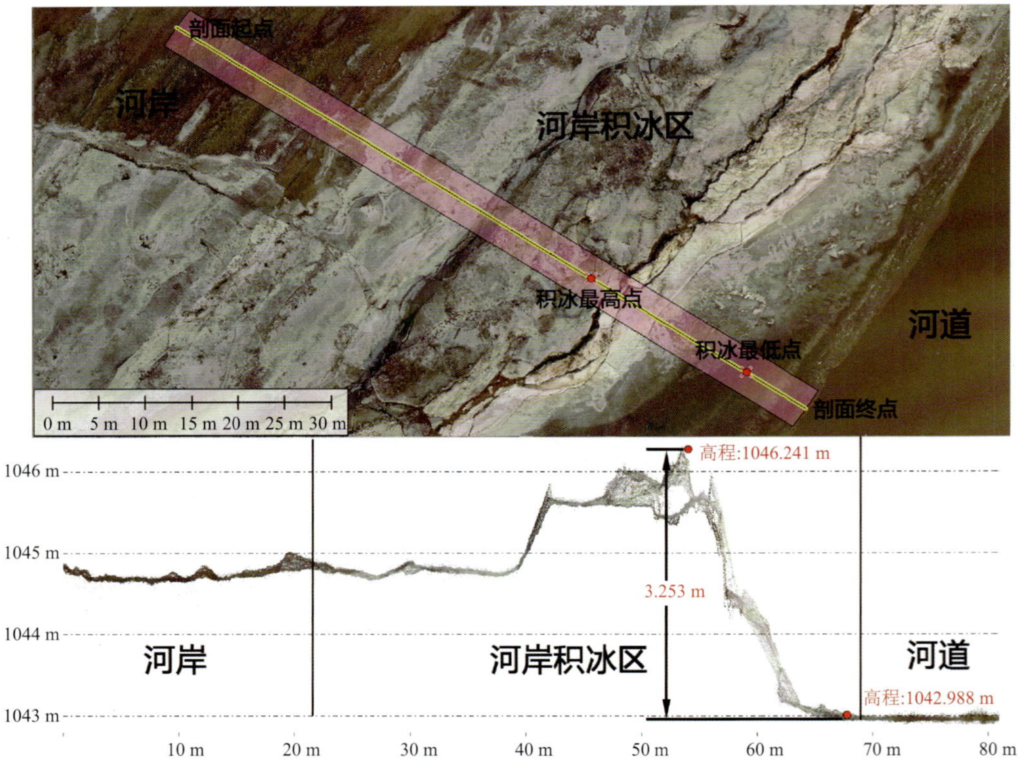

图 5.21　2022 年 1 月 20 日黄河北农场开河区河岸积冰剖面分析图

道便携式高光谱仪在青铜峡、中宁、石嘴山等河段，对不同水体相态以及不同流凌密度、不同物理特性的冰凌、固态冰等进行了光谱反射率的测定。将测定的 *.spu 数据利用 Multispec5.1 处理软件将反射率数据插值到 1 nm 分辨率，并生成 *.txt 数据文件，利用 Excel 将 *.txt 数据导入，在 Excel 中进行数据分析以及制图，分析结果见图 5.22。

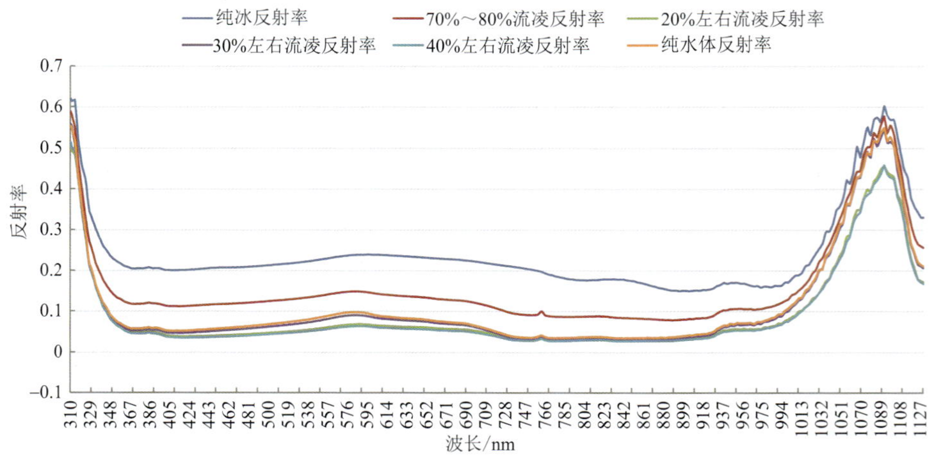

图 5.22　基于高光谱仪的水、流凌、冰的反射率测定结果分析图

首先，对不同相态流凌密度水体进行反射率统计分析，纯冰面反射率 0.237，80％流凌 0.159，20％流凌 0.091，30％流凌 0.108，40％流凌 0.087，纯水体 0.113，即纯冰＞80％流凌＞

纯水体＞30％流凌＞20％流凌＞40％流凌。

其次，对同一相态固态冰面进行统计分析，白色冰反射率均值 0.324，冰上覆雪 0.374，绿色冰 0.142，堆积冰阳面 0.563，堆积冰阴面 0.180，冰上有水 0.118，水渍冰 0.297，乳白色冰 0.443，半白色冰 0.339，倒茬冰阳面 0.459，倒茬冰阴面 0.317，即堆积冰凌阳面＞倒茬冰阳面＞乳白色冰＞冰上覆雪＞半白色冰＞白冰＞倒茬冰阴面＞水渍冰＞绿色冰＞冰上覆水（图 5.23）。

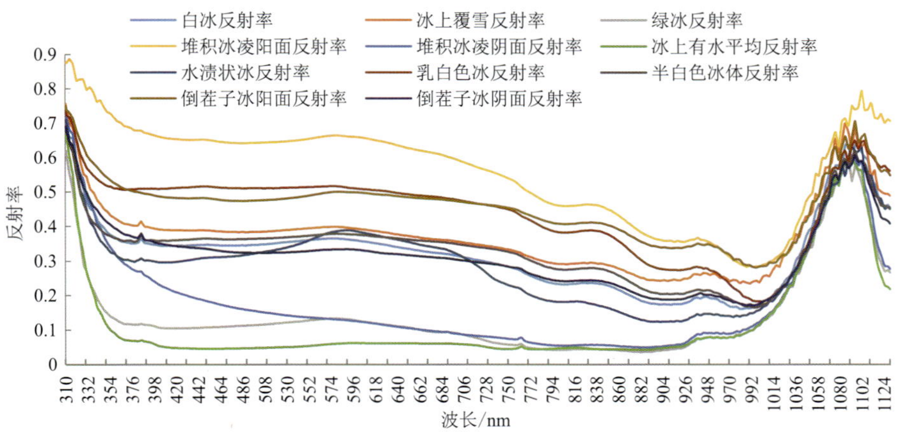

图 5.23　基于高光谱仪的不同形态固态冰反射率测定结果分析图

5.2.1.5　天空地一体化的凌情监测

以多源卫星影像为主进行监测，以无人机遥感影像监测结果为样本，优化中高分卫星影像监测算法模型，并且采用中高分卫星影像监测成果优化风云-3D 卫星凌情监测算法模型，实现多尺度、持续的凌情监测，然后采用数据统计、空间分析等技术，最终完成天空地一体化凌情监测（图 5.24）。

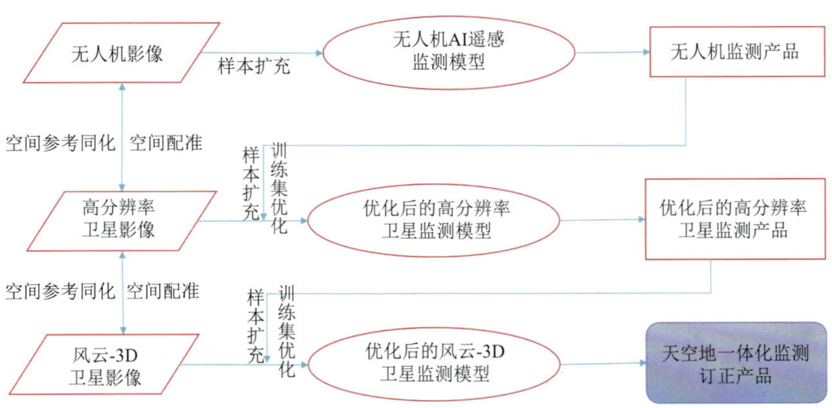

图 5.24　天空地一体化订正算法模型

5.2.2 流凌密度、封河速度与气象要素的关系预报模型研究

流凌是黄河进入凌汛期的标志，流凌密度和封河速度是黄河凌汛预报中非常重要的两个指标，对预判黄河的封、开河以及可能出现的凌情具有重要指示意义。封河又是河段可能出现灾害的先导，会造成冰壅塞或形成冰坝，如若应对不力就可能发生灾害险情。开展流凌密度和封河速度预报是做好冬季黄河防汛，发挥好气象防灾减灾救灾第一道防线作用的关键科技支撑。

国外的冰凌预报研究起步早，苏联是世界上对冰凌开展系统研究较早的国家。从20世纪30年代，苏联的河流冰凌预报研究业务开始起步，20世纪50年代，苏联主要河流的冰凌预报开始广泛开展（张瑞芳，1998）。早期的冰凌模型都建立在恒定或准恒定状态水力模型基础上。19世纪后期，首次以地图形式形象表示开封河日期（张瑞芳 等，1991）。Bilello将Rodhe的成果应用到河流和湖泊冰的预报上，Greene将气温引入，对Bilello的方法进行了完善，并开发了封河预报软件（Chen et al.，2005）。Poulind等利用气温形势来预报圣劳伦斯河的水温和封冻日期（王富强 等，2014）。Adams（1976）和Assel（1976）用与Poulind相类似的分析公式，开发了圣劳伦斯河上游的封冻预报模型。20世纪80年代中期开始，学者开始在研究冰凌模型时考虑水温、水流、流凌密度等非均衡条件，研究建立非恒定冰凌预报数学模型。Shen等（1984）利用水温的时间和空间分布差异，建立模型来模拟河冰的增长和消融过程。随着新技术的不断发展和新技术不断被引入冰凌研究，特别是数学模型与计算机等技术结合，河冰数学模型得以不断完善。Lal等（1993）建立了数值预报的RICE模型，对非恒定河段的水力条件、水文变化、冰盖厚度的热力增长和消融模拟效果较好，该模型也应用在我国的黄河。Massie等（2002）引入神经网络方法分析Oil City河段的冰凌。王涛（2013）以Hopfield神经网络模型的建立为标志，神经网络发展和研究出现新的高潮。目前，3S技术、人工智能与群智能算法相结合应用等新技术，广泛应用于冰凌的研究中，取得了很好的效果。

国内的冰凌研究起步较晚，大致可划分为三个阶段。第一阶段是20世纪20—60年代初。主要以开展冰凌的观测试验研究为主，预报主要采用基于观测经验的指标冰凌预报方法。我国系统的冰凌观测始于20世纪20年代初，50年代是在黄河下游布设冰凌观测站点并进行观测试验研究的迅速发展期，并在前期观测试验基础上，在黄河宁蒙段、黄河下游河段开始开展凌汛的预报业务，建立了大量的相关图和关系式。20世纪60年代初，我国科研人员在黄河上游开展了冰凌外场观测试验，获得不少成果。第二阶段是20世纪60年代中期至80年代末。这一时期科研人员不仅继续开展冰凌要素观测研究，建立了一些基于经验的冰凌预报方法，而且对以往研究成果进行了较为系统的分析整理，为下一步我国冰凌研究的蓬勃发展奠定了基础。20世纪60年代中后期，科研人员建立了许多经验关系式及相关系数图，推动了这一时期冰凌预报的全面开展。20世纪80年代，科研人员在总结以往研究成果基础上，编制了《黄河冰情》《冰情预报》等专著（张傲妲，2011）。1987年，黄河流域实用水文预报方案汇编总结会议在烟台召开，会议总结交流了黄河流域各单位编制预报方案工作的经验，并形成了《黄河流域实用水文预报方案汇编》，用于指导冰凌预报。第三阶段是20世纪90年代以后至今。这一时期我国的冰凌预报方法由经验相关上升为有理论基础的数学模型。在引进国外预报模型基础上，研制出黄河下游冰凌预报模型，并曾先后与芬兰、美国等国合作改进现有的冰凌预报模型（陈赞廷 等，1994；靳国厚 等，1997）。之后，陆续开始研究黄河不同河段流凌特点及成因，并

建立针对黄河分河段的凌汛预报模型。宫德吉等(2001)分析了黄河内蒙古段凌汛的特点及凌灾的成因,确定了封河的临界温度指标并制定了开河日预报的技术方法。陈守煜等(2004,2006)将模糊优选神经网络 BP 模型应用于黄河内蒙古河段的凌汛期预报研究。李亚伟等(2006)将向量机回归(SVR)方法用于黄河凌汛预报。姚惠明等(2007)研究了黄河宁蒙河段凌情特性。黄晓辉等(2013)设计了基于 ZigBee 技术的河道冰层厚度多点监测系统的方案。卞雪军等(2014)针对黄河内蒙古河段的流凌和开封河日期的服务需求,设计了黄河内蒙古段冰情预报系统。龙欣等(2014)考虑了空气、冰与水的物理特性差异,研制了冰凌定点连续监测的传感器与信号采集系统。冀鸿兰等(2008,2017)分析了万家寨水库建成后上游河段冰凌特性。

宁夏气象部门开展黄河凌汛的遥感监测服务虽然比较早,但流凌密度和封河日期等的预报研究开始较晚,杨淑萍等(2005)在分析了近 13 a 黄河宁夏段的凌汛特点基础上,给出了黄河宁夏段封河日期预报的气象要素指标。陆晓静等(2014)使用最新资料对黄河宁夏段凌汛期的气温变化特征等进行了重新分析,修订了黄河流凌密度、封河上首预测指标。已有的研究大多以解决黄河开、封河日期预报为研究方向,均未实现定量化预报。张德卫等(2017)结合数值天气预报结果,实现了 5 d 左右的黄河宁夏段流凌密度和封河速度的预报,实现了黄河宁夏段不同河段的封河速度、流凌密度的定量化监测及预报服务。

5.2.2.1 宁夏黄河段流凌密度与气象要素预报模型研究

利用 2008—2016 年黄河宁夏段凌汛期流凌密度、封河长度等资料,分惠农段、平罗段、贺兰段、永宁段、青铜峡段以及全河段等 6 种情况,结合惠农、平罗、贺兰、永宁、青铜峡等 5 个沿河国家气象站同时段冬季凌汛期(12 月至次年 2—3 月)逐日日最低、日平均气温、日平均风速资料,以及不同河段的数值预报产品,研究建立流凌密度的预报模型并进行预报效果的检验评估。

(1)流凌密度与气象要素多元线性回归模拟及最优拟合分析

将 6 种河段分段的流凌密度分别与 3～7 d 时段内对应的日最低气温、日平均气温、日平均风速平均值 3 个要素进行多元线性回归分析,模拟其变化趋势。剔除不显著参数,将流凌密度与前 3～7 日时段内对应的 3 个气象要素进行分析,筛选出最优时段和最优要素,得到表 5.7。

表 5.7 黄河宁夏段流凌密度多元线性回归结果

河段	R^2	显著性			最优拟合时段	样本数
		日最低气温	日平均气温	日平均风速		
惠农河段	—	—	—	—	—	161
平罗河段	0.628	**	—	*	前 6 日	14
贺兰河段	0.664	*	—	**	前 3 日	46
永宁河段	0.287	**	**	—	前 5 日	46
青铜峡河段	0.096	*	**	*	前 5 日	117
全河段	0.124	**	**	**	前 7 日	384

注:** 表示通过 0.01 显著性检验,* 表示通过 0.05 显著性检验,—表示不显著。

(2)流凌密度与单气象要素曲线模拟及最优拟合分析

将各河段流凌密度与前 3～7 日时段内单个气象要素进行曲线模拟,以判定系数 R^2 为主要指标，分析各河段流凌密度与单个气象要素曲线拟合规律。表 5.8 给出了各河段流凌密度与单气象要素拟合情况，说明在黄河宁夏段研究河段，日最低气温是影响流凌密度发生和发展的主要气象因素。

表 5.8　黄河宁夏段流凌密度与单气象要素曲线模拟情况统计

河段	气象要素	判定系数 R^2				
		3 d	4 d	5 d	6 d	7 d
惠农河段	日最低气温	0.100	0.129	0.147	0.168	0.202
	日气温平均	0.099	0.113	0.118	0.135	0.164
	日平均风速	0.15	0.018	0.013	0.006	0.004
平罗河段	日最低气温	0.669	0.637	0.568	0.465	0.339
	日气温平均	0.443	0.564	0.576	0.496	0.359
	日平均风速	0.3	0.011	0.063	0.042	0.134
永宁河段	日最低气温	0.104	0.118	0.155	0.199	0.255
	日气温平均	0.106	0.109	0.103	0.155	0.211
	日平均风速	0.145	0.148	0.153	0.114	0.059
贺兰河段	日最低气温	0.647	0.549	0.435	0.419	0.392
	日气温平均	0.63	0.565	0.471	0.476	0.491
	日平均风速	0.021	0.085	0.201	0.066	0.156
青铜峡段	日最低气温	0.031	0.040	0.043	—	0.028
	日气温平均	0.067	0.074	0.067	—	0.060
	日平均风速	0.044	0.054	0.063	0.058	0.026
全河段	日最低气温	0.084	0.085	0.086	0.091	0.097
	日气温平均	0.042	0.043	0.046	0.05	0.054
	日平均风速	0.008	0.003	0.001	0.002	0.006

注：全部通过 0.01 显著性检验。

将前 3～7 日时段内的 3 个气象要素（日最低气温、日平均气温、日平均风速）的平均值分别与河段流凌密度进行不同曲线模拟，以判定系数 R^2 和显著性为主要指标，剔除不显著 $\alpha>0.05$ 情况，得出最佳模拟时段及最优模拟函数（表 5.9）。

表 5.9　黄河宁夏段流凌密度曲线模拟结果

站点	类型	R^2			最佳拟合时段	样本数
		日最低气温	日平均气温	日平均风速		
惠农河段	三次	0.168**	—	—	前 6 日	161
	二次	0.168**	—	—		
平罗河段	三次	0.668**	—	—	前 3 日	14
	二次	0.669*	—	—		
永宁河段	三次	0.255**	—	—	前 7 日	46
	二次	0.252**	—	—		

续表

站点	类型	R^2			最佳拟合时段	样本数
		日最低气温	日平均气温	日平均风速		
贺兰河段	三次	0.645**	—	—	前 3 日	46
	二次	0.647**	—	—		
青铜峡段	三次	—	0.074*	—	前 4 日	117
	二次	—	0.036*	—		
全河段	三次	0.091**	—	—	前 6 日	384
	二次	0.091**	—	—		

注：** 通过 0.01 显著性检验，* 通过 0.05 显著性检验，—不显著。

（3）不同河段最优拟合函数确定

根据判定系数 R^2 和显著性检验两个指标，可以确定出黄河宁夏段不同河段流凌密度与气象要素的最优拟合函数（表 5.10）。

表 5.10　黄河宁夏段流凌密度预报模型

河段	最优拟合函数	气象要素	最佳拟合时段	R^2	显著性
平罗河段	二次曲线	日最低气温	前 3 日	0.669	**
贺兰河段	多元线性	日最低气温、平均风速	前 3 日	0.664	**
永宁河段	多元线性	日最低气温、日平均气温	前 5 日	0.287	**

注：** 通过 0.01 显著性检验。

（4）不同河段最优预报模型的建立

根据不同河段最优拟合函数确定的分析结果，运用 SPASS 软件提供的统计分析工具，可以建立起不同河段流凌密度最优预报模型（表 5.11）。

表 5.11　黄河宁夏段流凌密度预报模型

河段	模型	R^2	显著性
平罗河段	$Y=0.366+0.073X+0.004X^2$	0.669	**
贺兰河段	$Y=-0.59-0.041X_1+0.182X_2$	0.664	**
永宁河段	$Y=-0.305-0.071X_3+0.053X_4$	0.287	**

注：Y 为流凌密度，X 为平罗河段前 3 日时段的日最低气温均值，X_1 为贺兰河段前 3 日时段的日最低气温均值，X_2 为贺兰河段 X_1 前 3 日时段的日平均风速均值，X_3 为永宁河段前 5 日时段的日最低气温均值，X_4 为永宁河段前 5 日时段的日平均气温均值。** 表示显著性小于 0.01。

根据经验，当流凌密度达到 0.6 时，黄河宁夏段绝大多数河段会出现封河。在冬汛期黄河流凌密度监测预报业务中，一般将流凌密度 0～0.6 分为 3 级，即 0.0～0.2 为 1 级，0.2～0.4 为 2 级，0.4～0.6 为 3 级，当流凌密度进入 3 级时，进入黄河凌汛的封河关键指标，启动宁夏冬汛期黄河凌汛应急监测。

5.2.2.2　宁夏黄河段封河速度与气象要素关系预报模型研究

封河速度是指封河长度的日变化，单位为 $km \cdot d^{-1}$。一定的流凌密度，在遇到输冰能力较弱的断面时，可能形成冰桥，会导致上游来冰在此处堆积，形成冰盖，至此该河段封河（李超，

2015)。封河、开河期,冰凌不断聚集形成冰塞或冰坝,水位大幅度抬高,可能会造成漫滩或决堤等重大灾害。封河速度可以有效反映封河长度随时间的变化,是提前做好应对措施,避免和减少凌汛造成损失的重要决策依据。

(1)封河速度与多气象要素线性回归模拟及最优拟合分析

将分河段的封河速度与前 2～5 日时段内对应的日最低气温、日平均气温、日平均风速平均值 3 个气象要素进行多元线性回归分析,以判定系数 R^2 为主要指标,暂不考虑显著性的影响,分析黄河宁夏段封河速度与气象要素拟合的大致变化趋势。

将封河速度与前 2～5 日时段内对应的日最低气温、日平均气温、日平均风速平均值进行进一步分析,以判定系数 R^2 和显著性为指标,剔除相关性不显著的情况,筛选出最优时段和最优要素,可以得到黄河宁夏段封河速度多元线性回归结果(表 5.12)。

表 5.12 黄河宁夏段封河速度多元线性回归结果

河段	R^2	显著性			最优拟合时段	样本数
		日最低气温	日平均气温	日平均风速		
惠农段	0.365	**	**	—	前 5 日	103
平罗段	0.707	*	**	—	前 5 日	37
贺兰段	0.376	**	**	—	前 5 日	63
永宁段	0.395	*	**	—	前 5 日	56
全河段	0.286	*	*	—	前 5 日	267

注:* 表示通过 0.01 显著性检验,** 表示通过 0.05 显著性检验,—表示不显著。青铜峡河段收集到的样本有限,研究中不做分析。

(2)封河速度与单气象要素曲线模拟及最优拟合分析

按惠农河段、平罗河段、贺兰河段、永宁河段以及全河段 5 种情况,将 2～5 d 时段内封河速度与单气象要素进行曲线模拟。暂不考虑显著性影响,以判定系数 R^2 为主要指标,综合分析黄河宁夏段封河速度与单个气象要素拟合的规律。由于封河速度与单气象要素曲线模拟的情况比较多,但最终将选用与封河速度拟合效果最好的气象要素进行建模,故在封河速度与单个气象要素模拟规律分析时也选用拟合效果最好的情况进行分析。黄河宁夏段封河速度与单气象要素曲线模拟情况见表 5.13。

表 5.13 黄河宁夏段封河速度与单气象要素曲线模拟情况统计

河段	判定系数 R^2				
	气象要素	2 d	3 d	4 d	5 d
惠农河段	日最低气温	0.109	0.093	0.114	0.089
	日气温平均	0.334	0.281	0.321	0.264
	日平均风速	0.017	0.043	0.032	0.094
平罗河段	日最低气温	0.754	0.659	0.566	0.525
	日气温平均	0.786	0.754	0.694	0.668
	日平均风速	0.187	0.099	0.064	0.060
永宁河段	日最低气温	0.268	0.295	0.387	0.465
	日气温平均	0.575	0.533	0.580	0.592
	日平均风速	0.047	0.094	0.057	0.045

续表

河段	判定系数 R^2				
	气象要素	2 d	3 d	4 d	5 d
贺兰河段	日最低气温	0.305	0.117	0.132	0.186
	日气温平均	0.391	0.115	0.132	0.292
	日平均风速	0.140	0.025	0.011	0.081
青铜峡河段	日最低气温	0.215	0.103	0.271	0.325
	日气温平均	0.129	0.249	0.015	0.014
	日平均风速	0.415	0.417	0.382	0.255
全河段	日最低气温	0.278	0.242	0.135	0.180
	日气温平均	0.352	0.309	0.173	0.268
	日平均风速	0.007	0.012	0.004	0.022

注:全部通过 0.01 显著性检验。

将前 2～5 日时段内的 3 个气象要素(日最低气温、日平均气温、日平均风速)进行进一步分析,以判定系数 R^2 和显著性为主要指标,剔除相关性不显著的情况,筛选出最优时段和最优要素,最佳拟合时段的单要素最佳结果见表 5.14。

表 5.14 黄河宁夏段封河速度单要素曲线模拟结果

站点	类型	R^2			最佳拟合时段	样本数
		日最低气温	日平均气温	日平均风速		
惠农河段	三次	—	0.334**	—	前 2 日	103
	二次	—	0.334**	—		
平罗河段	三次	—	0.786**	—	前 2 日	37
	二次	—	0.784**	—		
贺兰河段	三次	—	0.391**	—	前 2 日	63
	二次	—	0.391**	—		
永宁河段	三次	—	0.592**	—	前 5 日	46
	二次	—	0.333**	—		
全河段	三次	—	0.352**	—	前 2 日	267
	二次	—	0.341**	—		

注:** 表示通过 0.01 显著性检验,* 表示通过 0.05 显著性检验,—表示不显著。

(3)不同河段最优拟合函数确定

根据判定系数 R^2 和显著性这两个指标,可以确定出黄河宁夏段不同河段封河速度与气象要素的最优拟合函数(表 5.15)。

(4)不同河段最优预报模拟模型的建立

根据不同河段最优拟合函数确定的分析结果,运用 SPASS 软件提供的统计分析工具,可以建立起不同河段封河速度最优预报模拟模型(表 5.16)。

表 5.15　黄河宁夏段封河速度预报模型

河段	最优拟合函数	气象要素	最佳拟合时段	R^2	显著性
惠农河段	多元线性	日最低气温、日平均气温	前 5 日	0.365	**
平罗河段	三次曲线	日平均气温	前 2 日	0.786	**
贺兰河段	二次曲线	日平均气温	前 2 日	0.391	**
永宁河段	三次曲线	日平均气温	前 5 日	0.592	**
全河段	三次曲线	日平均气温	前 2 日	0.352	**

注：** 表示通过 0.01 显著性检验。

表 5.16　黄河宁夏段封河速度预报模型

河段	模型	R^2	显著性
惠农河段	$Y=7.97+1.915\ X_0-2.736\ X_1$	0.365	**
平罗河段	$Y=-9.752-1.436\ X_2+0.005\ X_2^2-0.002\ X_2^3$	0.786	**
贺兰河段	$Y=-8.414-1.291\ X_3-0.012\ X_3^2$	0.391	**
永宁河段	$Y=-6.259-3.283X_4-0.459\ X_4^2-0.02\ X_4^3$	0.592	**
全河段	$Y=-5.097-1.366X_5-0.08\ X_5^2-0.004\ X_5^3$	0.352	**

注：Y 为封河速度，X_0、X_1 分别为惠农河段前 5 日时段的日最低气温均值、日平均气温均值，X_2—X_5 分别为平罗河段前 2 日时段、贺兰河段前 2 日时段、永宁河段前 5 日时段以及全河段前 2 日时段的日平均气温均值。** 表示显著性小于 0.01。

（5）封河速度气象要素预报模型检验

一般将封河速度分为 3 级，即 0～5 为 1 级，5～10 为 2 级，大于 10 为 3 级，单位是 $km \cdot d^{-1}$。3 级是黄河宁夏段快速封河的关键指标。从实况气象资料全河段封河速度预报值与实况值拟合情况（图 5.25）可以看出，实况气象资料对全河段封河速度预报模型预报结果，与观测到的封河速度实况值的变化趋势基本一致，特别是在封河速度等级不大于 2 级时，预报结果比较理想。从实况气象资料全河段封河速度预报值与实测误差统计（图 5.26）可知，封河速度等级不大于 2 级时预报误差等级绝大多数在 1 级以内。封河速度预报模型自封河速度大于 2 级时，预报结果与实况值差距较大。

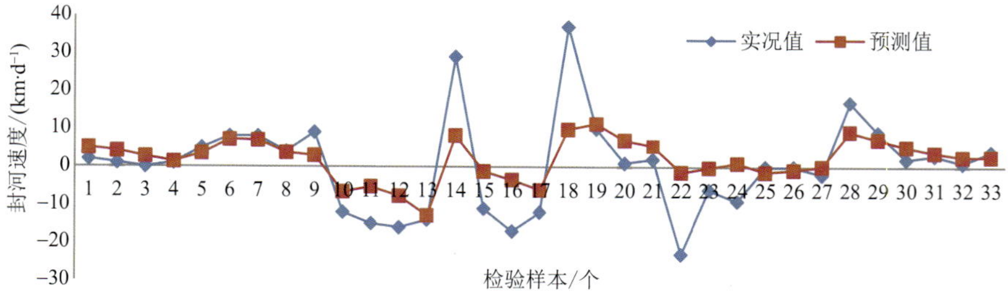

图 5.25　全河段实况气象资料检验结果
（33 个样本，每一次的实况与预测值对比，共检验 33 个样本）

从全河段气象数值预报资料检验结果（图 5.27）可以看出，全河段封河速度预报模型预报结果与封河速度实况值变化趋势基本一致，特别是低于 2 级时的预报结果比较理想。全河段模拟封河速度与实况值误差（图 5.28），低于 2 级时，预报误差等级绝大多数在 1 级以内，封河速度预报模型封河速度高于 2 级时，预报结果与实况值差距较大。

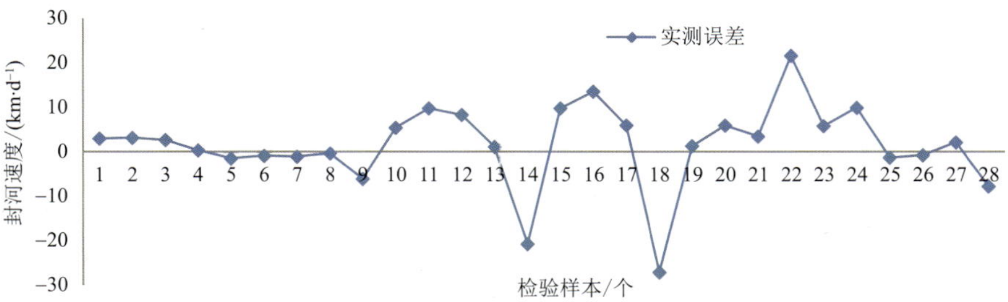

图 5.26　全河段实况气象资料模拟的封河速度与实测误差

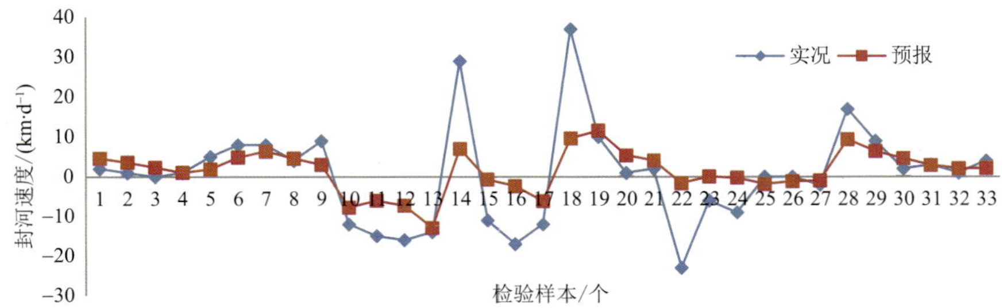

图 5.27　全河段气象数值预报资料检验结果

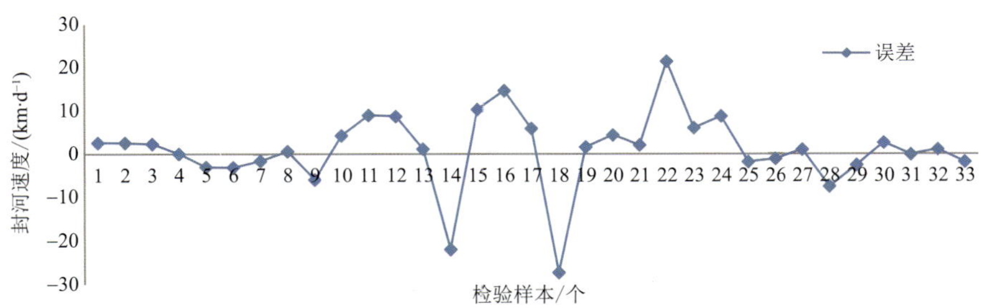

图 5.28　全河段气象数值预报资料模拟的封河速度与实况值误差

5.3　森林火情遥感监测评估及火险气象等级预报

5.3.1　森林火险遥感监测

森林火灾是干扰森林生态系统发展的一种外在因素，是全球范围内最为严重的自然灾害之一，具有破坏性强、突发性高、分布广等特点。及时、准确、有效地监测森林火灾，不仅是森林防火工作的重要组成部分，而且是有效控制森林火灾蔓延，减小经济损失和保护人民生命财产的重要手段。基于传统人工监测方式，人力物力消耗多且工作量大。遥感影像不仅成像周期短，而且影像覆盖范围广，是全球森林火灾监测的重要手段之一。Benson 等(1978)利用 Landsat1-MSS 遥感数据对针叶林和阔叶林火灾进行了观测工作，由此拉开了利用遥感技术监测森林火灾的序幕。从研究学者在遥感应用于林火监测研究的时间维度出发，一般可分为 3 个时期(图 5.29)。第 1 个时期(2000 年以前)为研究初期，国内外研究学者都尝试利用遥感技术对森林火灾进行监测研究，研究方法较为局限且大多数研究仅限于火点识别及林火监测报警；第 2 个时期(2000—2010 年)为研究发展期，1999 年，随着中分辨率成像光谱仪 MODIS 的发射成功，标志着基于中低分辨率传感器时代的到来，森林火灾遥感监测研究不断发展，学者开始引入各种与林火密切相关的指数，使得森林火灾研究不断深入，从最初的森林火灾预警开始向森林火灾风险预测、森林火灾蔓延模型构建、过火面积估算等方面发展；第 3 个时期(2010—2020 年)为研究成熟期，随着高分辨率卫星的成功发射，基于已有的中低分辨率影像研究成果，大量高分辨率遥感影像被应用在森林火灾监测，研究也进一步深入至可燃物载量评估、过火面积评估、林火迹地制图、灾后植被恢复状况评估等方面。

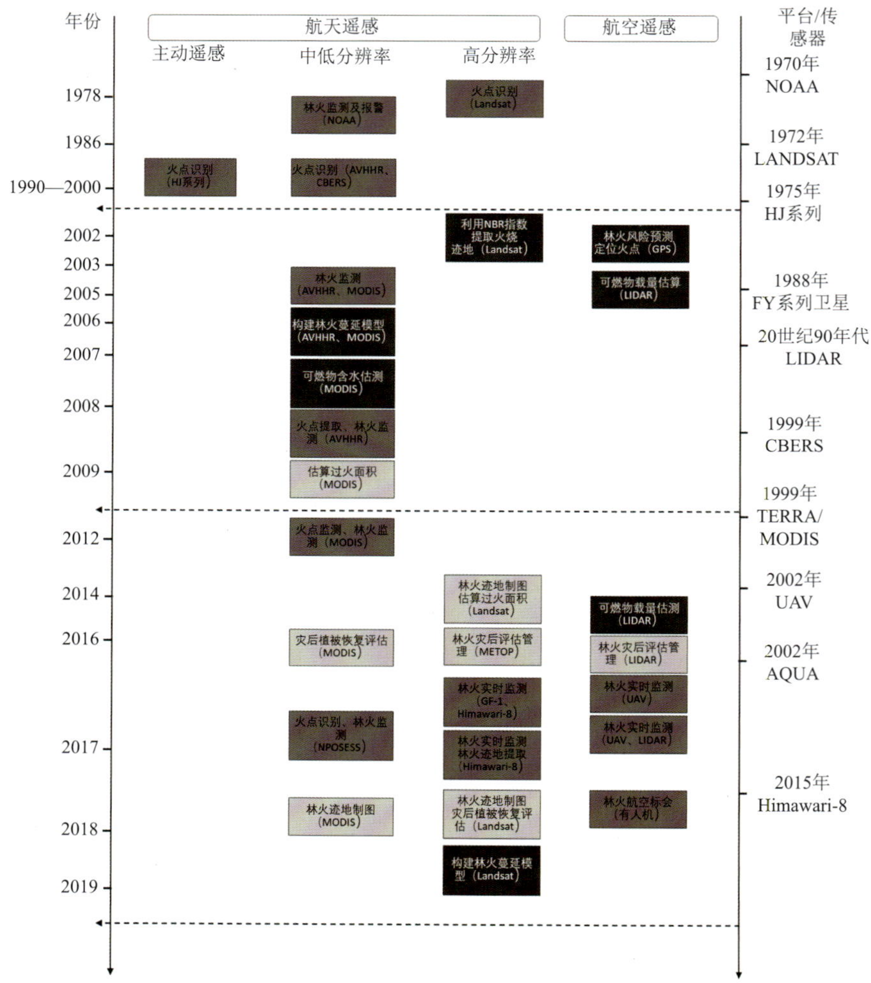

图 5.29　遥感在林火监测中的应用历史

国内外对森林火灾风险进行预测主要有基于遥感可燃物载量估算、构建林火模型和利用遥感卫星数据并结合植被指数进行预测三种手段，主要围绕三要素(地形、气象、可燃物载量)来进行预测。Brandis 等(2003)基于 LandsatTM 数据，利用冠层转换率对地表凋落物的载量进行估算，证明了利用遥感估算能够提升可燃物载量估算的准确性；Yebra 等(2008)基于 MODIS 时间序列数据，利用辐射传输模型(RTM)估算了活性可燃物含水率(LFMC)，对草地和灌木的可燃物含水率(FMC)进行估算,增强了林火风险预测及评估的能力。还有一些学者通过构建基于光学影像数据的模型对森林火灾风险进行了预测,如李勇等(2007)基于MODIS数据,利用灰色理论构建了林火的预测和蔓延模型,证明了基于遥感图像的模型研建能够实现森林火灾风险预测的可行性;郑忠(2019)利用Landsat-TM/ETM+遥感数据,构建了一种基于元胞自动机的森林火灾风险预测及蔓延模型,提升了森林火灾蔓延模型的模拟精度。还有一些学者结合植被指数进行森林火灾风险预测,Akther等(2011)基于MODIS数据并结合地表温度(LST)、归一化多波段干旱指数(NDWI)和温度植被湿度指数(TVWI),对2006—2008年间加拿大阿尔伯塔省北方森林火灾风险进行了预测,并针对这三种指数对于森林火灾风险预测的潜力进行了评估。Adab等(2013)基于MODIS数据,结合植被湿度、坡度、坡向、海拔、道路距离等影响火灾风险的不同变量因子,利用结构火灾指数(SFI)、火灾风险指数(FRI)和将不同变量因子按现场调查数据重新分配权重后所提出的混合火灾指数(HFI)对伊朗北部地区进行了森林火灾风险预测及火险等级划分,并分别对三种指数划分火险等级的适用性进行比较,结果显示HFI是评估伊朗北部地区森林火灾风险最为准确的指数。大尺度可燃物载量数据依赖传统的地面调查方式难以获得。İnan等(2017)研究了基于LIDAR的点云数据对森林可燃物载量评估的潜力。

遥感技术对森林火灾监测已成为常用技术,在森林火灾预测预警、森林火灾实时动态监测、科学指导扑救及灾后灾害评估等方面发挥了重要作用。随着遥感技术不断发展,森林火灾遥感监测技术中还有很大的发展空间,主要体现在如下几个方面:①缺少大尺度的可燃物载量数据,且基于光学影像数据提取可燃物载量较为困难,已有研究证明微波遥感和激光雷达技术能够应用于森林可燃物等领域,后续应针对不同林分特征、林种等运用多光谱混合分析(MEMSA)等分类算法分别对不同类型的可燃物载量进行估算,从而为森林火灾预测及风险评价提供更为精准的数据支持。②利用遥感卫星进行森林火灾实时监测时,MODIS系列森林火灾监测产品(如MCD45A1等)和静止气象卫星只适用于过火面积较大的森林火灾,过火面积较小的火灾并不能及时准确地监测到,有必要结合航空遥感进行进一步研究,实现森林火灾从发生到灾后评估的全方位监测。③利用遥感影像统计大尺度范围内火灾次数时,单一火灾场景可能在遥感影像上表征为多个火点数据,如何利用遥感准确统计不同区域内火灾发生次数仍旧是目前亟待解决的问题。后续应结合MODIS火点产品数据(如MCD64A1等)、NOAA气象卫星的新型火点产品数据和Landsat等多源遥感卫星的长时间序列数据实现对大尺度区域火灾次数的准确统计。如何对不同立地条件和受灾程度的火烧区域植被恢复状况进行科学评估有待进一步研究。

宁夏气象部门从20世纪90年代前后开始应用气象风云卫星遥感数据开展森林火险遥感监测,主要依据中国气象局的指导产品开展业务服务工作。经过长时间的发展,目前已逐渐发展为基于多源数据(卫星遥感、无人机遥感、地理信息、社会经济)、多算法(单通道阈值法、NDVI阈值法、两时次NDVI阈值法、机器学习等)、逐像元判识过火区,实现了宁夏森林火点自动判识和过火区面积估算遥感监测评估,具体的监测业务流程见图5.30。

5.3.1.1 火点判识

火点判识分自动判识和人机交互两种方式。判识结果信息包括卫星/传感器标识、中红外通道分辨率(单位为m)、观测时间、火点像元序号、火区序号、经纬度、省市县名、土地覆盖类型、可信度、结果生成时间、处理人员等。

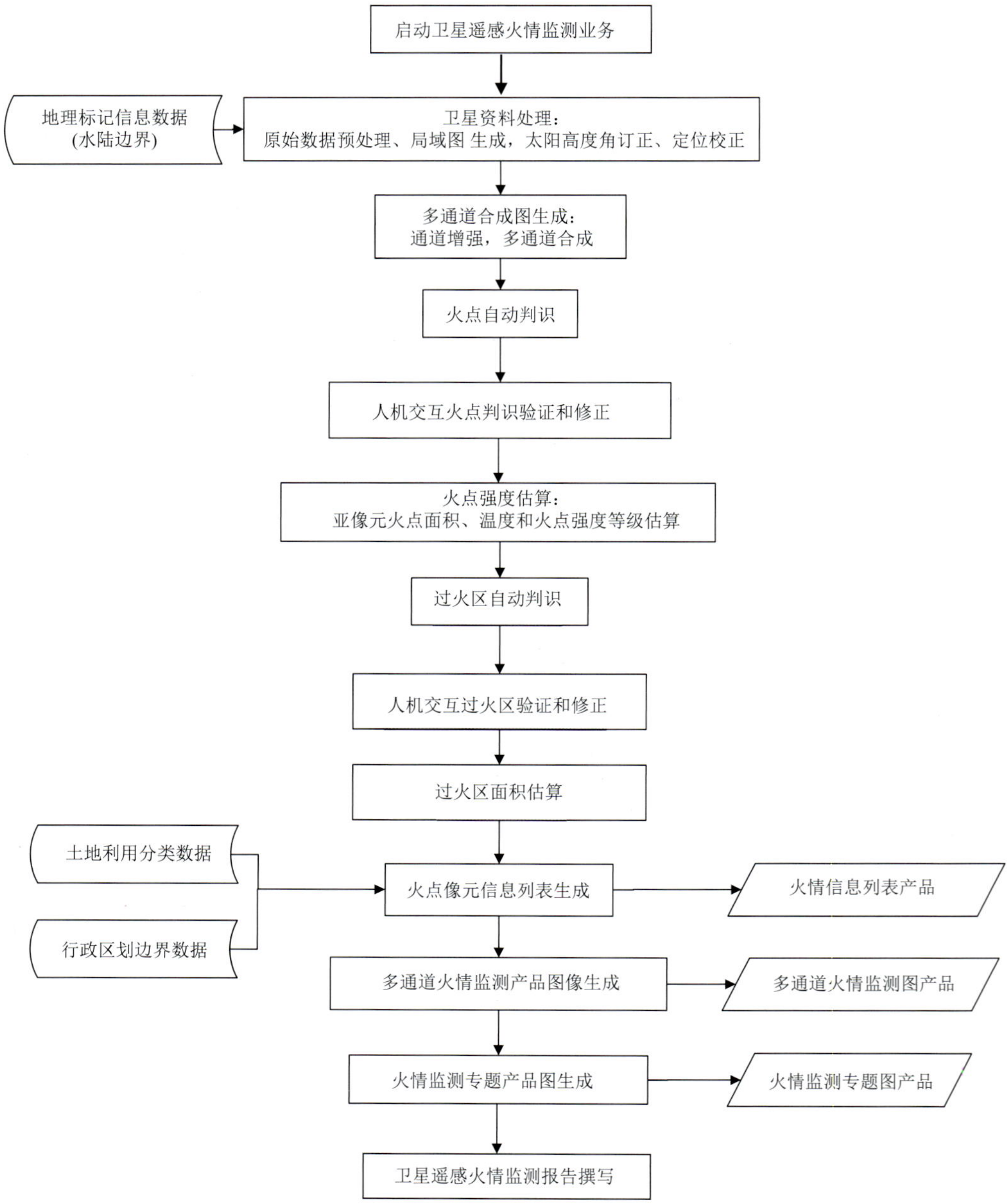

图 5.30　卫星遥感火情监测评估技术流程

(1)火点确认模型

如果一个像元满足以下条件，可将该像元初步认定为火点像元：

①极轨卫星：$T_{MIR} \geqslant (T_{MIRBG} + 4\delta T_{MIRBG})$ 且 $T_{M-F} \geqslant (T_{M-FBG} + 4\delta T_{M-FBG})$；

②静止卫星：$T_{MIR} \geqslant (T_{MIRBG} + 3\delta T_{MIRBG})$ 且 $T_{M-F} \geqslant (T_{M-FBG} + 3\delta T_{M-FBG})$。

如果初步认定的火点像元满足以下云污染条件之一，将之排除为火点像元，否则将之确认为火点像元：

①$R_{VIS} > (R_{VIS\,BG} + 10\%)$ 且 $T_{MIR} < T_{MIRTC}$；

注：T_{MIRTC} 初值为 330 K，可根据实地情况调整。

②$T_{FIR}<(T_{FIR\,BG}-\Delta T_{FIR_TCR})$；

注：ΔT_{FIR_TCR}初值为 5 K，可根据实地情况调整。

③$R_{VIS}>R_{VISBG}$ 且 $T_{FIR}<T_{FIRBG}$ 且 $T_{MIR}<(T_{MIRBG}+6\delta T_{MIRBG})$ 且 $T_{M-F}<(T_{M-FBG}+6\delta T_{M-FBG})$。

注：T_{MIR}为中红外通道亮度温度，单位为开尔文(K)；T_{MIRBG}为中红外通道背景区亮度温度平均值，单位为开尔文(K)；δ_{TMIRBG}为中红外通道背景区亮度温度标准差，单位为开尔文(K)；T_{M-F}为中红外通道和远红外通道之间亮度温度差异，单位为开尔文(K)；T_{M-FBG}为背景区中红外通道和远红外通道之间亮度温度差异平均值，单位为开尔文(K)；δT_{M-FBG}为背景区中红外通道和远红外通道之间亮度温度差异平均值的标准差，单位为开尔文(K)；R_{VIS}为可见光通道反射率，以百分率表示(%)；R_{VISBG}为背景区可见光通道反射率平均值，以百分率表示(%)；T_{FIR}为远红外通道亮度温度，单位为开尔文(K)；T_{FIRBG}为远红外通道背景区亮度温度平均值，单位为开尔文(K)；ΔT_{FIR_TCR}为火点云污染远红外通道亮度温度判识阈值，单位为开尔文(K)。

(2)火点像元可信度分级

可信度按以下步骤分为四级：

①当$(T_{MIR}-T_{MIRBG})\geqslant 15$ K 且$(T_{M-F}-T_{M-FBG})\geqslant 15$ K 时，为一级火点像元，也称确认火点像元。

②当$(T_{MIR}-T_{MIRBG})<15$ K 或$(T_{M-F}-T_{M-FBG})<15$ K 时，为二级火点像元，也称疑似火点像元。

③满足①或者②，且火点像元周边相距 2 个像元以内(包括两个像元)有云区像元时，为三级火点像元，也称云区边缘火点像元。

④当该火点像元周边的 8 个像元均不是火点像元，且$(T_{MIR}-T_{MIRBG})>20$ K 时，为四级火点像元，也称噪声火点像元。

火点判识处理流程如下：

(a)数据前期处理，包括局域图像地图投影，定位校正(见 QX/T 344.1—2016 的 4.1)等；

(b)建立像元标记图，确定云区、水体、荒漠地带、耀斑区、低温区、晴空植被像元；

(c)逐像元判识火点；

(d)参考像元标记图中的晴空植被像元，逐像元计算背景温度，包括中红外、远红外、可见光等通道的平均值、标准差等；

(e)初步确认火点像元；

(f)判识并去除云污染像元；

(g)人机交互火点判识验证和修正；

(h)火点像元分区；

(i)火点可信度分级；

(j)火点判识结果生成。

5.3.1.2 过火区面积估算——阈值法

(1)单时次过火区判识方法

单通道判识阈值法，若该像元为非水体像元，且满足以下条件，判识为过火区像元：

$$R_{Nir}<R_{Nir\_th} \tag{5.20}$$

式中，R_{Nir_th}为近红外通道过火区判识的反射率阈值，R_{Nir_th}参考值为10%，可根据实地情况调整。

NDVI判识阈值法，若该像元为非水体像元，且满足以下条件，判识为过火区像元：

$$NDVI=(R_{Nir}-R_{Red})/(R_{Nir}+R_{Red}) \tag{5.21}$$

式中，R_{Red}为可见光红光通道反射率，以百分率表示（%）。

$$NDVI<NDVI_{th} \tag{5.22}$$

式中，$NDVI_{th}$为过火区像元判识的NDVI阈值。$NDVI_{th}$参考值为0，可根据实地情况调整。

（2）火灾发生前后两时相图像过火区判识方法

若该像元为非水体像元，且满足以下条件，判识为过火区像元：

$$NDVI_{Before}-NDVI_{After}>NDVI_{BA\_th} \tag{5.23}$$

式中，$NDVI_{Before}$为火灾前NDVI值；$NDVI_{After}$为火灾后NDVI值；$NDVI_{BA_th}$为基于两时相图像判识过火区的NDVI阈值，由过火区附近、与过火区具有相同土地覆盖类型区域的两时相NDVI差值确定。

（3）人机交互过火区判识信息验证和修正

①人工检验过火区判识效果

将过火区判识信息在火情监测多通道合成图上叠加，人工检查过火区判识效果。过火区目视识别方法见QX/T 344.2的7.1.2.1极轨气象卫星白天图像目视火点识别方法。

②人机交互修正过火区判识

若过火区判识信息有误判或漏判情况，通过修改判识阈值，修正判识错误，直至符合人工判识效果。

（4）过火面积估算方法

①单颗卫星数据过火区像元面积计算方法：

$$S=\sum_{i=1}^{n}S_i \tag{5.24}$$

②气象卫星与高空间分辨率卫星遥感综合过火区像元面积计算方法。

（a）高空间分辨率卫星植被覆盖度计算

$$C_G=(NDVI_{Mix}-NDVI_S)/(NDVI_V-NDVI_S) \tag{5.25}$$

式中，$NDVI_{Mix}$为高空间分辨率卫星单个像元NDVI值；$NDVI_V$为高空间分辨率卫星单个像元植被端元值；$NDVI_S$为高空间分辨率卫星单个像元裸地端元值。

（b）气象卫星与高空间分辨率卫星遥感综合过火区面积估算

$$S=\sum_{i=1}^{n}S_i\times C_i \tag{5.26}$$

式中，C_i由气象卫星单个像元空间范围内的C_G计算平均值得到，即：

$$C_i=\left(\sum_{j=1}^{m}C_{Gj}\right)\Big/m \tag{5.27}$$

式中，C_{Gj}为气象卫星像元覆盖范围内的第j个高空间分辨率卫星像元的植被覆盖度；m为气象卫星单个像元中含有的高空间分辨率卫星像元个数。

（5）过火区估算处理流程

①单颗卫星过火区估算处理流程

(a)数据预处理；
(b)局域图生成；
(c)火情监测多通道合成图生成；
(d)几何精校正；
(e)水体覆盖区标识；
(f)多种方法(单通道阈值法、NDVI 阈值法、两时次 NDVI 阈值法)逐像元判识过火区；
(g)完成局域图中所有像元的过火区判识；
(h)人机交互方式检验过火区判识精度；
(i)过火区判识信息在火情监测多通道合成图上叠加；
(j)人机交互修正过火区判识错误信息(通过修改判识阈值修正误差)；
(k)计算所有过火区像元面积之和。
②气象卫星与高空间分辨率卫星综合过火区估算处理流程
(a)气象卫星过火区像元判识；
(b)高空间分辨率卫星像元植被覆盖度计算；
(c)基于高空间分辨率卫星植被覆盖度的相应气象卫星像元植被覆盖度计算；
(d)基于气象卫星像元植被覆盖度的各过火区像元过火面积计算。

5.3.1.3 过火区面积估算——机器学习法

使用语义分割的方法提取过火区域，基于历史火情数据制作过火区提取训练样本，训练、制作和封装得到过火区提取模型(图 5.31)。

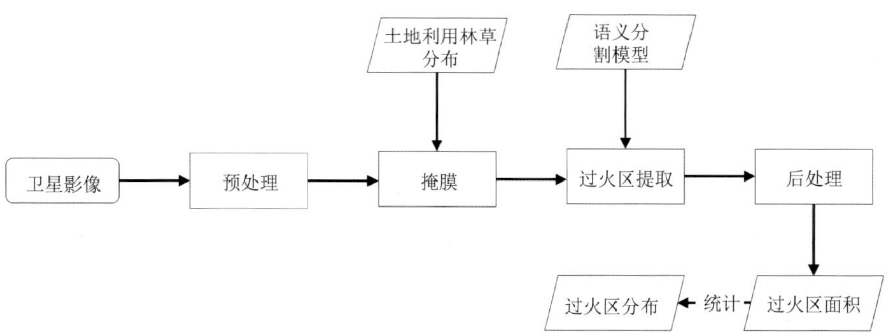

图 5.31 基于机器学习法的过火区面积技术流程

采用 UNet 网络作为火区监测的语义分割模型，UNet 由一条收缩路径(左侧)与一条扩张路径(右侧)组成。收缩路径是一个典型的卷积网络结构，由两个 3×3 卷积层(无填充卷积，线性激活函数(ReLU))以及一个 2×2 最大池化重复组成。扩张路径中的每个步骤首先对特征图进行上采样，然后进行 2×2 卷积(向上卷积)，以将特征图通道的数量减半，并与从相应收缩路径中裁剪特征图进行级联，再进行两个 3×3 卷积，每个卷积后是 ReLU 激活函数。由于每次卷积后边缘像素都会丢失，因此对收缩路径中的特征图进行裁剪是必要的。在最后一层，使用 1×1 卷积将每个 64 分量特征向量映射到所需的类别数。网络共 23 个卷积层(图 5.32)。

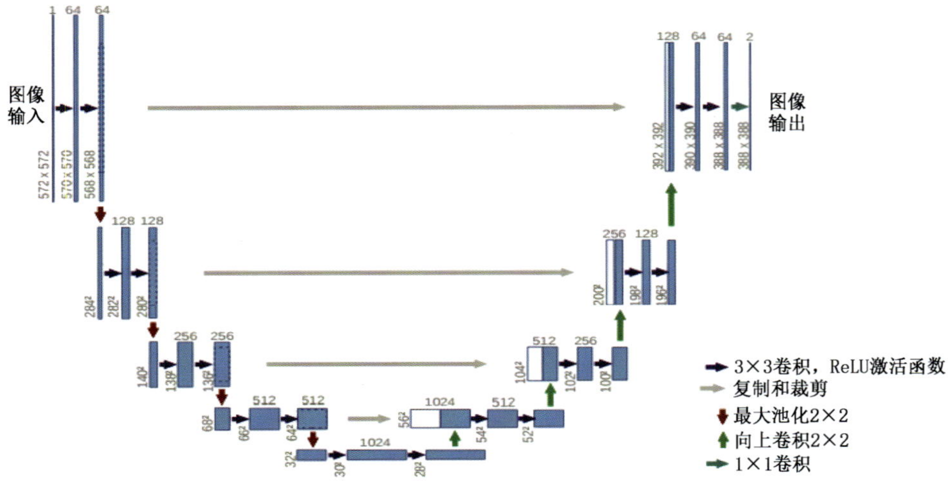

图 5.32　基于机器学习法(UNet)模型原理

5.3.2　宁夏森林火险气象等级预报

宁夏林火监测与预报工作始于1991年，赵杰等(1993)以“标准”中的“降水量及其后的连续无雨日数的森林火险指数”为初始值，依据日最高气温、日最小相对湿度、日最大风速、日降水量及其连续无雨日数5个气象要素及物候因子(积雪或绿色植被覆盖率)得出火险指数贡献率的正态分布特征，建立数学模拟模型，运用待定系数法，代入实测值，求得各未知数，建立林火天气指数计算式。然后将六盘山、贺兰山林区气象站逐日历史资料代入公式，将其火险天气指数样本序列按正态分布分为五级，突出三级、四级火险概率，降低极高、极低火险的出现概率，提高对外服务效益，20世纪90年代后期，随着遥感技术应用的逐步深入，张晓煜等(2002)在林火遥感监测的精地理定位、亚像元火情分辨率的改进方面做了较为深入的研究，取得了比较理想的效果，但在林火的等级预测方面没有涉及。张学艺等(2006)参考区内外火险天气等级预报方法研究的思路及森林火险等级划分标准，根据宁夏本区的实际情况对指标体系进行逐月调整，用多个气象因子和综合因子之间相关关系来确定森林火险天气等级标准。

根据1995年6月林业部森林防火办公室颁发的《全国森林火险天气等级标准工作指导手册》(以下简称《标准》)，确定森林火险天气等级划分的指数标准一般为5个：最高气温、最小相对湿度、降水(雪)量、连续无雨日数、最大风速。火灾发生概率的大小与日降水量、相对湿度呈反相关，与日最高气温、连续无雨日数、大风呈正相关，综合考虑影响森林火险的气象要素以及综合因子 M_i，采用多因子综合预报的方法制定出不同的火险指数并建立预报方程：

$$F_e = M_i \times (T_{max} + H_{14} + N_{Rain} + W_{14} - Y_{Rain}) \tag{5.28}$$

式中，F_e 为火险预报等级指数，M_i 为综合因子(如人为火源、雷电等)指标指数，T_{max} 为日最高气温指标指数，H_{14} 当日14时相对湿度指标指数，N_{Rain} 为连续无雨日数指标指数，W_{14} 为日最大风速值指标指数，Y_{Rain} 为当日降水量指标指数。

由于宁夏发生大的森林火灾少，无法运用实例建立预报模型，张学艺等(2006)引进相关的森林火险气象等级预报模式，根据实况值，结合宁夏情况，形成一套具有宁夏特色的指标系统，具体气象要素与火险指数的关系见表5.17、表5.18、表5.19。

表 5.17 T_{max}与日最高温度对应关系表

月份	T_{max}					
	0	4	8	12	16	20
1	≤1.0	1.1～6.0	6.1～11.0	11.1～16.0	16.1～21.0	≥21.1
2	≤2.0	2.1～7.0	7.1～13.0	13.1～18.0	18.1～23.0	≥23.1
3	≤8.0	8.1～13.0	13.1～18.0	18.1～23.0	23.1～28.0	≥28.1
4	≤14.0	14.1～19.0	19.1～24.0	24.1～29.0	29.1～34.0	≥34.1
5	≤16.0	16.1～21.0	21.1～26.0	26.1～31.0	31.1～36.0	≥36.1
6	≤18.0	18.1～23.0	23.1～28.0	28.1～33.0	33.1～38.0	≥38.1
7	≤20.0	20.1～25.0	25.1～30.0	30.1～35.0	35.1～40.0	≥40.1
8	≤19.0	19.1～24.0	24.1～29.0	29.1～34.0	34.1～39.0	≥39.1
9	≤18.0	18.1～23.0	23.1～28.0	28.1～33.0	33.1～38.0	≥38.1
10	≤12.0	12.1～17.0	17.1～23.0	23.1～28.0	28.1～33.0	≥33.1
11	≤4.0	4.1～9.0	9.1～14.0	14.1～19.0	19.1～24.0	≥24.1
12	≤2.0	2.1～7.0	7.1～13.0	13.1～18.0	18.1～23.0	≥23.1

表 5.18 各指标指数与各气象要素因子间对应关系表

T_{max}	0	4	8	12	16	20			
H_{14}	≥65	55～64	45～54	35～44	25～34	≤24			
N_{Rain}	0	10	15	20	25	30	40	45	50
连续无雨日数/d	当天	1	2	3	4	5	6	7	≥8
W_{14}	5	10	15	20	25	30	35	40	
风力/级	≤1	2	3	4	5	6	7	≥8	
Y_{rain}	20	25	30	35	40				
雨量/mm	0.1～9.9	10.0～17.9	18.0～24.9	25.0～37.9	≥38				

表 5.19 各月综合因子系数 M_i 分布情况

月份	1	2	3	4	5	6	7	8	9	10	11	12
M_i	0.9	1.0	0.8	0.6	1.0	1.2	1.1	0.6	0.6	0.4	0.7	0.9

经过实际代入数据进行回归验证，发现连续无雨日数大于 8 d 以后不再对火险等级产生影响，因此将连续无雨日数最大值定为 8 d。运用要素等价转换方法对综合因子 M_i进行改进，将各月火险系数因子等价为物候因子、下垫面状况、人为活动、雷电等，用综合因子 M_i 系数对非气象要素进行调整，随时进行订正。由于 5 月是贺兰山和六盘山旅游高峰期，人为影响加剧，所以 5 月将其系数由原来的 0.5 提高到 1.0；宁夏 6 月正处于降水较多的时期，且未进入夏收季，所以将其系数调整为 1.2；7 月是宁夏夏收季，由于夏收等人为活动增强及雷暴天气较多，将 7 月的系数上调至 1.1，调整后预报结果精度得到了一定的提升。

宁夏地处西北，气候干旱少雨，夏季短促，冬季寒冷而漫长，生物及非生物物候季节影响不十分显著,脆弱的生态环境,人为活动对其影响十分明显。另外,全国森林火险气象等级标准制定时,所选取的18省,北方地区主要集中在东北地区的黑龙江、吉林、辽宁,西北地区选取陕西、内蒙古、新疆三省(区),其等级标准划分不太适合宁夏本区。经实际资料验证,预报结果80%以上偏低,15%左右一致。这说明其等级标准划分偏低,表5.20是经过实际验证后确定的等级指标。

表5.20 宁夏森林火险气象等级指标

森林火险气象等级	危险程度	易燃程度	蔓延程度	火险气象指数
1	没有火险	不能燃烧	不能蔓延	≤12
2	低度火险	难以燃烧	难以蔓延	12～35
3	中度火险	较易燃烧	较易蔓延	35～60
4	高度火险	容易燃烧	容易蔓延	60～85
5	极度火险	极易燃烧	极易蔓延	>85

5.4 土壤荒漠化监测评估

土壤荒漠化是指包括气候变异和人为活动在内的种种因素造成的干旱、半干旱和亚湿润干旱区的土地退化。土壤荒漠化主要是由于降雨量稀少、蒸发量大、大风吹蚀、流水侵蚀、土壤盐渍化等导致的土壤生产能力下降甚至丧失,主要表现为盐渍化、草场退化、水土流失、土壤沙化、植被荒漠化等等,最终结果大多是沙漠化。按照主导因素可将荒漠化划分为风蚀荒漠化、水蚀荒漠化、盐渍荒漠化和冻融荒漠化,其中分布最广的是风蚀荒漠化,且主要分布在干旱半干旱地区。

5.4.1 土壤荒漠化监测研究进展

荒漠化主要表现为一段时间内区域由非荒漠转化成荒漠的过程,而监测的主要目的就是识别出其发生的区域及变化。在遥感技术应用于土壤荒漠化监测之前,主要是通过对研究区内某一特定点的土地退化程度与类型进行连续的调查与记录来监测土壤荒漠化程度及变化。这种人工观测方法适用小空间尺度的监测,对大空间范围土壤荒漠化实况及变化的代表性不足,同时,由于人工观测存在一定误差,监测精度有限。随着对大范围土壤荒漠化监测需求的日益旺盛,遥感、GIS等技术被逐渐应用到荒漠化监测中。常用的方法有人工目视解译、监督分类、非监督分类以及植被指标法等。在实际应用中,通常选择其中的一种或结合几种方法进行分类的提取(崔春旸 等,2018)。早期基于遥感技术的荒漠化监测与评价主要使用经验性目视解译方法,目视解译融合了光谱信息在图像上表现的色调、色彩以及几何特征、纹理、阴影、相互关系等,在研究人员专业知识和经验基础上综合分析和判断,对土壤荒漠化的判识精度较高,但大面积监测效率低,且受解译人员主观因素影响较大,逐渐被其他效率和定量化程度更高的技术所代替(吴见 等,2009)。监督分类法基于荒漠化区域实地观测资料,以实际荒漠化区域为训练样区,作为荒漠化土壤提取的判别依据,将具有与样本相似特征并满足一定规则的像元提取出来。相比目视解译法,监督分类大大提高了工作效率。主要方法有最小距离法、最大似然法、马氏距离法等(Fang et al.,2004)。非监督分类法进一步提高了荒漠化土壤提取效率,在分类过程中不输入任何先验知识,仅依靠统计方法进行判别,依据像元间相似度大小进行归类合并即相似像元归为一类。非监督分类虽进一步提高了分类效率,但降低了分类精度,其主要方法有动态聚类、模糊聚类、系统聚类和分裂法。毛晓利等(2005)利用非监督分类对毛乌素沙漠南缘的定边县土壤荒漠化变化进行了分析。将植被作为陆地表面主体,能够综合体现土地质量,植被动态研究不仅可以反映植被退化状况,同时也为荒漠化监测提供可靠基础数据,因此通常选用植被因子作为荒漠化的评价指标。很多学者通过植被指数求出植被覆盖度,利用植被覆盖度分割获取荒漠化程度信息(牛宝茹,2005)。

5.4.2 宁夏土壤荒漠化特征

宁夏地处内蒙古高原与黄土高原过渡地带,被腾格里沙漠、乌兰布和沙漠和毛乌素沙地包围,生态环境复杂且敏感,86%的地域年降水量不足300 mm,水土流失严重,受地理位置、自然环境、气候要素以及人类活动等的影响,荒漠化态势严重。赵卓文(2017)通过研究2000—2014年宁夏土壤荒漠化变化发现,其发生区域主要位于贺兰山、六盘山、银川中部、青铜峡和中宁县部分地区,2005年、2010年和2014年发生荒漠化的区域分别占总面积的15.82%、11.61%和7.79%,比例正逐渐减小,重心有向北部迁移趋势,且表现为随高程和坡度增加,比例有先减后增规律。

宁夏气象部门自20世纪90年代,开始开展基于遥感技术的土壤荒漠化遥感监测,目前主要参考国家林业局2009年《第四次全国荒漠化和沙化监测技术规定》中的第四次全国荒漠化和沙化监测调查指标体系,以及葛超英等(2018)基于国产高分一号卫星数据建立的荒漠化遥感信息产品指标体系。盐池县是宁夏典型的风蚀荒漠化地区,本研究以盐池为例,介绍宁夏的荒漠化遥感监测业务工作。选取植被覆盖度作为荒漠化监测因子并确定风蚀荒漠化分级指标,植被覆盖度公式为:

$$\mathrm{FVC}=\frac{\mathrm{NDVI}-\mathrm{NDVI}_{soil}}{\mathrm{NDVI}_{veg}-\mathrm{NDVI}_{soil}} \tag{5.29}$$

式中,FVC表示由归一化植被指数计算而来的植被覆盖度,取值范围0~1,NDVI_{soil}代表完全是裸土或是无植被覆盖区域的NDVI值,NDVI_{veg}代表完全被植被所覆盖区域的NDVI值,即纯植被像元的NDVI值。实际应用中,经常将植被覆盖度的公式近似表达为:

$$\mathrm{FVC}=\frac{\mathrm{NDVI}-\mathrm{NDVI}_{min}}{\mathrm{NDVI}_{max}-\mathrm{NDVI}_{min}} \tag{5.30}$$

式中,NDVI_{max}和NDVI_{min}分别为区域内NDVI的最大和最小值。由于存在噪声,NDVI_{max}和NDVI_{min}一般取一定置信度范围内的最大值与最小值,NDVI_{min}取值为5%置信区间,NDVI_{max}取值为95%置信区间,具体分级指标见表5.21。

表5.21 宁夏风蚀荒漠化程度分级指标

	Ⅰ级	Ⅱ级	Ⅲ级	Ⅳ级	Ⅴ级
植被覆盖度	≥55%	40%~55%	25%~40%	10%~25%	<10%
等级划分	非荒漠化	轻度	中度	重度	极重

分析基于GF-1/WFV的宁夏盐池县土壤荒漠化监测结果,空间上,非荒漠化土壤主要分

布在东北和东南部地区，重度荒漠化主要分布在西北和中西部地区；时间上，近 4 a 荒漠化变化不大，发展趋于平稳，土地退化得到了有效控制，主要得益于“退耕还林”“生态移民”等生态保护修复工程的大力实施。2020 年，盐池县极重荒漠化面积占总面积的 11.23％、重度荒漠化面积占 16.59％、中度荒漠化面积占 21.13％、轻度荒漠化面积占 19.44％、非荒漠化面积占 31.61％。荒漠化面积比 2019 年减少 4.95％，非荒漠化面积为近 4 a 最大，但由于盐池县西北部植被生长季降水偏少，植被长势较差，极重荒漠化面积有所增加(图 5.33)。

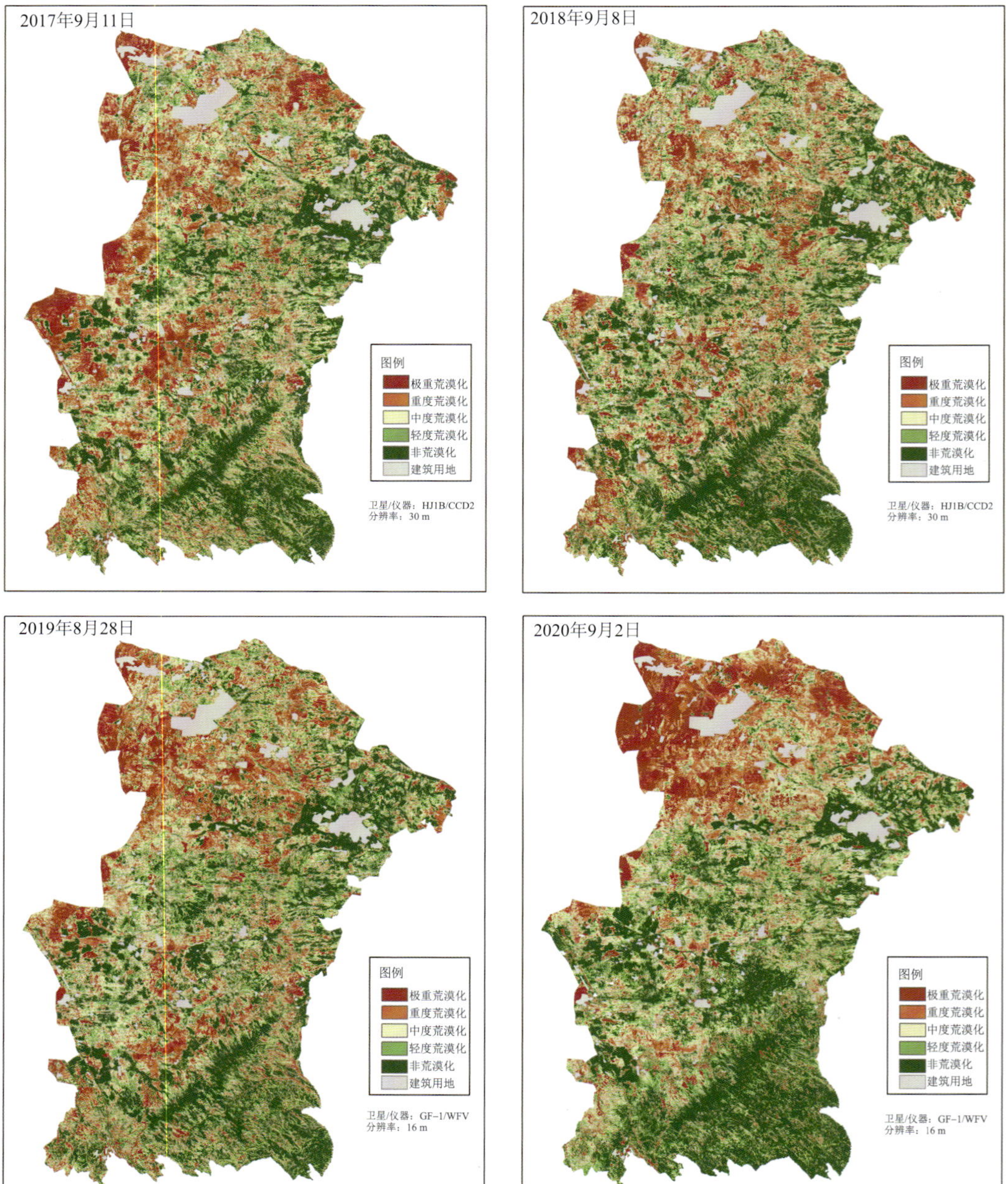

图 5.33　2017—2020 年盐池县土壤荒漠化监测图

5.5 土壤盐渍化监测评估

5.5.1 土壤盐渍化监测研究进展

土壤盐渍化是指在特定气候、水文地质、地形地貌及土壤质地等自然因素综合作用下，由于不合理的人类活动与脆弱的生态环境相互影响而引起的土地质量退化过程，大约占到了总陆地面积的1/4，主要分布在干旱、半干旱农业灌溉区。我国盐渍地分布面积大、范围广，现有耕地中盐渍化面积达到9.209×10^{6} hm^{2}，占全国耕地总面积的6.62%，而且还在不断增加。

土壤学者、生态学者、环境学者、生物学者从不同方面针对土壤盐渍化的发生、发展过程和治理进行了研究。国外学者大约在20世纪70年代就开始利用航片数据监测土壤盐渍化。直到80年代初期，大部分学者主要研究盐渍化土壤和盐生植被的监测和制图，并开始利用多个时相的遥感影像进行对比分析。这一时期，一部分学者通过目视判读方法进行遥感影像的解译，另一部分学者用最大似然分类方法提取土壤的信息。在20世纪90年代后，随着空间技术的迅速发展，多平台、多时相、多传感器、多光谱和高空间分辨率的遥感数据开始广泛应用于土壤盐渍化信息提取。虽然遥感分析方法逐渐增多，但目视判读仍为土壤盐渍化动态监测的主要方法，与之前的研究相比，内容更加广泛，并且从原来静态的定性的研究过渡到动态的定量的研究。

Dwivedi等(1992)提出蓝波段、红波段、中红外波段合成影像获取盐渍土信息量最佳。Bao等(1995)把盐渍化土壤的光谱特征作为研究重点，发现与一般耕地相比，盐渍化土壤在可见光和近红外波段光谱反射强；随着盐渍化程度的增加，盐渍化土壤的光谱反射也增加；在红光和绿光波段，太阳高度角、地表覆被类型、土壤水分、土壤质地等因素对盐渍化土壤光谱有一定的影响。Khan等(2001)通过研究土壤盐分的敏感响应波段，确定遥感影像中由红波段和蓝波段构成的盐分指数(SI)能很好地反映土壤盐渍化程度。Gebremeskel等(2018)将不同灌溉方式、不同土壤深度的水样与国际标准进行比较，并利用地统计学插值形成了pH、EC和钠吸附率的空间连续表面，定量、定性相结合分析了埃塞俄比亚北部的土壤盐渍化数量结构和空间格局特征，认为应合理利用农业灌溉来减轻盐渍化状况；Chervan等(2019)基于土壤化学数据，运用GIS软件和定性差值法获取了白俄罗斯Soligorsk矿区的土壤盐分时空变化，提出了以种植耐盐农作物来改良盐渍土的方法。Farifteh等(2007)利用ANN和偏最小二乘回归(PLSR)算法结合实测土壤光谱反射值对土壤盐渍化进行了预测。

在我国，卫星遥感技术早在20世纪70年代就已经尝试用于土壤盐渍化的监测，但由于技术的不成熟和理论基础的限制，没有取得较大的成果。从20世纪80年代开始，戴昌达等(1986)首先利用红外航片、卫星图片等对黄淮海平原地区的土壤盐渍化进行了研究，他们通过深入剖析和识别地物的光谱特征来判断盐碱土的消长变化，同时还可以对一定时间段内土壤盐渍化的演变趋势进行一定的预测，取得了初步的成效。随着遥感技术的发展与进步，越来越多的学者开始开展不同方法的尝试。在光谱处理方面，国内学者利用遥感技术对盐渍化土壤的光谱特征进行分析研究。吴昀昭等(2003)在对盐渍化土壤的光谱特征分析中指出，可见光、近红外和短波红外波段可以作为特征波段应用于土壤盐渍化监测中。扶卿华等(2007)通过对土壤盐分与光谱反射率之间的相关研究分析，发现对土壤盐分的响应敏感光谱波段在0.45～

0.59 nm 范围内。黄帅等(2016)认为不同盐渍化水平下土壤的光谱形态上基本一致,盐分含量和光谱反射率之间的变化不规律。张智韬等(2019)利用无人机搭载多光谱相机提取盐渍化土壤光谱信息,然后通过光谱反射率与含盐量的相关性分析,发现 5、6 波段是土壤含盐量反应敏感的波段。

与一般土壤光谱特征相比,盐渍化土壤在可见光波段和近红外波段光谱反射率强。国内学者根据盐渍化土壤光谱特征提出了众多盐分指数模型。王飞等(2010)采用 NDVI-SI 特征空间构建土壤盐渍化遥感监测指数(SDI)模型,实现了盐渍化信息的提取及动态监测。贾科利等(2012)利用植被冠层的植被指数对龟裂碱土盐碱化信息进行预测,结果表明,水稻冠层植被指数可以准确地预测龟裂碱土的碱化程度。丁建丽等(2013)从遥感影像中提取了修改型土壤调整植被指数(MSAVI)和湿度指数(WI),并基于此构建了 MSAVI-WI 的二维特征空间用于干旱区绿洲的土壤盐渍化监测。陈红艳等(2015)通过对植被指数进行改进来反演土壤盐渍化情况,张同瑞等(2016)则利用便携式多光谱相机采集数据并构建不同的盐分估算模型,通过模型优选来反演和分析土壤盐分状况。卢晶等(2020)采用 MSAVI-SI 特征空间并构建改进型盐碱化监测指数(MSDI)模型反演河套灌区盐度,其精度可靠性较高。

尽管这些模型为土壤盐渍化遥感监测提供了新的方法,但传统的多光谱遥感技术很难实现土壤盐渍化的定量检测,在复杂的地表环境下,单纯地采用传统多光谱影像的土壤光谱特征很难准确反映土壤盐渍化信息,尤其是很难区别中度盐渍化和轻度盐渍化土壤(朱高飞 等,2013;马驰,2014)。而高光谱数据,能够获取纳米级的连续光谱信息,能反映盐渍化土壤细微的光谱特征。马诺等(2008)利用高光谱数据以及实测数据对焉耆盆地内盐渍化土壤光谱曲线进行分析时发现,研究区域内盐渍化程度越高其光谱反射率也随之增高。屈永华等(2009)通过采集土壤样品,利用高光谱数据与土壤盐分建模来对土壤参数进行反演。翁永玲等(2010)利用 Hyperion 高光谱,采用偏最小二乘法,建立土壤含盐量与光谱反射率之间的关系,用以定量估算土壤的盐碱含量。丁建丽等(2012)基于实测高光谱数据建立了遥感监测模型,可以准确提取盐渍化土壤信息。

但由常规获取的"点状"地物光谱信息生成的空间分布往往具有滞后性,造成大面积地物信息很难被快速获取。姚远等(2013)以实测土壤光谱数据与盐分数据建立盐分指数,并且与 TM 影像结合提取土壤盐渍化信息,与传统多光谱影像提取相比,其反演精度和检测水平明显提高。关红等(2017)将高光谱数据和传统 Landsat8 OLI 影像数据结合,通过尺度转化,由原位采集的高光谱盐分指数修正传统遥感影像盐分指数,发现提取的区域土壤盐渍化信息精度明显提高,解决了实测数据和影像之间的时间滞后性问题。孙亚楠等(2020)以高光谱数据和 Landsat8 OLI 多光谱数据进行土壤盐分的监测研究,发现构建并筛选特征光谱指数可以有效地应用于土壤盐分的反演。

随着无人机技术的日趋成熟,无人机与遥感传感器结合形成无人机遥感监测手段,与传统的遥感监测相比,无人机遥感监测具有高时效、高机动性、高空间分辨率等优势,在监测土壤盐渍化的过程中使用逐渐增多。张智韬等(2019)利用无人机搭载多光谱相机提取盐渍化土壤光谱信息,然后通过光谱反射率与含盐量的相关性分析,发现 5、6 波段是土壤含盐量反应敏感的波段。梁静等(2019)利用无人机获取反射光谱与多光谱数据研究艾比湖实地的土壤盐渍化情况,利用两种不同分辨率的数据进行联合应用构建模型,提取的盐分信息更加精确化。姚志华等(2019)以河套灌区的盐渍土为研究对象,用无人机多光谱相机获取了耕地的遥感影像,有效地预测了研究区土壤盐分含量，模型决定系数 R^2 最高达到了 0.717。杨宁等(2020)通过无人机获取多光谱遥感图像数据，研究内蒙古河套灌区与沙壕灌区试验区内不同深度土壤盐分，更为真实地反映该区域土壤盐渍化的真实情况。

5.5.2 宁夏土壤盐渍化现状及问题的提出

5.5.2.1 宁夏土壤盐渍化现状

宁夏地处西北地区东部，黄河上游，气候为中温带大陆性气候，平均年降雨量 193～203 mm，蒸发量大于降雨量，水资源总量仅占全国水资源总量的 0.04%。宁夏引黄灌区面积共有耕地 40 多万公顷，其中，盐渍地面积约为 15 万 hm^2，非盐渍地面积约为 30 万 hm^2。其中重度盐渍地面积约 1.98 万 hm^2，中度盐渍地 3.42 万 hm^2，轻度盐渍地 9.39 万 hm^2，分别占总耕地面积的 4.5%、7.8%和 21.3%。因此，宁夏的农业生产受到了严重影响，急需改造治理(李茜 等，2007)。

5.5.2.2 宁夏土壤盐渍化成因

土壤盐渍化发生是在一定气候、水文、地质等综合作用和人类不合理的活动，共同对土壤中的水盐运移产生影响的结果。

(1)自然因素

宁夏属内陆大陆性气候，气候干燥、气温日较差大、光照充足、太阳辐射强，高山、平川、沙漠和戈壁等兼而有之，地下水位高的地带土壤盐分随毛管水上升到地面后，强烈的蒸发使盐分聚集，土壤逐渐形成盐土(李茜 等，2007)。

土壤孔隙度的大小由土壤质地决定，土壤质地状况影响盐分的积累。宁夏土壤多为粉砂质，结构松散，透水性极强，毛管孔隙直径大小适中，地下水借土壤毛细管上升速度快、上升高度大，地下水临界深度大，土壤易产生盐渍化。

宁夏地区尤其银川平原，地下水滞留，蒸发作用使地下水含盐量增大，矿化度较高，地下水位较浅，造成土壤盐渍化，可溶盐类随水运行至地表，为土壤盐渍化提供了大量的盐类物质。

(2)人为因素

宁夏发生次生盐渍化的一个主要原因是灌溉不当。当发生洪涝或大水漫灌时，水分较长时间覆盖在土壤上面，土壤毛细管被水分填充，使地下水与表层水连通，地下水位提高，洪水退去表层水蒸发时，地下水中的盐分会在土壤表层过量积累，引起土壤盐渍化。宁夏绝大部分地区采用引黄河水而进行大水漫灌，这样如同发生洪涝，极易引发土壤盐渍化。

植被破坏。人类活动破坏了原有植被，不合理的农业生产耕作方式、单一的种植品种都是导致土地盐渍化的原因。原有植被经过多年的积累，残根、茎叶腐烂后产生的酸性物质，中和掉部分地表的盐分，植被根系扎到土壤深层吸收水分的同时也作为地表水分和空气上下运行的通道。人类介入后，过载放牧、随意开垦草原、种植农作物、疯狂掠夺盐渍地薄弱的植被，致使地表长期积水，枯水后变成盐碱地。

土壤耕作方式。受传统农业影响，连年的翻耕切断了作物的根系，也因此切断了水分和空气在土壤中上下运行的通道。翻地把地表仅有的植被翻入地下，使地表完全处于裸露状态，春季大风使土壤内的水分大量蒸发，盐分随水分向上走而积于地表，久而久之，造成土壤的次生盐渍化。在施用化肥后，有效成分被作物吸收后，剩余的部分会残留在土壤中，随土壤水分蒸发沿毛细管上升，最终集聚在土壤表层，如硫酸铵、氯化铵等。因为这些肥料中可利用的成分被吸收后剩下的硫酸根、氯根等在土壤中产生硫酸盐、氯化物，使土壤内盐离子浓度增加，加重土壤盐渍化程度。

5.5.3 石嘴山市土壤盐渍化动态变化遥感监测

石嘴山位于宁夏回族自治区北部，东西宽约 88.8 km，南北长约 119.5 km，按地形可分为贺兰山山地、贺兰山东麓洪积扇冲积平原、黄河冲积平原和鄂尔多斯台地 4 种类型。为典型的温带大陆性气候，属于干旱和半干旱地区；日照充足，降水集中，蒸发强烈。土壤类型以淡灰钙土、新积土、风沙土、盐土、潮土及石质土等为主，盐碱地分布广泛，严重制约地区生态平衡、农业生产及经济发展。

宁夏气象部门利用 GF-1/WFV 16 m 分辨率影像数据，运用 ENVI 5.3 对影像进行数据融合、辐射定标、大气校正、几何校正、区域裁切及镶嵌等标准化预处理。采用随机森林分类法提取 2018—2019 年石嘴山市中度以上盐渍化土壤面积。监测结果显示，2018 年中度以上盐渍化土壤面积为 141.20 km^2，2019 年为 140.55 km^2，2020 年为 146.17 km^2（图 5.34）。

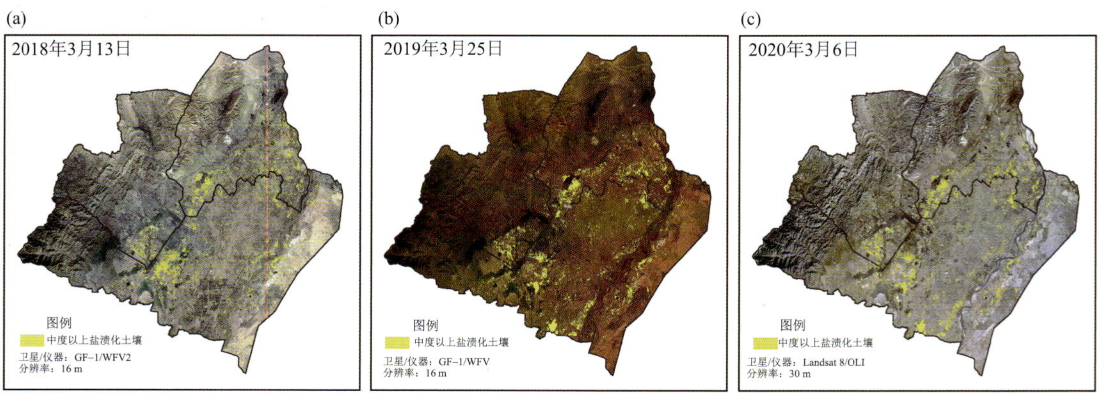

图 5.34 2018—2020 年石嘴山市中度以上盐渍化土壤空间分布图

(a)2018 年；(b)2019 年；(c)2020 年

5.6 本章小结

本章以宁夏主要的生态气象灾害监测评估预报为主，详细介绍了干旱、黄河凌汛、森林火险、土壤荒漠化、土壤盐渍化等的遥感监测评估预估的研究进展，以及宁夏针对这几种生态气象灾害所开展的业务、科研以及服务的情况。

（1）在干旱遥感监测方面，宁夏气象部门近年来先后开展了基于 EOS/MODIS 的 MTVDI、MEI 和 MPDI 的干旱遥感监测，基于 FY-3/VIRR 的传统的 TVDI 干旱遥感监测，以及基于 FY-3/MERSI 的深度信念网络 DBN 的土壤水分自动监测。近 3 a 来，宁夏业务化运行的自动土壤水分站达 120 余个，将土壤水分遥感监测结果与地面自动土壤水分站监测结果进行数据融合，实现了根据土地利用或生态系统类型进行分类监测评估土壤水分的精细化监测。基于该研究成果，宁夏在提高土壤湿度的空间密度和准确性，分生态系统和下垫面类型，结合植物物候期等方面开展了干旱监测的业务工作。

(2)在黄河凌汛监测评估及预报方面，对比分析了不同空间分辨率(中低、中高、近地面无人机及近地面高光谱)、不同监测技术方法(目视解译、指标、公式模型、UNet 语义分割和多尺度卷积深度学习技术)在监测黄河宁夏段冬汛期的流凌密度、封河上首位置、封河长度、漫滩区信息等方面监测的优劣，并根据遥感监测结果，结合精细化天气格点预报结果，实现分河段的流凌密度、封河速度的定量化预报预测。

(3)在林火遥感监测方面，介绍了宁夏开展林火监测的技术流程、指标方法以及基于语义分割的林火遥感监测方法。同时，简单介绍了宁夏森林火险气象等级预报的指标模型研制情况及业务开展情况。

(4)最后，以宁夏的盐池和石嘴山为例，简单介绍了土壤荒漠化和土壤盐渍化的遥感监测研究进展、存在的问题，以及在宁夏典型区域开展遥感动态监测评估的科研和业务服务情况。

第6章 特色农业遥感

6.1 主要特色作物种植信息自动提取

作物种植结构是作物空间格局的主要组成部分之一，是一个地区或生产单位内农作物的组成和布局，主要包含作物的类型及其空间的分布状况。及时、准确地获取作物种植结构及其时空动态变化信息，不仅是区域作物产量估测、农业结构优化调整及区域农业资源（水资源、土壤资源）的综合科学利用的主要依据，同时也可为智能化的精准农业气象服务提供可靠的底层数据支撑。

6.1.1 作物种植信息提取技术的发展

传统的逐层统计汇报和实地测量方法误差大、耗时耗力，且缺乏直观的空间分布信息。而遥感技术因覆盖范围大、探测周期短、现势性强和费用成本低等优点，被广泛应用于土地利用、地表覆盖调查等对地观测活动中，为快速和准确获取大范围的农作物种植结构信息提供了新的技术手段。在提取方法方面光谱特征、时相特征和空间特征是作物种植结构遥感提取的三大理论基础。传统提取方法有单一影像源法、时间序列影像法（包括单一特征参量法和多特征参量法）和遥感影像与统计数据融合法。

随着数据挖掘技术的迅速发展，利用机器学习技术从遥感影像中提取农作物精细空间分布信息逐渐发展成为一个丰富的研究体系。一些新的非参数分类器，如集成 Boosting（提升方法）算法的 See5.0、回归决策树、随机森林等被广泛应用到农作物种植结构信息提取中，此类分类器能够同时分析海量特征参量，综合多种特征量的“组合优化”，挖掘不同作物识别的最佳特征量及阈值，提高阈值法中特征量及阈值选取的客观性。这些基于浅层机器学习的特征提取方法一般采用像素的通道值作为输入，利用计算机实现复杂的数学运算，以得到区分性较好的特征。但由于这些特征提取方法没有考虑或较少考虑像素的空间相关性信息，故提取到的特征信息区分能力不够理想。基于机器学习的作物种植空间信息提取技术逐渐成为农业遥感领域的热点问题。

6.1.2 基于深度学习的特色作物种植信息自动提取技术

特征选择和提取是提取农作物空间分布信息的重要步骤，光谱特征、纹理特征和物候特征在识别农作物方面各有优势，利用多特征结合成为目前农作物遥感分类与识别研究的主要途径。通过特征提取方法，获取具有较高一致性和代表性的特征，保证所提取的特征既有较高的类内聚合度，又有较高的类间区分度，是提高遥感分类识别精度的关键。卷积神经网络（Convolutional Neural Network，CNN）具有较强的特征提取能力，利用 CNN 提取农作物特征在农作物遥感分类识别中得到了广泛的应用，极大地促进了农作物遥感分类和识别技术的发展。但使用传统卷积神经网络提取的特征中，同类像素的特征间可能存在较大的不一致性，突出表现为：同一对象边缘像素的特征值与内部像素的特征值往往会存在较大的差异，以及不同区域同类像素也往往存在一定的差异。这种不一致性对分类结果的精度有较大的影响。如何利用卷积神经网络等技术从遥感图像快速、准确地获取大范围的农作物空间分布信息不断得到重视。本研究以卷积神经网络为基础，提出了双路卷积神经网络、密集连接卷积神经网络、增强的卷积神经网络、扩展的残差网络、金字塔网络等。

6.1.2.1 WFCNN 模型

在经典的卷积神经网络模型中，SegNet 模型具有结构清晰、便于理解的优势，但特征提取器仅利用最后一层抽象特征生成最终的特征图，不能充分利用浅层特征提供的细节信息，导致特征区分能力不理想；RefineNet 模型利用多路径结构融合不同抽象级别特征，有效提高了特征的区分能力，但模型结构略复杂。另外，模型采用定权融合方式，不能表达不同抽象级别特征的作用。

WFCNN（Weight Feature value Convolutional Neural Network）模型综合吸收了 SegNet 模型和 RefineNet 模型的优势，包含了 1 个编码器和 1 个分类器。编码器首先获取 1 组光谱特征和 5 级语义特征，然后利用线性融合方法对语义特征进行分级融合，并使用一个调整层对融合得到的特征进行优化调整，所采用的变权融合策略有利于保证像素特征的稳定性，最后将融合后的语义特征与光谱特征合并形成特征图；分类器采用 Softmax（柔性最大传递函数）模型，用于完成逐像素分类。WFCNN 模型主要包括编码器、解码器、分类器三部分。其中，编码器用于提取多种级别的抽象特征，解码器用于融合粗糙的高级语义特征和精细的低级语义特征，编码器和解码器互相配合，共同完成特征提取任务，为每个像素生成结构一致的特征向量；分类器使用获取的特征向量，完成逐像素分类。在训练模型时，使用图像块及相应标记文件作为输入，而使用训练成功的模型对图像进行分割时使用待分割图像作为输入；在模型训练阶段，使用模型进行分割时模型输出均为逐像素的标注结果（图 6.1）。

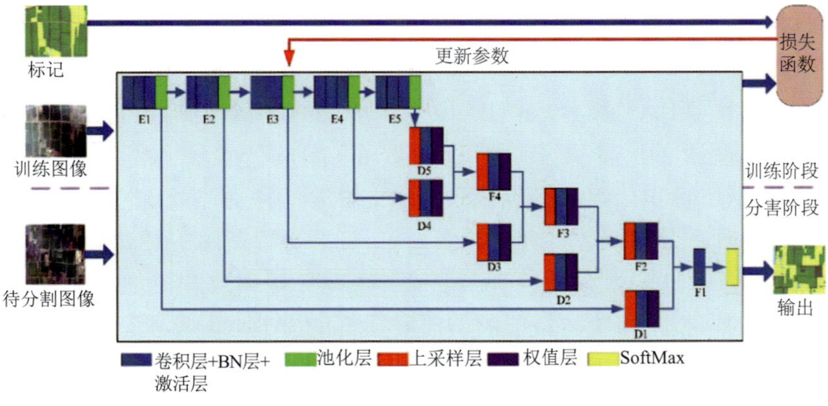

图 6.1　WFCNN 模型的结构示意图

(1)编码器

编码器由 5 个串联的特征提取单元组成,能够为每个像素提取 5 个级别语义特征信息。每个特征提取单元包含 3 个卷积层:一个 BN 层(Batch Normalization)、一个激活层和一个池化层。编码器总共包含 15 个卷积层,表 6.1 给出了每个卷积层使用的卷积核数量。这种结构设计的优势在于充分考虑了高分 1 号、高分 6 号遥感图像的空间分辨率与地物覆盖面积的比例关系对于卷积计算的影响,在保证能够提取到足够的语义特征基础上,避免了使用过深的卷积结构可能导致特征值出现噪声较大的问题,有利于分类器进行逐像素分类计算。

表 6.1　每个卷积层使用的卷积核心数量

卷积层号	使用的卷积核数量
1,2,3	64
4,5,6	128
7,8,9	256
10,11,12,13,14,15	512

激活层使用卷积神经网络中应用较广的 ReLU 函数(rectified linear unit)作为激活函数。池化运算具有加速特征聚集的作用,能够淘汰掉区分度差的特征值,有利于分类器的分类运算,但池化运算一般会导致特征图的分辨率降低,从而影响分割精度。在两种对象的边缘区域进行池化运算时,由于两个相邻的像素往往属于不同的类别,很容易出现将某种类别的特征值应用于另一种类别的像素上。在细节丰富的相机图像上或较浅的卷积层进行池化运算时,上述问题的影响尚不明显,但在较深的卷积层进行池化运算时,上述问题会对特征提取产生较大的影响。

在 WFCNN 模型中使用了一种新的池化策略,具体措施为:在第 E1、E2、E3 这三个特征提取单元中,使用了 2×2 型池核,池化步长为 2,以便发挥池化运算能够加速特性聚合优势。在特征提取后期,E4 和 E5 单元中的池化层的步长调整为 1,池内核的大小仍然是 2×2,但是当功能块的大小小于参与池操作池大小的内核,内核池的大小调整以匹配功能块,通过 E4 和 E5 的两个单元输出特征图的尺寸保持不变。

(2)解码器

解码器由 D5、D4、D3、D2 和 D1 等 5 个解码单元和 F4、F3、F2 和 F1 等 4 个融合单元组成,解码单元 D5、D4、D3、D2、D1 分别与编码单元 E5、E4、E3、E2、E1 对应,用于对相应的编码单元进行解码。融合单元 F4、F3、F2 和 F1 用于对解码单元得到的特征值进行融合。除 F1 仅包含 1 个池化层外,其他 8 个解码单元的结构一样,每个解码单元均包括 1 个上采样层、若干个卷积层和 1 个权值层。

上采样层是一个反卷积层,用于将特征图的尺寸进行恢复,WFCNN 模型采用了逐步恢复的策略,每次调整时行数和列数将分别扩大一倍,最后将特征图的行列数恢复到与原图像一致。卷积层的作用是对上采样后的特征值进行调整,保证参与融合的特征图的结构一致。WFCNN 模型采用的调整策略为将特征图的深度降低的方式,解码器最后能够为每个像素生成一个长度为 64 的特征向量(表 6.2)。模型采用逐步融合策略,每一步均使用线性相加模型实现特征值融合,线性模型的系统通过训练过程得到。

表 6.2 每个解码单元的特征图层数变化

单元号	调整前层数	调整后层数
D5	512	512
D4	512	512
F4	512	256
D3	256	256
F3	256	128
D2	128	128
F2	128	64
D1	64	64
F1	64	64

(3)分类器

WFCNN模型使用SoftMax模型作为分类器，SoftMax模型广泛应用在FCN、SegNet、DeePLAB、RefineNet、UNET等模型中。在WFCNN模型中，SoftMax分类器使用解码器产生的64层的特征图作为输入，逐像素计算该像素归属于每一个类别的概率，组织成类别概率向量作为输出。WFCNN模型使用最大概率值对应的类别作为像素的类别。

6.1.2.2 EFFNet模型

WFCNN模型是以卷积神经网络为基础构建的，该模型注重合理利用语义特征，所提取的整体结果具有较高的精度，但在种植区域的边缘方面，提取效果不太理想，突出表现是边缘比较粗糙，几何形状与实际种植区域的形状差别较大。经过分析，是因为在遥感图像中不同地物类型交界处像素值通常会发生强烈的灰度变化而导致。考虑有研究者将边缘信息与深度学习方法相结合进行特征提取，从而弥补语义分割中的边缘信息丢失，提高了模型分割精度。提出了利用边缘特征与语义特征有效融合提高特征质量，以得到更好的分割结果的策略。

改进后的模型命名为EFFNet模型，使用遥感图像及对应的边缘图像作为输入，由1个编码器、1个解码器和1个分类器组成。编码器包含两组特征提取单元，一组直接从遥感图像中提取语义特征，一组从遥感图像和边缘图中提取边缘特征；解码器使用分级策略对编码器生成的特征图进行上采样及特征融合，以降低对象边缘像素与对象内部像素的特征差异；分类器根据解码器得到的特征图完成逐像素的分类。在训练模型时，需要使用与输入的遥感图像块对应的标记图块作为参考图像，用于计算损失值；在模型训练阶段、分割测试时，模型输出均为逐像素的真值结果(图6.2)。

EFFNet模型的优势在于有效利用了边缘特征在提高特征一致的作用，达到了提取高质量特征的目的。由于卷积神经网络在提取特征时是以图像块作为基本单元，随着感受野不断扩大，图像块中的像素不一致性增强，导致提取出的高级语义特征的不一致性进一步变大，在这种情况下，需要引入其他信息以提高语义特征的一致性。

对比SegNet及EFFNet模型相同卷积层特征提取后的可视化结果，边缘特征图中枸杞地块特征值内部差异小，与周边其他地块差异大，且道路、裸地和其他作物也可以有效区分，说明使用相同网络结构提取得到的语义特征与边缘特征融合后得到的特征图，类间的差异大而类内的差异小(图6.3)。

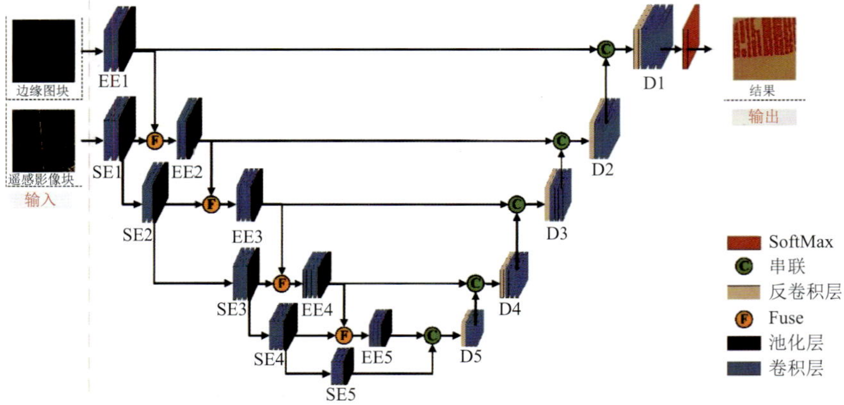

图 6.2　EFFNet 模型结构图

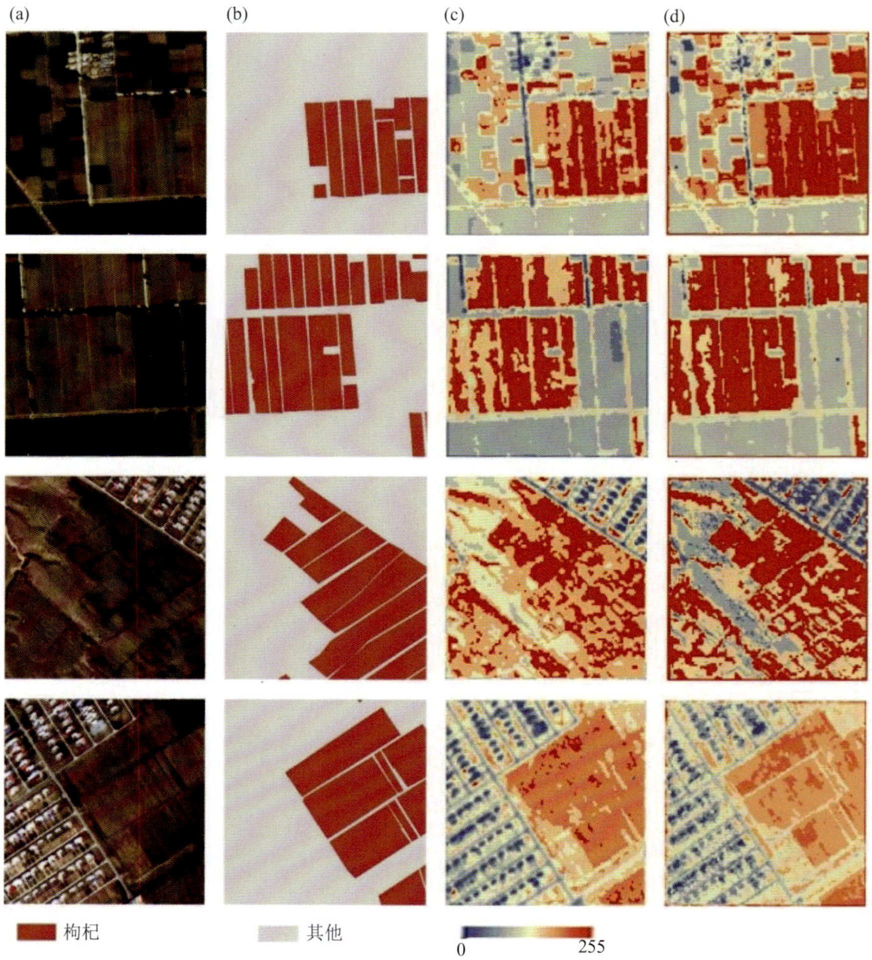

图 6.3　特征提取的可视化对比图

(a)原始图像;(b)人工标记图;(c)EFFNet 2 个特征提取单元后的边缘特征图;

(d)SegNet 2 个特征提取单元后的语义特征图

分析三个模型最后一层特征图的特征值分布,横坐标为特征值,纵坐标为同一特征值的像素数量。SegNet 模型得到特征的一致性有不同程度的分散情况,而 EFFNet 模型和EFFNet-1模型由于在生成特征时加入了边缘特征，特征的一致性均明显优于对比模型。EFFNet 得到的特征图中，类别为枸杞的像素点与其他类的像素点特征值差异较大，易于区分两个类别的像素，这是 EFFNet 模型的提取结果优于其他模型的根本原因。

在 EFFNet 模型中，采取了分级融合的策略，在提取特征时，利用遥感图像块和边缘图像块生成多级边缘特征；在 EFFNet-1 模型中，采用的融合方式是将从边缘图提取的边缘特征信息融合进语义特征中生成第一级特征图，然后以其为基础提取更高级别语义特征。

尽管 EFFNet 模型和 EFFNet-1 模型提取到的特征的一致性均优于 SegNet 模型，但 EFFNet 模型特征提取结果的一致性明显优于 EFFNet-1 模型特征提取结果的一致性（图 6.4）。

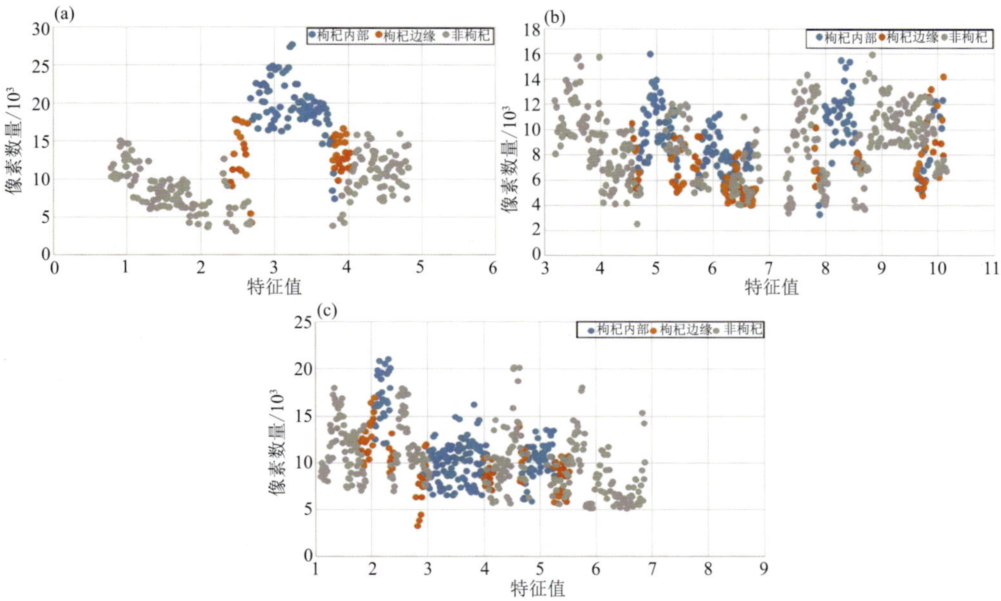

图 6.4 特征值分布图

(a)EFFNet 特征图统计结果；(b)SegNet 特征图统计结果；(c)EFFNet-1 特征图统计结果

基于改进了种植区域边缘提取精度的 EFFNet 模型，利用 2020 年高分二号 PMS 1 m 空间分辨率数据（部分数据缺失区域用 2019 年数据进行补充），采用“深度学习＋目视解译”方法，开展宁夏枸杞、葡萄种植信息提取，空间分布与实际情况吻合（图 6.5）。

6.2 作物长势监测

6.2.1 基于高光谱的作物长势监测

高光谱遥感（Lillesand et al.，1994）（Hyperspectral Remote Sensing）又称成像光谱遥感，始于 20 世纪 80 年代，是指在电磁波谱的紫外、可见光、近红外和中红外区域，获取多个窄波段且光谱连续的图像数据技术。高光谱遥感具有较高的光谱分辨率，通常达到 $10^{-2}\lambda$ 数量级，高光谱技术为遥感在农业中的多层次定量分析与应用开辟了良好前景（姚云军 等，2008）。作物长势是作物生长发育状况评价的综合参数，长势监测是对作物苗情、生长状况与变化的宏观监

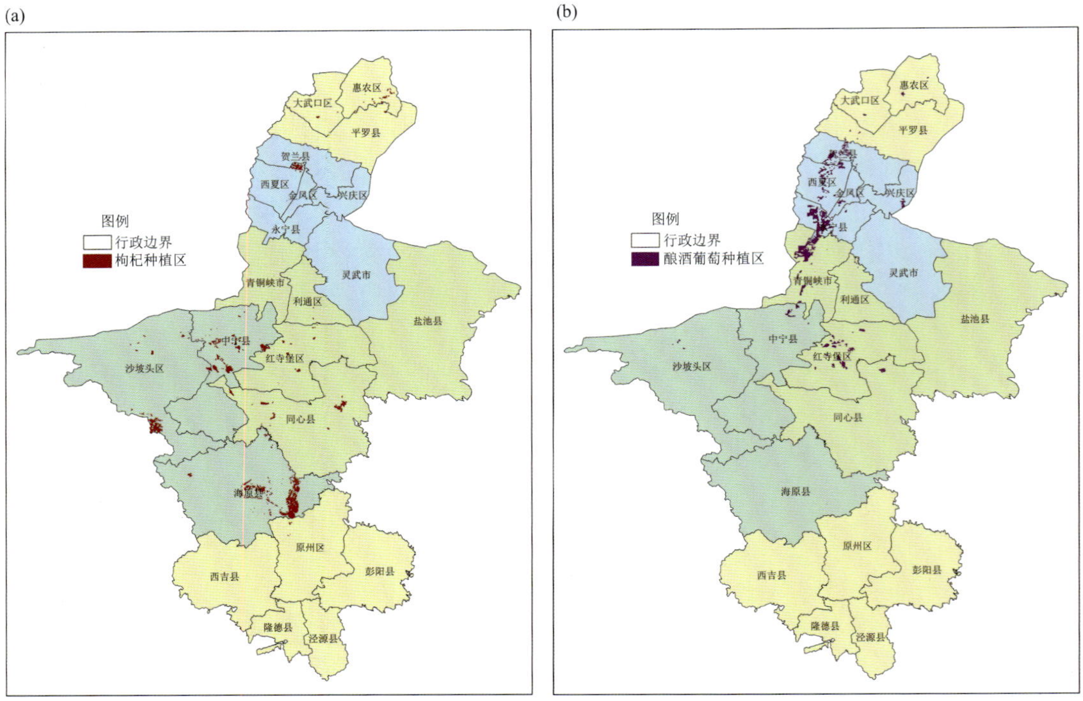

图 6.5　2020 年宁夏枸杞(a)、葡萄(b)种植空间分布图

测。构建时空信息辅助下的高光谱遥感信息与作物生理特性及作物长势之间的关系模型便于作物长势监测，高光谱监测作物长势可分为植被指数以及结合 GIS 技术的动态监测等方法。高光谱遥感可以利用植被指数进行农田地表覆盖类型分类和作物长势监测分析。例如，可以利用高光谱数据，通过分析 NDVI 和 DVI，建立农田区域性覆盖指数模型，反映出区域性作物覆盖分异状况和随季节的变化规律(Yang et al.，2007)。

在基于遥感数据进行作物长势监测的参数中(表 6.3)，主要包括植被指数、生物物理参数和生长环境参数(任建强 等，2010；王鹏新 等，2001；陈仲新 等，2016)。其中，最常用的是利用植被光谱响应敏感波段构建能够反映作物生长状况的遥感指数进行监测，归一化植被指数 NDVI 应用最为广泛。目前，国内外学者利用 NDVI 等植被指数进行了大量研究(Johnson et al.，2016；吴炳方 等，2004；Becker-reshef et al.，2010；史舟 等，2015；黄健熙 等，2016)，并且发现，相比于基于单生育时期植被指数，综合多生育时期的植被指数与作物长势和单产具有更高的相关性(薛利红 等，2005；Ren et al.，2008；何亚娟 等，2012；刘新杰 等，2019；Tian et al.，2020)，这为在区域和国家范围内将多生育时期的植被指数与作物产量联系起来的众多研究奠定了基础。此外，一些学者也开展了以常见作物长势指标，如叶面积指数(Leaf Area Index，LAI)、条件温度指数(Temperature Condition Index，TCI)、条件植被指数(Vegetation Condition Index，VCI)、条件植被温度指数(Vegetation Temperature Condition Index，VTCI)等的适用性和有效性评价研究，为提高作物长势监测的准确性发挥了重要作用(赵虎 等，2011；李艳 等，2014；王蕾 等，2018)。Bolton 等(2013)基于 MODIS NDVI、归一化差异水分指数 NDWI 和使用 2 个波段的增强植被指数(two-band Enhanced Vegetation Index，EVI2)作为特征参数预测美国中部玉米和大豆的单产，结果表明在玉米返青期后的 65～75 d 和大豆返青期后的80 d，EVI2 与非干旱县玉米单产之间具有较高的相关性，而 NDWI 对半干旱县的玉米单产估测性能更好。

表 6.3 主要遥感指标及适用性

类型	名称	定义	指标适用性描述
植被指数	归一化植被指数（Normalized Difference Vegetation Index，NDVI）	近红外波段与红光波段反射率之差与之和的比值	能定量描述绿色植被的丰度、覆盖度和作物长势，适用于植被早、中期生长阶段的动态监测
	比值植被指数（Ratio Vegetation Index，RVI）	近红外波段与红光波段反射率的比值	能够消除大量的地形影响，适用于植被覆盖度较高的区域，可用于检测和估算植物生物量
	差值植被指数（Difference Vegetation Index，DVI）	近红外波段与红光波段反射率的差值	对土壤背景的变化较 RVI 敏感，能较好地识别植被和水体
	增强植被指数（Enhanced Vegetation Index，EVI）	综合处理了土壤背景、大气噪声和饱和度等问题，是 NDVI 的继承和改进	考虑了植被辐射量和植被生物量密度两方面，能解决 NDVI 在高生物量覆盖区易饱和问题，对植被变化的监测具有更高的灵敏性和优越性
	土壤校正植被指数（Soil Adjusted Vegetation Index，SAVI）	描述土壤植被系统的植被指数，解释背景的光学特征变化并修正 NDVI 对土壤背景的敏感	去除了土壤背景信息的影响
	归一化差异水分指数（Normalized Difference Water Index，NDWI）	红光波段与短波红外波段反射率之差与之和的比值	能较好地监测植被冠层的水分含量
	条件植被指数（Vegetation Condition Index，VCI）	通过将某段时间内的 NDVI 值与历史同期值归一化，得到当前时间段的干旱情况	消除了 NDVI 的空间变异，具有不同地区间的可比性；适用于有植被覆盖的区域
生物物理参数	叶面积指数（Leaf Area Index，LAI）	单位土地面积上植物叶片单侧总面积占土地面积的倍数	广泛应用于作物生长模型、冠层反射模型、气候模型等方面
	光合有效辐射分量（Fraction of Photosynthetically Active Radiation，FPAR）	吸收性光合有效辐射在光合有效辐射中所占的比重	广泛应用于各种生产力模型、作物估产模型等方面
生长环境参数	条件温度指数（Temperature Condition Index，TCI）	当前的地表温度与多年来同一时间段地表温度最大与最小值比率	强调温度与植物生长的关系，只需要某一时间序列白天热红外遥感数据
	条件植被温度指数（Vegetation Temperature Condition Index，VTCI）	某一研究区域 NDVI 值等于某一特定值的所有像素间 LST 差异的比率	适用于监测某一特定年内某一时期（如旬）区域级的干旱程度，并可用于研究干旱程度的空间变化特征
	温度植被干旱指数（Temperature Vegetation Dryness Index，TVDI）	一种基于光学与热红外遥感通道数据进行植被覆盖区域表层土壤水分反演的方法	用于研究干旱程度的空间变化特征
	垂直干旱指数（Perpendicular Drought Index，PDI）	在近红外和红光反射率二维散点空间中垂直于经过坐标原点的土壤基线的法线，描述了水分含量在近红外和红光反射率光谱特征空间的分布规律	应用于土壤水分的空间分布特征分析，尤其适用于裸土

6.2.2 基于深度学习的作物长势监测

遥感数据具有明显的大数据特征，是作物长势监测的主要数据源。作物长势与单产密切相关，受光、温、水、土、肥等因子影响，是表征农情和进行作物产量估测预测的重要指标之一，而应用遥感技术表征与作物长势密切相关的监测指标是这些因子综合作用的结果。因此，多种参数结合被广泛应用于区域尺度的作物长势监测和产量估测研究中。此外，海量遥感数据，结合 GIS 技术、GPS 技术、网络技术和计算机技术，可建立服务于农业领域的农情监测系统，对作物长势实现动态监测，对农情灾害以及粮食产量进行快速预报和准确评估(姚云军 等，2008)。近年来，随着大数据技术与深度学习在各领域应用的逐步深入，开展基于多参数和深度学习的从数据到数据的作物长势信息提取是一个重要的研究方向(王鹏新 等，2022)。

深度学习方法可以同时获取局部和全局的空间依赖特征(Zhang et al.，2020)，提取更复杂的特征，从而获得高精度的长势监测及产量估测结果。Yang 等(2019)基于无人机平台获取 RGB 和多光谱图像，使用 CNN 架构学习与水稻籽粒产量相关的重要特征从而实现在水稻成熟期的产量估测。随着 CNN 模型的进一步发展，模型结构复杂度逐渐提升，为减少模型运行的时间成本，吴刚等(2020)在考虑无人机采集图像特性的基础上，选取深度合适、允许原始输入信息直接传到后面层中的 ResNet18 作为识别玉米植株图像的基本网络结构，实现玉米作物营养状况识别。针对长势监测过程中作物发生的倒伏情况，Yang 等(2020)利用无人机获取影像，采用 FCN-AlexNet 和 SegNet 两种神经网络架构建立图像语义分割模型，实现了大面积稻田的水稻倒伏情况估计。为进一步研究不同 CNN 结构对作物长势监测的适用情况，蒋楠等(2021)通过无人机采集可见光影像，分别构建基于 AlexNet、VGGNet、GoogLeNet 三种网络框架的 CNN 模型，实现了棉花花蕾期各项生长参数监测，结果表明，AlexNet 模型在株高和地上生物量方面表现最好；GoogLeNet 模型在叶面积指数监测方面性能最优。张瑞杰等(2021)利用无人机影像建立幼苗期油菜的可见光图像数据集，并由农学专家将作物长势标注为好、一般、较差 3 种情况，选择 5 种 CNN 模型：EfficientNet、ShuffleNet v2、ResNet、DenseNet、ResNeXt 分别进行优化和实验，实验结果显示，DenseNet 的识别精度最高，但是从综合精度和推理时间来看 ResNet 的表现更佳。也就是说，对于具体应用场景，不同深度学习方法的适用性仍需要进一步研究。

6.2.3 基于时空融合模型的作物长势监测

目前基于时空数据融合的田块尺度的作物长势监测方法，可以依据融合方法的不同分为基于混合像元分解、基于权重函数、基于贝叶斯、基于学习和基于混合的 5 类时空融合方法(Zhu et al.，2018)，并已广泛应用于作物种植面积提取(柳文杰 等，2018；牛海鹏 等，2020)、长势监测(Gao et al.，2017；Zhou et al.，2020)及产量估测(Meng et al.，2019；Zhou et al.，2020)。其中，基于学习的时空融合方法可利用机器学习算法学习不同分辨率影像之间的非线性变化关系建立模型，从而获取具有较高精度的高时空分辨率影像。

随着深度学习的不断发展，基于深度学习实现时空数据融合成为一种新的研究思路。Chu 等(2020)使用两个反向传播神经网络(Back-Propagation Neural Networks，BPNNs)和独立循环神经网络(Independently RNN，IndRNN)引入时间特征，从而提取数据的空间特征和时间特征，并通过全连接层对特征进行融合实现对水稻产量的预测，降低了时间特征对产量预测的影响。目前已出现了一些基于 CNN 的时空数据融合模型。相比于传统的时空数据融合模型，基于 CNN 的时空数据融合模型能够自动、有效地学习影像上的特征，并在特征层面上进行数据融合。相比于像元层面的时空数据融合模型，特征层次的时空数据融合模型能够减少对影像噪声的敏感程度，然而在融合影像的清晰度方面有所降低。Sagan 等(2021)运用 2D 和 3D 的 CNN 集成 WorldView 3 和 PlanetScope 卫星数据中包含的光谱、空间和时间信息实现大豆生长季产量估测。为进一步适应时间变化，处理复杂和异质性的景观，以及集成其他卫星数据集，Htitiou 等(2021)提出了一种基于极深超分辨率(Very Deep Super-Resolution，VDSR)的深度学习时空数据融合方法，将 Sentinel 2 和 Landsat 8 的 NDVI 数据进行融合，并对比分析了 VDSR 与增强型时空自适应反射率融合模型(Enhanced Spatial and Temporal Adaptive Reflectance Fusion Model，ESTARFM)和灵活时空数据融合(Flexible Spatiotemporal Data Fusion，FSDAF)两种经典方法的性能，结果表明，VDSR 算法相较其他数据融合算法具有模糊程度最低和合成 NDVI 值预测最准确的特点，特别是在景观异质性和土地覆盖突变的地区。

除上述已运用于作物长势监测及产量估测的深度学习融合方法外，还有一些提出的深度学习融合方法尚未运用到农业领域，如 Tan 等(2018)提出的深度卷积时空融合网络(Deep Convolutional Spatiotemporal Fusion Network，DCSTFN)，该算法充分利用 CNN 从高时间、低空间分辨率和低时间、高空间分辨率的遥感影像中提取高时空分辨率影像，结果表明，基于 CNN 的融合算法不仅达到了较高的精度，而且比传统的时空融合算法更具鲁棒性。此后，Tan 等(2019)对现有的 DCSTFN 进行了细化和改进，提出了改进的深度卷积时空融合网络(Enhanced DCSTFN，EDCSTFN)，该算法通过构建残差编码器自动学习输入高空间分辨率影像与预测高空间分辨率影像之间的特征差异，同时，在损失函数中引入视觉损失函数来尽可能保留高频信息，从而进一步提高了模型预测精度。今后的研究可尝试将此类方法运用于作物长势监测及产量估测之中，扩展方法应用领域，进一步研究方法的适用性。

6.3 枸杞农业遥感

宁夏枸杞(*Lycium barbarum* L.)为茄科植物，其干燥成熟果实在中药里称枸杞子，具有滋补肝肾，内热消渴等药用功效。宁夏种植枸杞已有 600 多年历史，2004 年获得国家地理标志产品保护，是全国高品质、具有地域特色的枸杞主产区之一。宁夏枸杞种植广，虽同为一个枸杞品种，但由于不同产地的气候、土壤、栽培管理措施等不同，而带来枸杞品质的异化，导致枸杞药用、食用价值的变化和价格的悬殊差异。因此，亟需一种可快速识别枸杞不同产地的方法，既能为市场监管部门提供支撑，规范交易市场，保护消费者利益，又能为推动优质品牌产业化和可持续发展提供技术保障(张学艺 等，2020)。

6.3.1 枸杞水分监测

水分是绿色植物最重要的组成成分(郭建茂 等，2019)。水分盈亏不仅影响作物生理生化过程与形态结构，而且影响作物产量与品质。因此，实时精准监测作物水分状况，对于指导科学灌溉、提高作物产量、提升作物品质具有重要意义(郭建茂 等，2019；Hassanli et al.，2010)。叶片含水率能直接反映植株水分状况(冀荣华 等，2014)，是植株水分状况良好的诊断指标，所以监测叶片含水率成为评估作物水分亏缺、评价作物长势的有效途径(张玮 等,2019)。高光谱遥感能够获取作物叶片精细的光谱信息,依据光谱信息细微差异能揭示作物生理生化的微小变化,为及时掌握作物组分含量提供丰富信息(李粉玲 等,2017)。随着遥感技术在农田灌溉用水管理方面的快速应用,基于高光谱遥感技术的作物水分估算已经成为一个研究热点(贾雯晴 等,2013)。对于作物水分高光谱遥感估算,无论是基于各种光谱变式(梁亮 等,2013;潘庆梅 等,2019;曹晓兰 等,2018),还是基于各种光谱指数(李永梅 等,2019;吾木提·艾山江 等,2018;李珺 等,2016;Seelig et al.,2008),目的都是减弱环境背景噪声干扰,增强水分吸收引起的变异性,进而提高作物含水率的估算能力。

李永梅等(2022)以宁夏枸杞主栽品种宁杞7号为研究对象,采用自然失水法和烘干法测定枸杞叶片含水率,采用连续统去除法对原始光谱反射率进行处理,分析连续统去除光谱对含水率的响应特征,分析连续统去除光谱、吸收特征参数与叶片含水率的相关性,并建立枸杞叶片含水率估算模型。

6.3.2 枸杞病虫害监测

宁夏枸杞的种植面积逐年扩大,病虫害发生也较为严重,对枸杞的长势、品质和产量影响较大。地物光谱特征是遥感技术重要的理论基础。植被具有特殊光谱特征曲线,并且因植物种类、生长阶段、叶形结构、叶绿素含量、细胞含水量及健康状况而异。病虫害危害可以导致作物叶片、冠层的光谱特征发生变化,并且不同的病虫害其致灾机理不同。因此,在遥感预报和监测时,针对不同的对象,根据其光谱特征和致灾机理选择不同的识别波段,可以提高预测监测的效率和精度。国外植保工作者在20世纪80年代利用便携式光谱仪进行各种作物病虫害研究,Nillson等(1985)综述了利用便携式光谱仪进行病虫害研究;Knipling等(1971)发现由于病虫害的影响导致叶片可见光区和近红外区光谱特性都发生变化;Ausmus等(1972)研究发现,和健康植株相比,感染矮花叶病毒玉米叶片在近红外波段光谱存在显著差异;Steddom等(2005)使用多波段光谱仪估计甜菜褐斑病的发病级别;Holden等(1998)利用手持式光谱仪测量健康与非健康珊瑚虫的光谱;Stone等(2003)研究松针疫病对危害松树后光谱变化。在国内,光谱研究起步较晚,吴曙雯等(2001)对水稻受稻叶瘟侵染后的光谱特性进行了测量;黄木易等(2003)研究了冬小麦条锈病冠层的光谱特征;程一松等(2003)研究了氮素胁迫下的冬小麦高光谱特征。

目前,在枸杞病虫害遥感监测方面的研究较少,马菁等(2015)通过遥感近地高光谱技术,利用光谱辐射仪对处于盛果期的健康枸杞冠层和感染了木虱、瘿螨、负泥虫、白粉病的染病枸杞冠层进行光谱特征测定。根据光谱反射率测定结果,分析枸杞冠层染病前后的光谱特征及变化规律,筛选枸杞病虫害遥感识别最佳波谱范围及优化组合,得出红边波段(680~760 nm)为枸杞病虫害识别的最敏感波段。基于高光谱变量特征参数和敏感波段光谱反射率参数的计算,研究其与病情指数间的关系,构建枸杞病情指数反演模型,得出以参数 R_{760}/R_{700} 为变量的模型为枸杞病情指数反演的最佳模型。

6.3.3 基于高光谱的不同产地枸杞果实光谱特征分析

枸杞的产地识别经历了从性状鉴定到显微鉴定、理化鉴别、分子生物技术鉴定、光谱分析等的评价过程(郑国琦 等,2004;严奉坤 等,2007a,2007b;张磊 等,2009)。郑国琦等(2003)通过研究认为宁夏枸杞叶片甜菜碱大量积累是宁夏枸杞耐盐的重要生理原因之一，牛艳等(2005)通过研究表明宁夏枸杞中甜菜碱含量与土壤盐分含量呈正相关，自此关于宁夏枸杞道地性方面的研究有了诸多报道。高业新等(2003)从宁夏枸杞内在品质、影响宁夏枸杞的地球化学元素、影响品质的土壤地质背景条件3个方面综合论述了其道地性的原因，揭示宁夏枸杞的道地性。李树华等(2005)采用CTAB法和2种经改进SDS法提取野生稻、野燕麦、枸杞总DNA，研究表明枸杞DNA提取较合适的方法为SDS-Ⅱ法。此外，还有学者(Zhang et al.，2001；Cheng et al.，2000；魏玉清 等，2006；严奉坤 等，2007a)采用RAPD技术对其相关种进行亲缘关系评价，构建宁夏枸杞的DNA指纹图谱，为宁夏枸杞的品质资源利用、道地药材品种确定及其质量评价分别提供分子水平和色谱水平的理论依据。传统的识别方法虽然能够比较准确地获得基于枸杞不同成分标识的产地信息，但其识别的时间长、过程复杂，不能在短时间内无损、快速、全息地获得具有品质信息标识的产地识别结果。因此，快速、无损、全面的枸杞产地识别技术成为发展的必然趋势。

高光谱技术发展于20世纪80年代，可获得识别目标物350～2500 nm全波段的光谱信息(分辨率在10 nm以下)，具有高分辨率、多波段、检测速度快、破坏性小、污染少等优点。高光谱遥感作为一种新型的定量分析技术在NDVI、LAI等植被产量预测以及农作物生长状态等方面得到了广泛的应用，而在农产品成分定量分析上还处于基础研究阶段(廖敦军，2013；黄锋华，2016；金灵，2014；陈思，2013；李丹，2015)。在枸杞方面的研究更少，冯楠(2015)利用高光谱成像系统和质构仪，分别获取正常枸杞和用硫黄熏蒸的枸杞两方面的数据，通过分析比较可以区分出正常枸杞和用硫黄熏蒸的枸杞。刘书起(2015)通过自信息与互信息比值的方法，确定枸杞样本高光谱图像的特征波长为950 nm，并提取此波长下图像的纹理特征参量，枸杞样本高光谱图像分级正确率达99.4%。王润博(2017)针对不同被测指标，采用相关系数阈值筛选变量的方法对所选图像及光谱特征进行筛选与优化，减少了冗余信息和降低了计算的复杂性，提高了模型整体的可靠性及预测精度，枸杞多糖的判别正确率为94.44%，总糖的判别正确率为95.56%，黄酮的判别正确率为92.22%。这些研究为分品种、不同产地枸杞的高光谱快速鉴别提供了宝贵的研究理论参考。高光谱技术用于农产品产地快速识别的研究主要有两类，一类是成像高光谱仪，一类是光纤高光谱仪。成像高光谱仪可以图谱合一，但使用的成像波段主要集中在400～1000 nm，而要实现350～2500 nm的全波段高光谱成像，还需要900～1700 nm、1800～2500 nm的其他两个波长范围的高光谱成像仪器，价格昂贵，很难在实际生产中应用。光纤光谱仪可以直接获取350～2500 nm的高光谱信息，同时借助于目前技术成熟且价格低廉的照相成像设备和计算机光谱信息分析技术，除可实现成像高光谱仪现有的基本功能外，还可获得其他两个波长范围的高光谱信息数据，实现既能够从外观和品质两个方面更全面、更经济普惠的枸杞干果产地的快速识别，又可以探讨枸杞鲜果产地的快速识别。在宁夏“十三五”重大项目“不同生态区区域化适应性专用品种及配套栽培技术研究”、中央级公益性院所专项“基于高光谱测定的枸杞产地识别研究”、中国气象局旱区特色农业气象灾害监测预警与风险管理重点实验室“宁夏枸杞种植信息遥感解译方法研究”等项目资助下，宁夏气象科学研究所与区内外高校及科研院所合作，开展了基于高光谱遥感的枸杞产地识别技术研究。

6.3.3.1 试验设计及光谱测定

2018—2020年宁夏枸杞夏果成熟期，从北到南依次在石嘴山惠农区、银川西夏区芦花台、中卫中宁县、固原原州区等地，选取树龄、长势相近的宁杞1号和宁杞7号，对鲜果就地实测光谱，并对采集鲜果进行自然晾干处理。

采用美国 Spectral Evolution 公司 SR-3500 型高光谱仪进行枸杞鲜果及干果的光谱测定，高光谱仪在 350～1000 nm、1000～1900 nm、2100～2500 nm 波段光谱分辨率分别 3.5 nm、10 nm和 7 nm。测定时视场角为 25°且探头垂直向下，距果实高度约 3 cm，每次测定前进行白板校正，测定时间为无云或少云的 10:00—15:00，同一品种随机选取 60 颗，取平均值作为产地鲜果的外观反射率。

6.3.3.2　枸杞鲜果光谱特征分析

各产地宁杞 1 号鲜果的光谱特征，682～931 nm 波段范围，反射率由高到低排序依次为：原州区＞西夏区＞中宁县＞惠农区；在 960～996 nm、1159～1310 nm 波段范围，反射率由高到低排序依次为：原州区＞西夏区＞惠农区＞中宁县。初步推断在以上区间存在识别宁杞 1 号产地的敏感波段；各产地宁杞 7 号鲜果的光谱特征，在 690～808 nm、853～1120 nm、1150～1340 nm 波段范围，反射率由高到低排序依次为：西夏区＞原州区＞惠农区＞中宁县，且具有明显的差异性（图 6.6）。初步推断在以上区间存在识别宁杞 7 号产地的敏感波段。

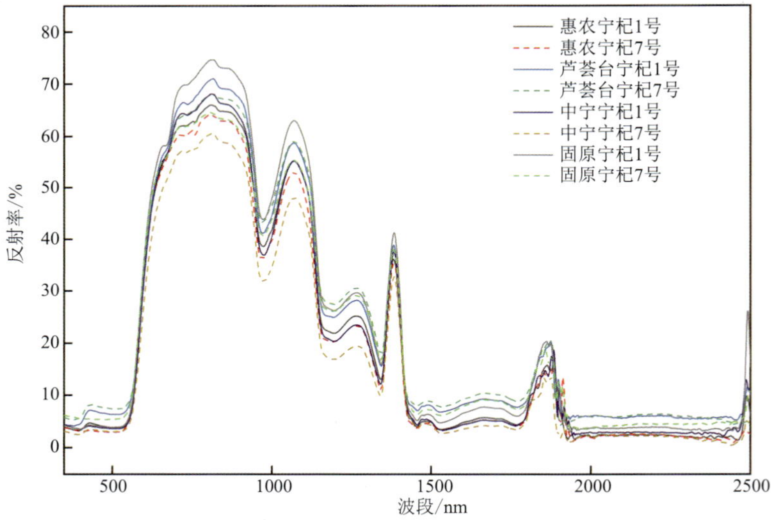

图 6.6　不同地区枸杞鲜果光谱特征

6.3.3.3　枸杞干果光谱特征分析

根据各产地宁杞 1 号和宁杞 7 号干果的光谱特征，宁杞 1 号在 840～1336 nm 和 1440～1814 nm 波段范围，存在识别产地的敏感波段；宁杞 7 号在 835～1155 nm 和 1176～1350 nm 波段范围存在识别产地的敏感波段（图 6.7）。

6.3.4　基于高光谱的枸杞光谱反射率与品质评价指标相关性分析

6.3.4.1　鲜果光谱反射率与有机物成分相关性分析

图 6.8 给出了枸杞鲜果光谱反射率与主要有机物成分的相关性。总体来看，光谱反射率与总糖（图 6.8a）、粗蛋白（图 6.8c）有稳定相关性波段，与多糖（图 6.8b）、甜菜碱（图 6.8d）无

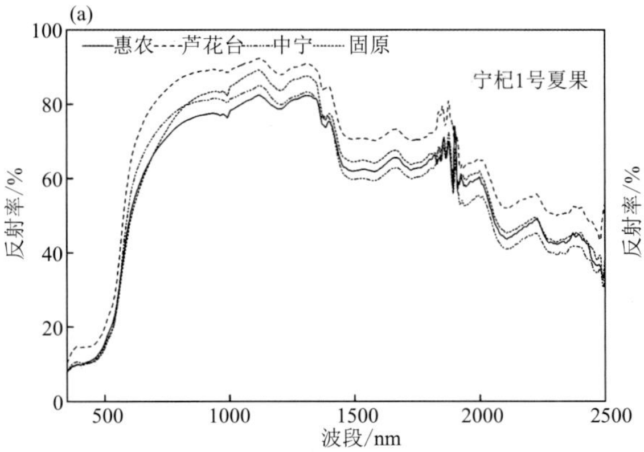

图 6.7　不同地区枸杞干果光谱特征

稳定相关性波段。光谱反射率与总糖呈稳定正相关，主要集中在 350～1325 nm 波段范围，负相关主要集中在 1378～1436 nm 波段范围。在 597～694 nm 范围内，光谱与总糖含量呈显著正相关，且在 673 nm 达到最大正相关($r=0.472$，$P<0.05$)。在 824～1026 nm 呈显著正相关，且在 963 nm 达到最大正相关($r=0.489$，$P<0.05$)。在 1115～1197 nm 呈显著正相关，1152 nm 达到最大正相关($r=0.464$，$P<0.05$)。1378～1436 nm 光谱反射率与总糖含量呈极显著负相关，且在 1405 nm 达到最大负相关($r=-0.783$，$P<0.01$)。光谱反射率与粗蛋白呈稳定显著正相关波段主要集中在 1374～1424 nm，且在 1408 nm 达到最大正相关($r=0.494$，$P<0.05$)。

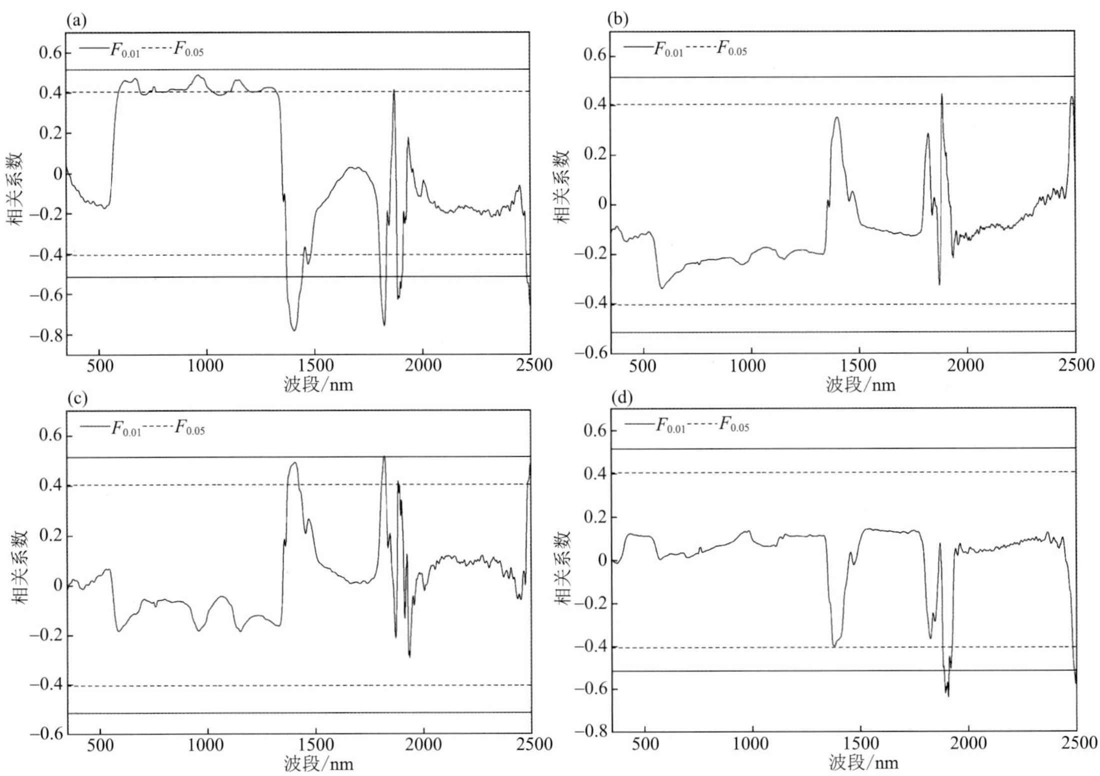

图 6.8　枸杞鲜果光谱反射率与有机物成分相关性

(a)总糖；(b)多糖；(c)粗蛋白；(d)甜菜碱

6.3.4.2 鲜果光谱反射率与无机物成分相关性分析

图 6.9 给出了枸杞鲜果光谱反射率与无机物成分相关性。总体来看，与锌（图 6.9a）、锰（图 6.9b）、铁（图 6.9d）、钙（图 6.9f）有稳定相关性波段，与铜（图 6.9c）、硒（图 6.9e）无稳定相关性波段。与锌呈显著相关性波段主要集中在 1356～1386 nm，且在 1370 nm 达到最大正相关（$r=0.532, P<0.01$）；与锰呈稳定相关性波段主要在 350～1339 nm 和 1371～1485 nm。589～695 nm 呈显著负相关，在 939～996 nm 呈极显著负相关，966 nm 达最大负相关（$r=-0.562, P<0.01$）。1371～1445 nm 呈极显著正相关，1406 nm 为最大正相关（$r=0.869, P<0.01$）。1458～1485 nm 呈显著正相关，1470 nm 为最大正相关（$r=0.498, P<0.05$）；与铁在 1385～1425 nm 显著相关，在 1409 nm最大正相关（$r=0.545, P<0.01$）；与钙呈稳定正相关，集中在 1403～1435 nm、1804～1827 nm，且分别在 1420 nm（$r=0.468, P<0.05$）和 1816 nm（$r=0.462, P<0.05$）最大。

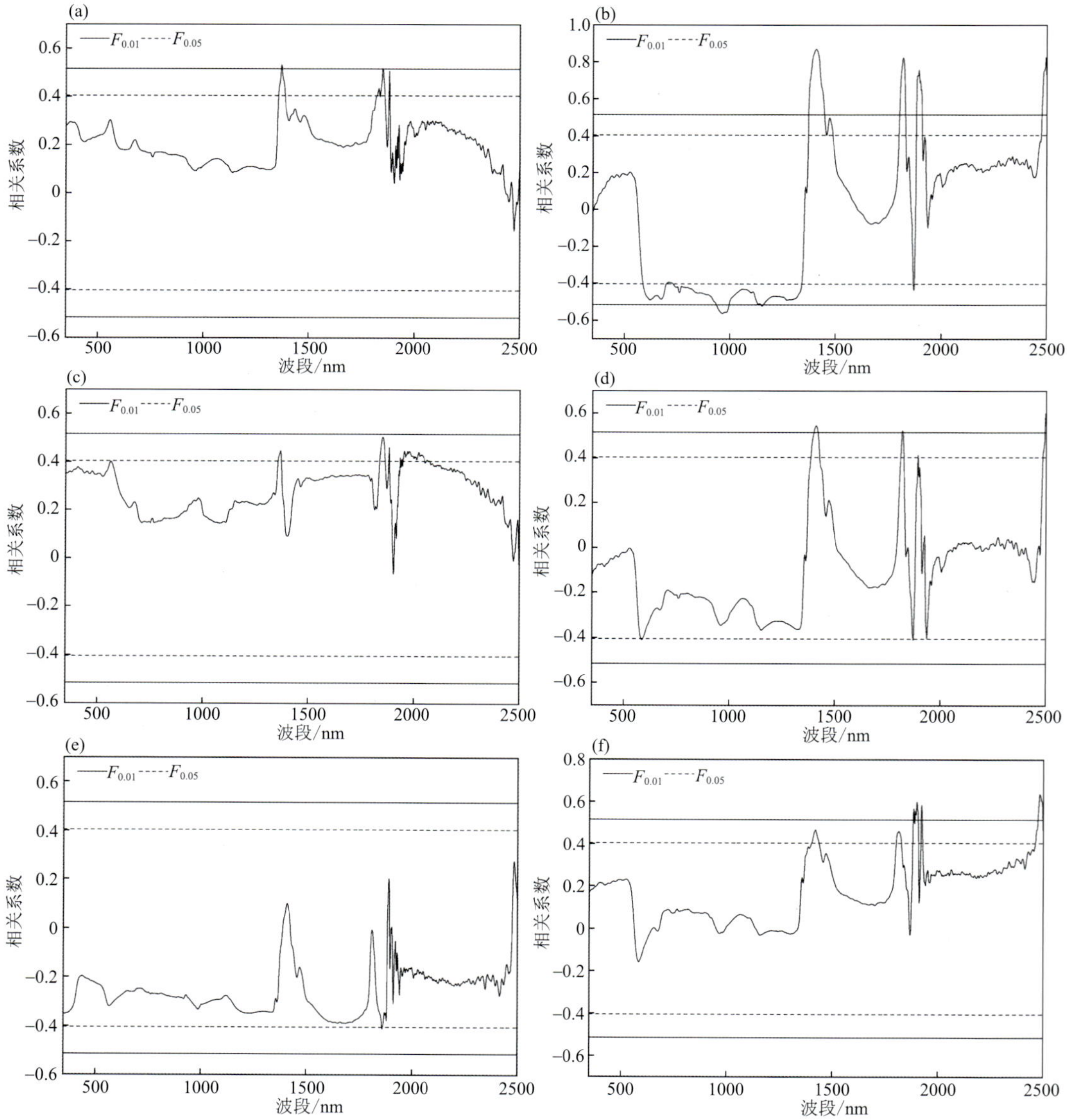

图 6.9 枸杞鲜果光谱反射率与无机物成分相关性

(a)锌；(b)锰；(c)铜；(d)铁；(e)硒；(f)钙

6.3.4.3 干果光谱反射率与有机物成分相关性分析

图6.10给出了枸杞干果光谱反射率与主要营养成分的相关性。总体来看，光谱反射率与总糖(图6.10a)、多糖(图6.10b)、粗蛋白(图6.10c)、甜菜碱(图6.10d)均有稳定相关性波段。与总糖相关性稳定波段主要集中在350～1815 nm与1933～2296 nm。可见光波段与总糖含量呈极显著正相关的波段主要集中在350～569 nm，459 nm处达最大正相关($r=0.605$，$P<0.01$)，与总糖含量呈极显著负相关波段主要集中在1404～1815 nm，1481 nm达最大负相关($r=-0.635$，$P<0.01$)，在波段1565 nm处达最大负相关($r=-0.638$，$P<0.01$)；在波段2090 nm处达最大负相关($r=-0.658$，$P<0.01$)；与多糖呈显著负相关波段主要集中在394～579 nm，且在波段536 nm处达到最大负相关($r=-0.486$，$P<0.01$)；在1442～1621 nm呈显著正相关，且在波段1482 nm处达到最大正相关($r=0.402$，$P<0.05$)，在2055～2147 nm呈显著正相关，且在波段2089 nm处达到最大正相关($r=0.418$，$P<0.05$)；与粗蛋白呈显著负相关波段主要集中在350～572 nm，且在波段527 nm处达到最大负相关($r=-0.438$，$P<0.05$)；在1439～1625 nm呈显著正相关，且在波段1480 nm处达到最大正相关($r=0.418$，$P<0.05$)；在2043～2170 nm呈显著正相关，且在波段2090 nm处达到最大正相关($r=0.458$，$P<0.05$)；与甜菜碱呈极显著正相关波段主要集中在355～598 nm，且在波段501 nm处达到最大正相关。

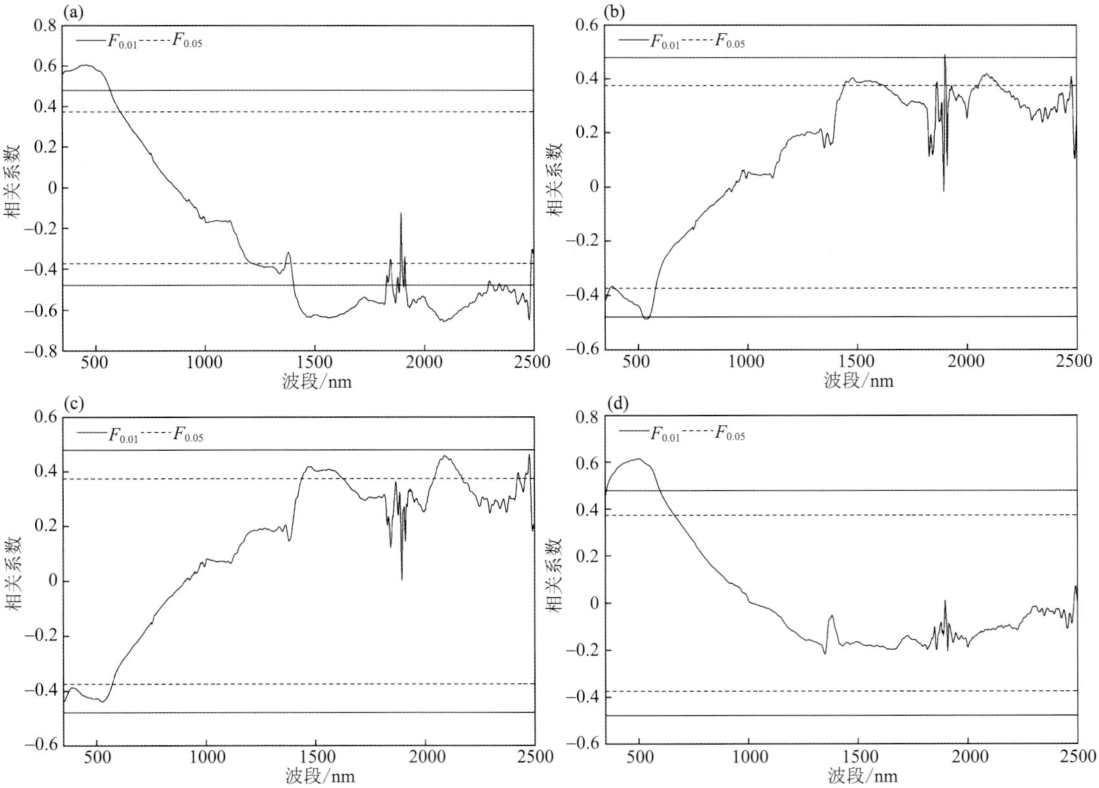

图6.10 枸杞干果光谱反射率与有机物成分相关性

(a)总糖；(b)多糖；(c)粗蛋白；(d)甜菜碱

6.3.4.4 干果光谱反射率与无机物成分相关性分析

图6.11给出了枸杞干果光谱反射率与无机物的相关性。总体来看，光谱反射率与锌

(图 6.11a)、锰(图 6.11b)、钙(图 6.11f)有稳定相关性波段,与铜(图 6.11c)、铁(图 6.11d)、硒(图 6.11e)无稳定相关性波段。光谱反射率与锌呈显著负相关波段主要集中在 410～521 nm,且在波段 490 nm 处达到最大负相关($r=-0.408$,$P<0.05$);与锰呈极显著负相关波段主要集中在 350～537 nm 和 568～619 nm,且分别在波段 375 nm 和 595 nm 处达到最大负相关($r=-0.657$,$P<0.01$;$r=-0.504$,$P<0.01$)。在 1411～1817 nm 范围呈显著正相关,且在波段 1482 nm 处达到最大正相关($r=0.465$,$P<0.05$);在 2068～2104 nm范围呈极显著正相关,且在波段 2089 nm 处达到最大正相关($r=0.495$,$P<0.05$)。与钙呈显著负相关波段主要集中在 350～649 nm,且在波段 417 nm 处达到最大负相关($r=-0.419$,$P<0.05$)。

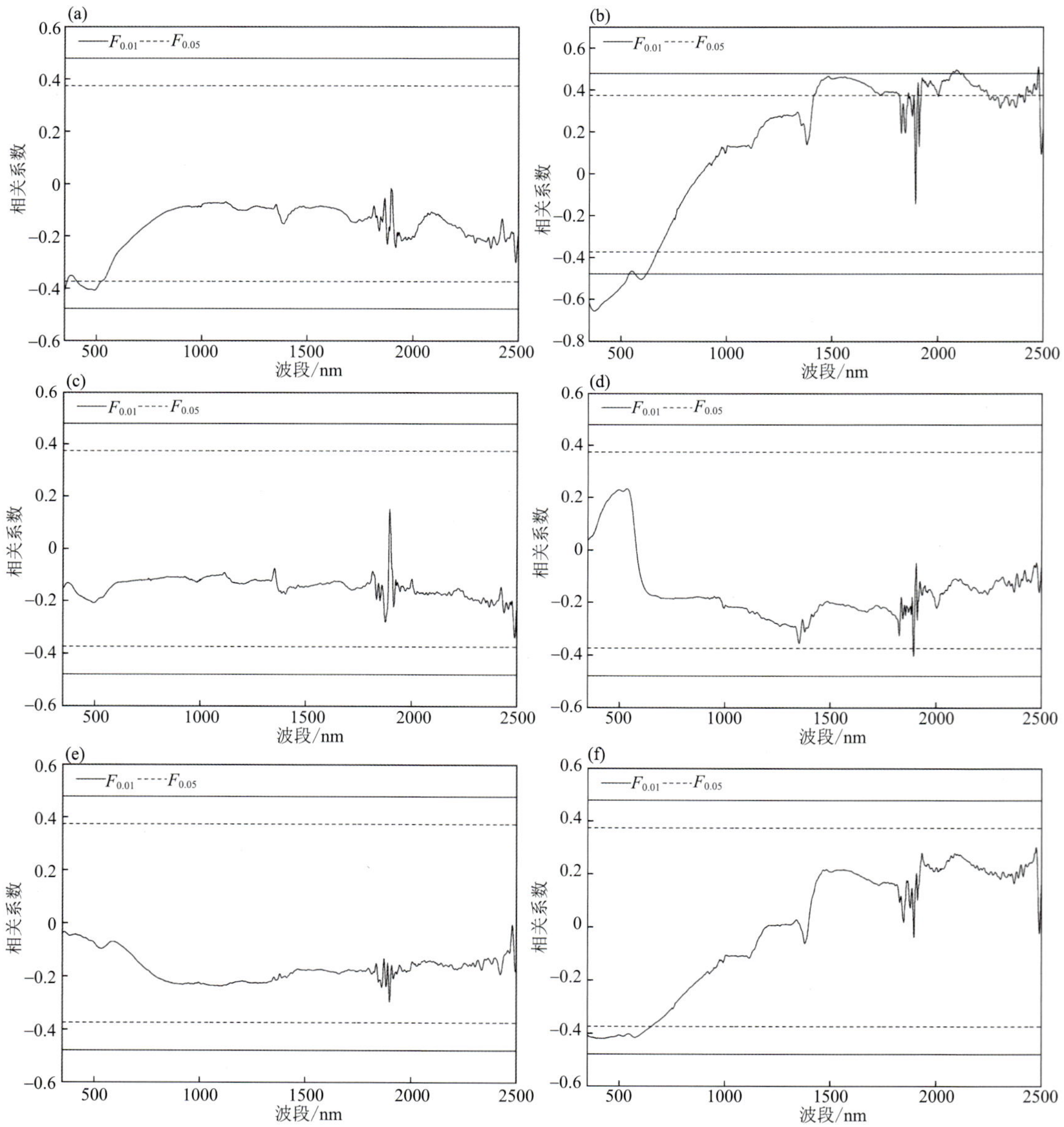

图 6.11　枸杞干果光谱反射率与无机物成分相关性

(a)锌;(b)锰;(c)铜;(d)铁;(e)硒;(f)钙

6.3.5 基于枸杞外观特征的产地识别研究

6.3.5.1 基于人工测定的枸杞外观参数分析

对 2018—2019 年枸杞夏果干果的百粒重、果形指数进行分析(图 6.12),2018 年中宁的百粒重和果形指数较惠农和同心的差异显著,新疆的百粒重和果形指数显著区别于宁夏各种植区。2019 年新疆的果形指数显著低于宁夏。综合看,百粒重:新疆>惠农≈同心>中宁,果形指数:中宁>惠农≈同心>新疆,新疆枸杞较中宁枸杞更扁圆。

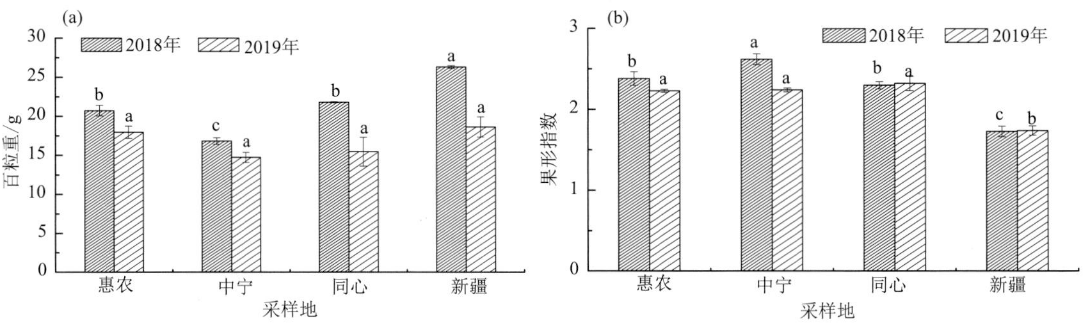

图 6.12 2018 年和 2019 年枸杞夏果干果外观特征参数图

不同字母表示不同采样地之间存在显著差异($P<0.05$)

6.3.5.2 基于近红外高光谱的枸杞外观特征参数分析

对不同产地枸杞高光谱图像进行 HSV 色彩空间变换和纹理特征提取(表 6.4),2018 年同心饱和度 S 显著低于惠农和中宁,中宁对比度和相异性显著高于惠农和同心;2019 年同心色调 H 显著低于惠农和中宁,说明同心枸杞更红。2018 年新疆枸杞的 HSV 显著高于宁夏各种植区,对比度、相异性、相关性和信息熵与中宁枸杞具有显著性差异。

表 6.4 不同种植地枸杞高光谱图像 HSV 和特征参数分析

年份	产地	H	S	V	对比度	相异性	相关性	信息熵
2018	惠农	88.22±1.11b	0.86±0.00b	0.26±0.00b	3.40±0.07b	1.35±0.01b	0.42±0.02a	1.82±0.01a
	中宁	102.22±14.78ab	0.86±0.00b	0.26±0.01b	4.86±0.73a	1.61±0.12a	0.34±0.02b	1.87±0.04a
	同心	83.26±4.13b	0.85±0.00c	0.26±0.01b	3.11±0.43b	1.31±0.08b	0.36±0.03ab	1.81±0.01a
	新疆	123.09±7.75a	0.90±0.00a	0.41±0.01a	2.37±0.23b	1.13±0.04b	0.43±0.02a	1.72±0.01b
2019	惠农	62.43±6.26a	0.87±0.00b	0.25±0.00a	2.79±0.06a	1.25±0.02a	0.56±0.02a	1.68±0.01a
	中宁	62.28±9.16a	0.87±0.00b	0.24±0.01a	2.64±0.25a	1.21±0.06a	0.53±0.01a	1.70±0.02a
	同心	41.41±30.6b	0.88±0.00a	0.25±0.01a	3.12±0.76a	1.30±0.18a	0.55±0.03a	1.73±0.04a
	新疆	56.81±5.53ab	0.87±0.00b	0.26±0.01a	2.35±0.16a	1.14±0.05a	0.55±0.02a	1.66±0.04a

注:H、S、V 分别代表色调、饱和度、明度。不同字母表示不同采样地之间存在显著差异($P<0.05$)。

利用不同模型对不同种植地的枸杞图像特征参数进行分类识别,从模型结果分析得出(表 6.5),2018 年含有 RGB、HSV、纹理等 14 个全特征的模型精度高于经过特征筛选的模型精度,其中多元逻辑回归(MLR)模型精度最高(96.7%);2019 年全特征参与建模的精度高于特征筛选过的,MLR 模型精度最高(59.3%);将 2018 年和 2019 年 4 个种植地的枸杞干果图像特征参量混合建模，同样基于全特征的模型精度优于特征筛选的模型精度，MLR 模型精度最高(46.9%)。为提高模型精度，果形指数参与建模(表 6.6)。结果显示，加入果形指数后，除 2018 年原始数据的 MLR 模型预测精度(92.0%)略有降低外，其他模型预测精度均有不同程度提高。

表 6.5　不同分类模型精度对比　%

	决策树	随机森林	支持向量机	多元逻辑回归
2018 原始(n=210，f=14)	58.7	74.6	63.6	96.7
2018 特征(n=210，f=7)	54	66.7	55.5	69.9
2019 原始(n=177，f=14)	29.7	37.1	40.8	59.3
2019 特征(n=177，f=7)	22.3	27.9	35.2	40.8
2018+2019 原始(n=387，f=14)	48.7	51.3	47.9	46.9
2018+2019 特征(n=387，f=7)	41.1	44.5	42.7	47

注：n 表示总样本数，f 表示特征数；全特征包括 RGB、HSV、均值、方差、协同性、对比度、相异性、信息熵、二阶矩、相关性；筛选后的特征包括 HSV、对比度、相异性、信息熵、相关性。下同。

表 6.6　不同分类模型精度对比　%

	决策树	随机森林	支持向量机	多元逻辑回归
2018 原始(n=210，f=18)	84.1	76.2	76	92
2018 特征(n=210，f=8)	88.9	77.8	76.1	84
2019 原始(n=177，f=15)	92.5	75.9	74.1	74.1
2019 特征(n=177，f=8)	92.5	68.5	61.1	66.7
2018+2019 原始(n=387，f=15)	68.4	72.6	66.6	64.9
2018+2019 特征(n=387，f=8)	84.6	76	64.1	67.5

6.3.6　基于高光谱的枸杞品质成分估算研究

6.3.6.1　试验设计及数据处理

为减少枸杞表面凹凸不平的纹理结构对光线反射的影响，对枸杞干果进行粉碎处理。为保证光谱观测数据质量，光谱测定过程在暗室利用 25 W 卤素光源完成，保持探头距离枸杞表面高度一致，约 10 cm，光源灯天顶角约 15°。对测定的原始枸杞光谱数据(图 6.13a)分别进行 SG 滤波(图 6.13b)、SG-1 阶微分(图 6.13c)、SG-2 阶微分(图 6.13d)、SG-MSC(图 6.13e)、SG-SNV(图 6.13f)预处理，采用 SPA 算法筛选特征波段，利用偏最小二乘回归对比不同预处理方式下全波段、特征波段的建模精度。数据处理与建模在 R 3.6.2 环境下完成。

可以看出，原始光谱数据经过 SG 平滑滤波可以消除光谱曲线中由于仪器、测量误差等引起的波动现象；SG-1 阶微分、SG-2 阶微分处理后，光谱曲线的突变点增强；SNV 和 MSC 处理后，光谱曲线的离散程度整体明显得到改善。进一步，建立不同光谱预处理方式，枸杞总糖含量与反射率的相关性曲线(图 6.14)。

可以看出，在原始曲线(图 6.14a)和经过 SG 平滑(图 6.14b)、SG-1 阶微分(图 6.14c)、SG-2 阶微分(图 6.14d)处理后光谱曲线中，枸杞总糖与光谱反射率存在极显著相关性波段

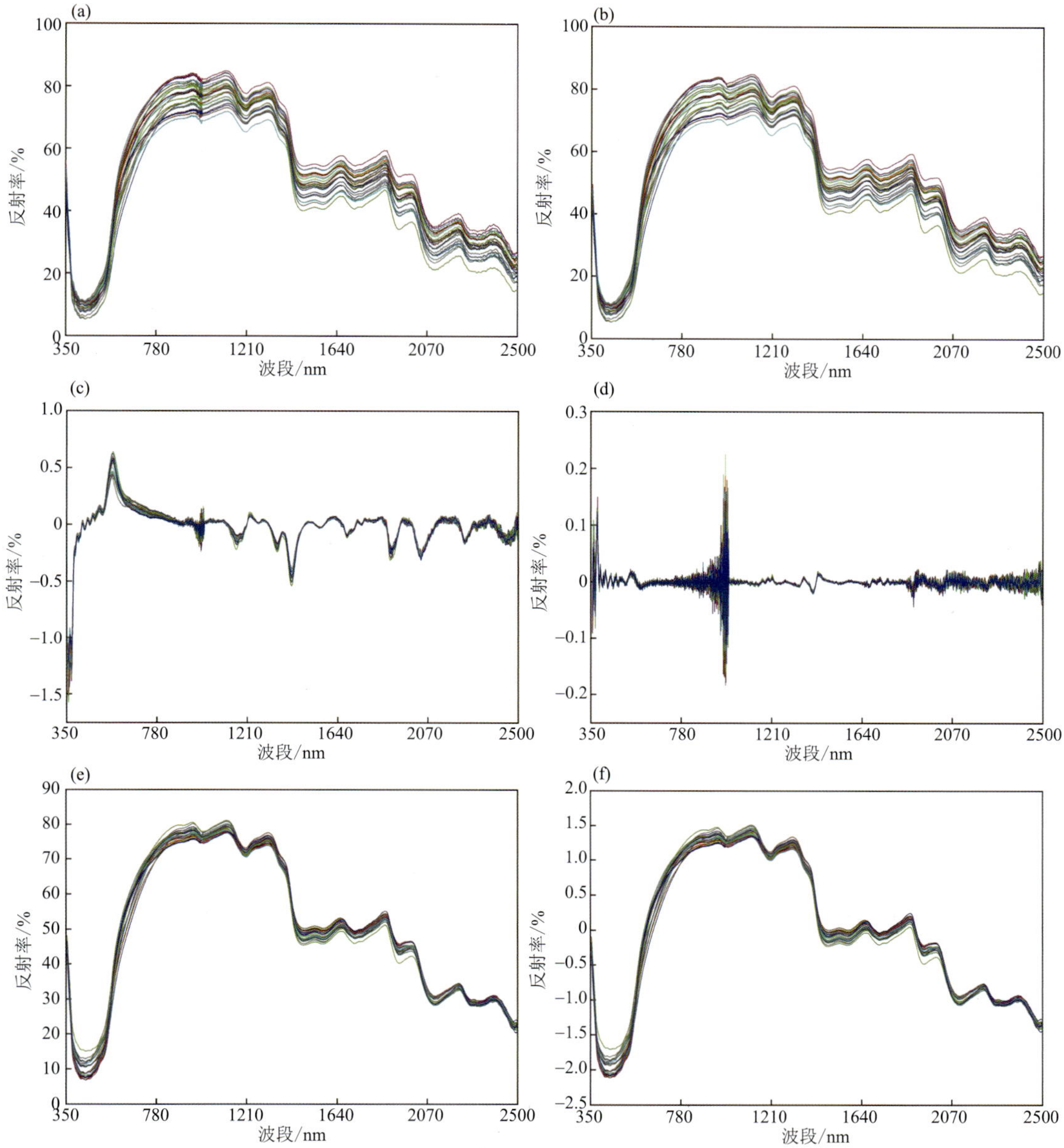

图 6.13　不同预处理后的枸杞光谱曲线

(a)原始;(b)SG 滤波;(c)SG-1 阶微分;(d)SG-2 阶微分;(e)SG-MSC;(f)SG-SNV

($P<0.01$);在 MSC(图 6.14e)和 SNV(图 6.14f)处理后光谱曲线中,枸杞总糖与光谱反射率在 $P<0.05$ 下存在稳定相关性波段。

6.3.6.2　基于全波段信息的 PLSR 枸杞总糖反演模型构建

枸杞总糖是枸杞品质评价的重要因子之一。2020 年不同产地宁杞 7 号枸杞干果样品共计 25 份,其中 17 份作为训练样本,剩余 8 份为验证样本。采用偏最小二乘回归(PLSR),分别选取枸杞原始光谱、SG、SG-1 阶微分、SG-2 阶微分、SG-SNV、SG-MSC 不同预处理方式下的全波段信息作为自变量,以枸杞总糖含量为因变量,建立模型。

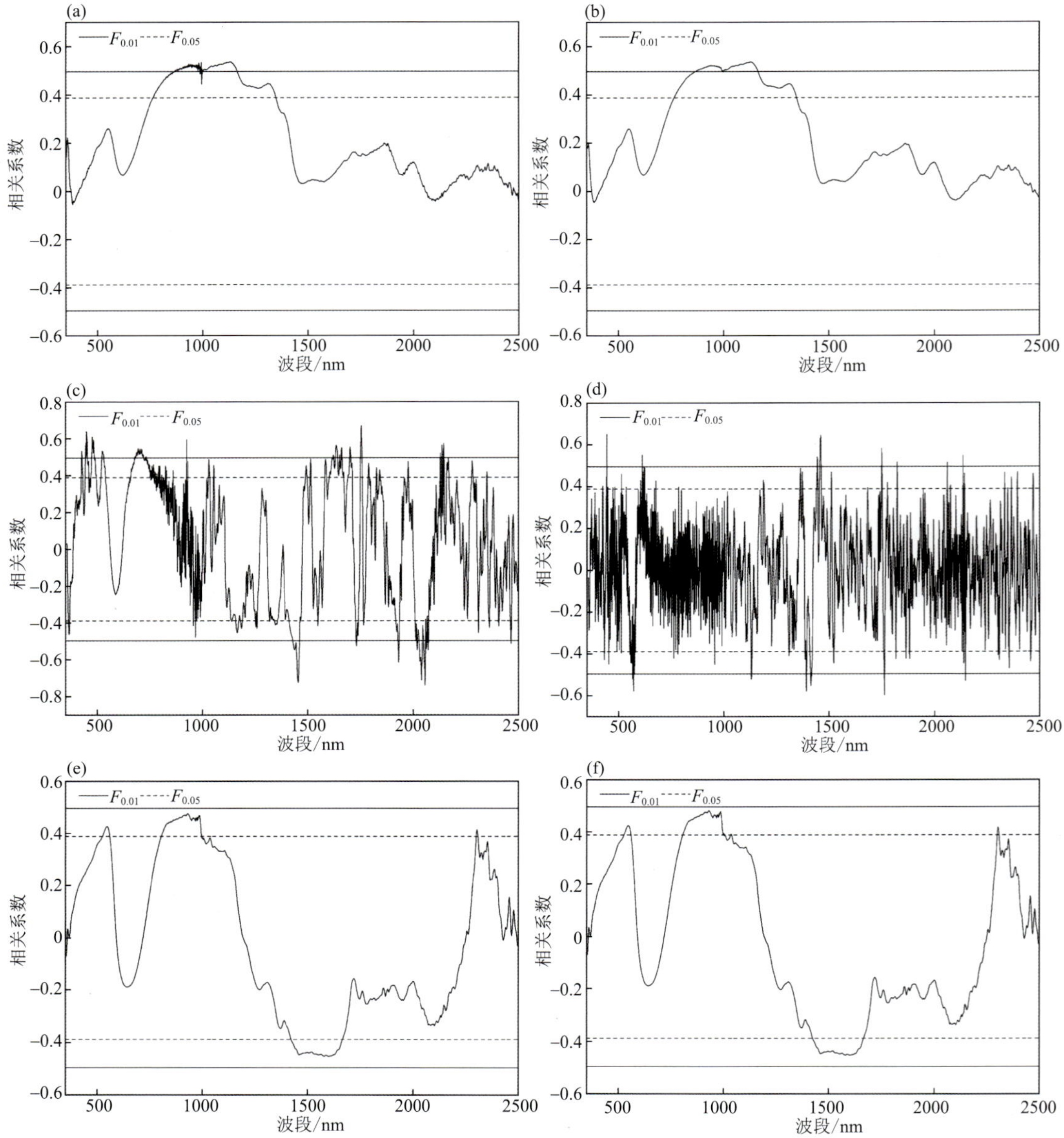

图 6.14　不同预处理的枸杞总糖与光谱相关性

(a)原始;(b)SG 平滑;(c)SG-1 阶微分;(d)SG-2 阶微分;(e)MSC;(f)SNV

图 6.15 分别为基于全波段枸杞原始光谱(图 6.15a)、SG(图 6.15b)、SG-1 阶微分(图 6.15c)、SG-2 阶微分(图 6.15d)、SG-SNV(图 6.15e)、SG-MSC(图 6.15f)建立的枸杞总糖 PLSR 反演模型精度验证结果。可以看出,基于全波段 SG-SNV 建立的枸杞总糖 PLSR 反演模型精度最高,预测值与实测值 $R^2=0.7692$。

6.3.6.3　基于特征波段信息的 PLSR 枸杞总糖反演模型

采用连续投影算法筛选出光谱的特征波段,在此基础上,采用偏最小二乘回归,分别选取枸杞原始光谱、SG、SG-1 阶微分、SG-2 阶微分、SG-SNV、SG-MSC 不同预处理方式下的特征波段信息作为自变量,以枸杞总糖含量为因变量,建立模型。

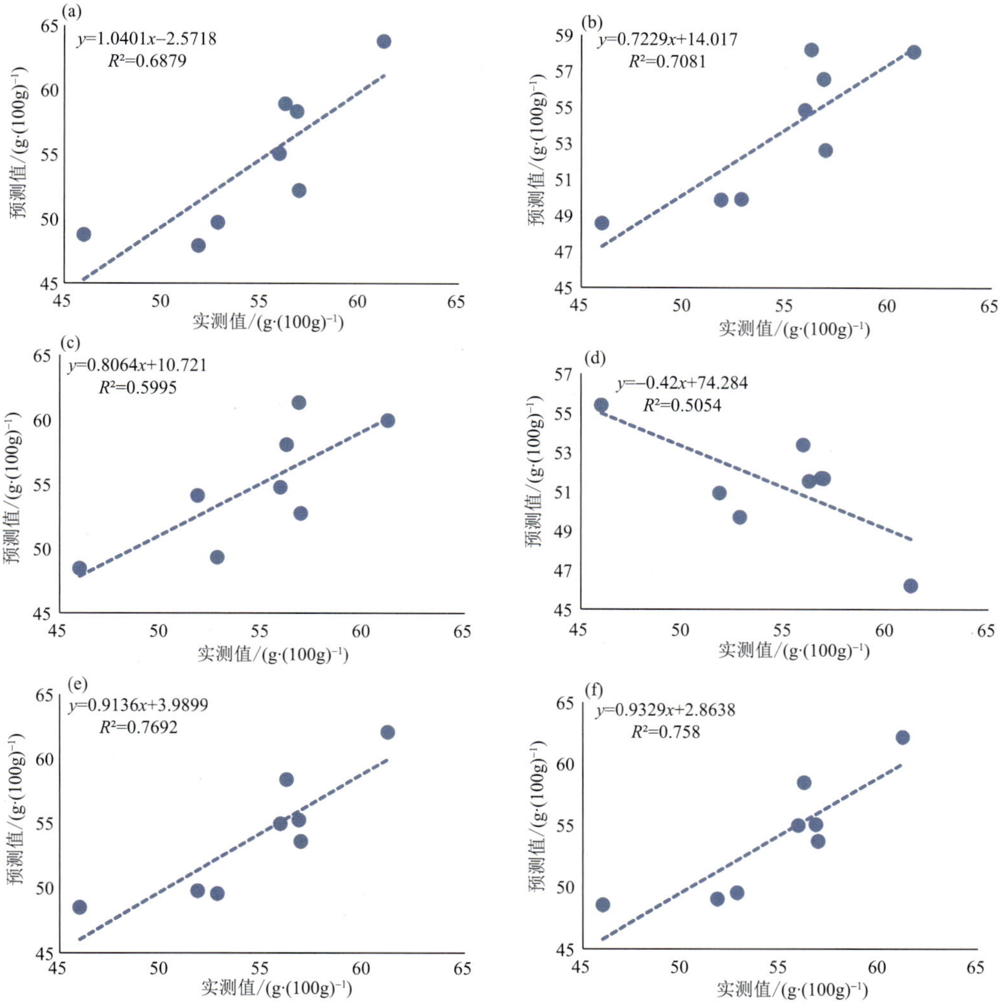

图 6.15　不同预处理的全波段枸杞总糖反演模型验证

(a)原始;(b)SG;(c)SG-1 阶微分;(d)SG-2 阶微分;(e)SG-SNV;(f)SG-MSC

图 6.16 分别为基于特征波段枸杞原始光谱(图 6.16a)、SG(图 6.16b)、SG-1 阶微分(图 6.16c)、SG-2 阶微分(图 6.16d)、SG-SNV(图 6.16e)、SG-MSC(图 6.16f)建立的枸杞总糖 PLSR 反演模型精度验证结果。相比于全波段建模,基于特征波段选择和 SG-MSC 建立的枸杞总糖 PLSR 反演模型精度更高,预测值与实测值的 $R^2=0.7863$。

6.3.7　枸杞产地识别综合模型

选取 2020 年惠农燕子墩、固原、中宁、同心、银川芦花台、新疆精河产地的全部枸杞干果作为试验材料,试验样本共计 194 个。考虑到中宁产区枸杞基地分布较多,因此在中宁选取了 4 个小产地,全部产地共 9 个类别。为比较不同光谱区间建模的效果,在对枸杞采集光谱数据时采用了 400～1000 nm(Hyper Spec VNIR,美国 Headwall 公司)和 900～1700 nm(Hyper SIS-NIR,芬兰 Specimen 公司)两种成像光谱测定仪器开展试验。试验过程在暗室内进行,光源天顶角、传感器与枸杞表面距离保持一致。

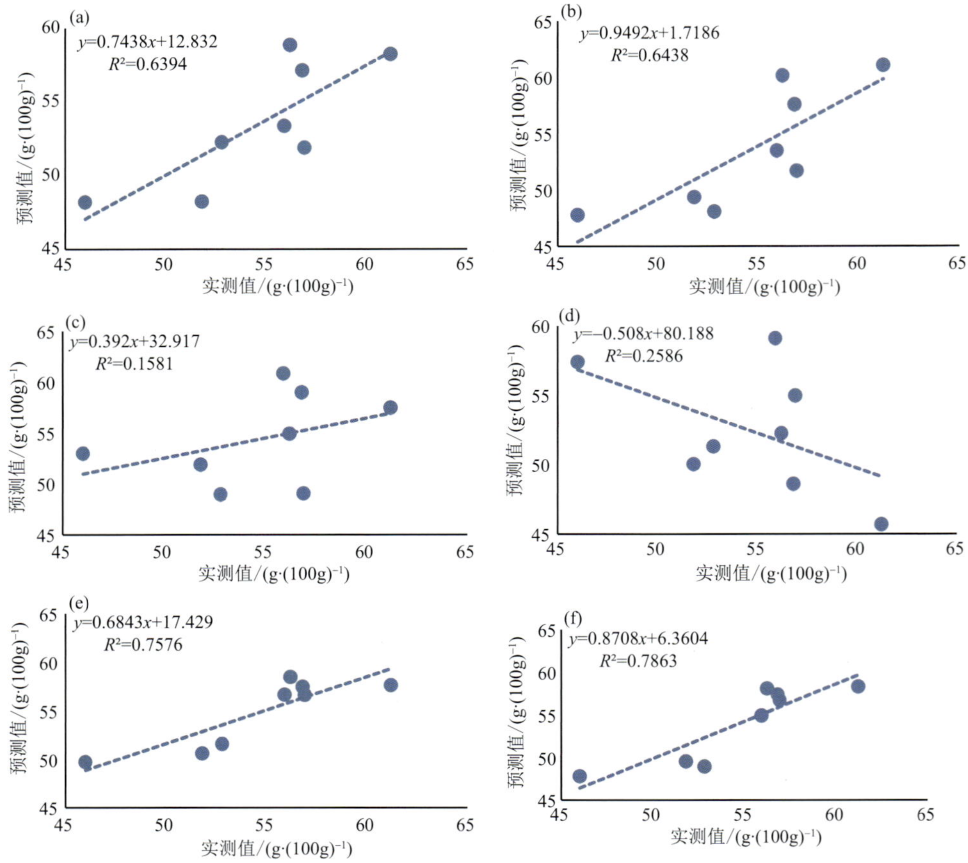

图 6.16　不同预处理的特征波段枸杞总糖反演模型验证

(a)原始;(b)SG;(c)SG-1 阶微分;(d)SG-2 阶微分;(e)SG-SNV;(f)SG-MSC

整理采集的枸杞光谱数据,剔除异常值。对比不同样本集划分方式、不同预处理方式、不同特征波段选取对建模精度的影响。样本集划分方式包括光谱-理化值共生距离法(SPXY)、选样本(KS)、随机法(RS)和相同间隔(1、5、9);预处理方式包括卷积平滑(SG)、区域归一化 NM(Area)、区域归一化 NM(Max)、区域归一化 NM(Unit)、区域归一化 NM(Mean)、SG-1 阶导数、SG-2 阶导数、基线校准(BL)、标准正态变量变换(SNV)、SG-NM(Area);特征波段提取包括应用竞争性自适应重加权算法(CARS)、无信息变量消除算法(UVE)、变量组合集群分析法(VCPA)、迭代和保留信息变量法(IRIV)、区间变量迭代空间收缩法(iVISSA)。光谱数据预处理在 The Unscrambler X 10.4 中进行,其余算法在 Matlab 2020b 中实现。

采用 PLS-DA 和 PCA-DA 两种降维建模的方式建立枸杞产地识别模型。偏最小二乘回归分析法是一种统计学方法,与主成分回归有关系,但不是寻找响应变量和自变量之间最大方差的超平面,而是通过投影分别将预测变量和观测变量投影到一个新空间,来寻找一个线性回归模型。因为数据 X 和 Y 都会投影到新空间,PLS 系列的方法都被称为双线性因子模型。当 Y 是分类数据时称为偏最小二乘判别分析(partial least squares discriminant analysis,PLS-DA)。研究将 X 设定为枸杞光谱数据,Y 设定为产地。将全部样本中的 145 袋用于建模,剩余 49 袋用于验证,构建枸杞产地判别综合模型。

不同方法建模结果对比来看，在 400～1000 nm 光谱区间，不同样本划分方法中 PCA-DA-RS 的预测准确率最高（0.94），不同预处理方法中 PLS-DA-NM（Area）和 PLS-DA-NM（Mean）的预测准确率最高（0.96），不同特征波段提取方法中 PLS-DA-CARS 的预测准确率最高（0.92）。在 900～1700 nm 光谱区间，不同样本划分方法中 PLS-DA-SPXY 的预测准确率最高（0.76），不同预处理方法中 PCA-DA-NM（AN）的预测准确率最高（0.84），不同特征波段提取方法中 PCA-DA-CARS 的预测准确率最高（0.82）。基于可见光和近红外光谱信息的枸杞产地识别建模精度整体高于仅使用近红外光谱信息的建模精度（表 6.7—表 6.11）。

表 6.7　400～1000 nm 不同样本划分方式建模精度对比

波段范围/nm	建模方法	样本划分方式	校正集准确率	预测集准确率
400～1000	PCA-DA	SPXY	0.92	0.88
		KS	0.92	0.84
		RS	0.90	0.94
		间隔相同(1、5、9)	0.94	0.88
	PLS-DA	SPXY	0.89	0.84
		KS	0.9	0.78
		RS	0.89	0.86
		间隔相同(1、5、9)	0.86	0.89

表 6.8　400～1000 nm 不同预处理方式建模精度对比

波段范围/nm	建模方法	预处理	校正集准确率	预测集准确率
400～1000	PLS-DA	SG	0.89	0.92
		NM(Area)	0.92	0.96
		NM(Max)	0.90	0.84
		NM(Unit)	0.91	0.92
		NM(Mean)	0.92	0.96
		SG-1 阶	0.94	0.90
		SG-2 阶	0.94	0.73
		BL	0.92	0.94
		SNV	0.92	0.92
		SG-NM(Area)	0.91	0.91
	PLS-DA	SG	0.90	0.88
		NM(Area)	0.90	0.80
		NM(Max)	0.88	0.84
		NM(Unit)	0.86	0.80
		NM(Mean)	0.90	0.80
		SG-1 阶	0.85	0.88
		SG-2 阶	0.81	0.59
		BL	0.89	0.88
		SNV	0.87	0.80
		SG-NM(Area)	0.88	0.78

表 6.9 400～1000 nm 不同特征波段提取方式建模精度对比

波段范围/nm	建模方法	特征提取	校正集准确率	预测集准确率
400～1000	PLS-DA	CARS	0.92	0.92
		UVE	0.83	0.80
		VCPA	0.78	0.71
		IRIV	0.85	0.86
	PLS-DA	CARS	0.89	0.84
		UVE	0.86	0.80
		VCPA	0.74	0.67
		IRIV	0.86	0.84

表 6.10 900～1700 nm 不同预处理方式建模精度对比

波段范围/nm	建模方法	预处理	校正集准确率	预测集准确率
900～1700	PCA-DA	SG	0.89	0.76
		NM(AN)	0.90	0.84
		NM(MN)	0.84	0.65
		NM(UN)	0.88	0.69
		NM(RN)	0.86	0.71
		SG-1 阶	0.79	0.47
		SG-2 阶	0.66	0.35
		BL1	0.88	0.71
		BL2	0.86	0.69
		SNV	0.86	0.71
	PLS-DA	SG	0.91	0.78
		NM(AN)	0.93	0.76
		NM(MN)	0.93	0.67
		NM(UN)	0.94	0.71
		NM(RN)	0.92	0.76
		SG-1 阶	0.94	0.67
		SG-2 阶	0.97	0.59
		BL1	0.91	0.71
		BL2	0.89	0.82
		SNV	0.94	0.76

表 6.11 900～1700 nm 不同特征波段提取方式建模精度对比

波段范围/nm	建模方法	特征提取	校正集准确率	预测集准确率
900～1700	PCA-DA	CARS	0.94	0.82
		VCPA	0.81	0.73
		iVISSA	0.87	0.59
		UVE	0.84	0.73
	PLS-DA	CARS	0.93	0.78
		VCPA	0.69	0.55
		iVISSA	0.86	0.61
		UVE	0.82	0.71

6.4 本章小结

本章介绍了作物种植信息提取及长势遥感监测技术研究进展、几种广泛使用的作物种植信息提取深度学习模型的特点、WFCNN 和 EFFNet 模型结构、EFFNet 模型与 SegNet 模型对比情况以及宁夏气象部门在枸杞、葡萄种植信息提取和枸杞产地识别研究中开展的工作。根据分析：(1)对比 SegNet 模型，EFFNet 模型提取得到的语义特征与边缘特征融合后得到的特征图类间差异大而类内差异小且 EFFNet 模型提取的特征一致性明显优于 SegNet 模型，在枸杞、葡萄等特色作物种植信息提取中具有明显优势。(2)枸杞鲜果光谱反射率与总糖在 350～1325 nm 波段范围呈稳定正相关，在 1378～1436 nm 波段范围呈负相关；光谱反射率与粗蛋白呈稳定显著正相关波段主要集中在 1374～1424 nm；与锌呈显著相关性波段主要集中在 1356～1386 nm；与锰呈稳定相关性波段主要在 350～1339 nm 和 1371～1485 nm；与铁在 1385～1425 nm 显著相关；与钙呈稳定正相关，集中在 1403～1435 nm、1804～1827 nm。(3)枸杞干果光谱反射率与总糖相关性稳定波段主要集中在 350～1815 nm 与 1933～2296 nm；与多糖呈显著负相关波段主要集中在 394～579 nm，在 1442～1621 nm 呈显著正相关；与粗蛋白呈显著负相关波段主要集中在 350～572 nm，在 1439～1625 nm 和 2043～2170 nm 呈显著正相关；与甜菜碱呈极显著正相关波段主要集中在 355～598 nm；与锌呈显著负相关波段主要集中在 410～521 nm；与锰呈极显著负相关波段主要集中在 350～537 nm 和568～619 nm，在 1411～1817 nm 和 2068～2104 nm 范围呈显著正相关；与钙呈显著负相关波段主要集中在 350～649 nm。(4)人工测定显示果形指数：中宁＞惠农≈同心＞新疆，新疆枸杞较中宁枸杞更扁圆；基于高光谱数据的枸杞外观特征分析 MLR 模型精度高于其他对比模型，并在加入果形指数后，预测精度进一步提高。(5)基于全波段信息的偏最小二乘回归(PLSR)，枸杞总糖反演模型 R^2 为 0.7692，基于特征波段信息的 PLSR 反演模型，R^2 为 0.7863，精度更高。(6)基于可见光和近红外光谱信息的枸杞产地识别建模精度整体高于仅使用近红外光谱信息的建模精度。

第7章 主要水体生态气象

7.1 水体遥感信息提取研究进展

水是人类与生物得以生存和发展的重要物质基础，开展水体信息的提取对于了解水资源概况、合理规划和利用水资源具有重要意义（苏龙飞 等，2021）。遥感技术具有实时性、周期性、宏观性及综合性等特点，能有效克服传统调查方式的不足（孙家炳，2006）。随着全球对地观测系统的建立以及航天技术遥感信息的快速发展，遥感卫星影像分辨率，包括时间、空间以及光谱分辨率的显著提高，影像处理技术的不断完善（杜培军，2006），在水资源调查、水环境保护、洪涝监测、水利规划、水体动态变化分析等方面的作用越来越大。

利用卫星遥感数据进行水体的位置、面积、形状和河宽等参数的信息提取，已经成为一种快速获取水体参数的有效方法和手段（苏龙飞 等，2021）。水体提取最开始是借助不同的观测解译设备来解译目标的几何形状、大小、阴影等要素来确定目标的几何信息进行图像数据处理，即利用人工目视解译的方法。人工解译的方法提取的结果因人而异，与解译人员对研究目标水体的了解和自身的知识水平相关，对水体提取结果的影响很大，且花费时间多。随着遥感技术的发展，国内外研究学者进行了大量的实验，利用水体在遥感波段的光谱特征曲线研究自动提取方法，并提出了多种水体模型，比如单波段阈值法、差值法、比值法、水体指数法等。单波段阈值法是早期基于 Landsat MSS 影像提出的一种比较简单的水体自动提取算法，利用水体和非水体在某一波段上的反射率（即 DN 值）具有明显的差异性，选定某一数值为临界值，区分水体和非水体的方法（毕海芸 等，2012）。该方法对于大面积水域效果较好，细小水体不易被提取，而且很难去除阴影（陆家驹 等，1992）。陈文倩等（2015）发现水体在近红外波段对入射能量的强吸收性以及在此波段范围内植被和土壤等背景地物的强反射性特点，能够突出水体与背景地物的明显差异，可以通过设定合适的阈值来分离出水体。比值法能快速提取水体信息，而且能很好地减弱其他地物信息的影响，去除部分阴影（刘排英，2010）。水体指数法是在差值法和比值法的基础上提出来的综合方法（Olmanson et al.，2008）。McFeeters（1996）提出了归一化差异水体指数法（NDWI），对绿光波段与近红外波段运用差值法和比值法相结合，降低植被信息敏感度，增强影像中的水体信息，突出水体；受 NDWI 不能有效滤除建筑用地噪声影响，其提取结果可能包含有建筑用地。基于 NDWI 的思想，徐涵秋（2005）通过分析各个地物在不同波段上的反射特性，提出了改进的归一化差异水体指数 MNDWI，用中红外波段替换了近红外波段，增强了建筑物与水体的反差，在去除建筑物对提取水体结果的影响方面具有很好的效果。多波段谱间关系法是比较水体与非水体的波谱曲线变化规律来构造关系式的方法(汪金花 等,2004)。如张明华(2018)利用蓝、绿、红、近红外、短波红外波段构建了一种多条件谱间关系模型,对研究区水体进行了有效的提取。近年来随着支持向量机(SVM)、随机森林方法以及深度学习等机器学习算法的涌现,通过对水体目标特征参数进行抽取,建立特征参数与水体之间的非参数机器学习模型,完成水体信息的识别,目前已成为水体提取的热门研究方向。SVM 分类是一种建立在统计学习理论基础上的机器学习方法(Vapnik,2000),它通过解算最优化问题,在高维特征空间中寻找最优分类超平面,从而解决复杂数据的分类问题(贾坤 等,2011),并在高光谱影像分类中得到广泛应用(贾明明 等,2013)。段秋亚等(2015)在鄱阳湖区选取 2 块不同尺度和复杂度的 GF-1 卫星影像,分别采用 SVM、面向对象法和水体指数法进行水体提取,结果表明 SVM 的提取精度最高;黎显平等(2016)研究认为 SVM 法可以较为完整地提取狭窄的河渠和小面积水体;张德军等(2019)基于 GF-1 数据利用 SVM 进行三峡库区水体提取,发现 SVM 总体精度良好,但是在细节方面,如河流边界、细小图版处理不好,需要结合其他方法一起处理。随机森林算法随机选取分类特征的特点在处理高维度数据时更加适用,效率比较高,而且对小样本数据不敏感,在样本变量维数比样本个数还大时也能有较好的分类结果(Cortijo et al.,1999)。赵书慧等(2018)采用长时间序列数据构造随机森林的分类特征,提取水体信息,相对于短时间数据具有一定的可靠性,可以避免由于采用某一天或某一段时间的数据提取水体信息而产生的偶然性和随机性。深度学习无需对影像进行复杂的光谱特征分析就可从数据中学到丰富的光谱与空间特征,极大提高了分类精度与自动化程度(周岩 等,2019)。王雪等(2018)分别运用构建的全卷积神经网络模型及传统的阈值法和基于图论的 GrabCut 算法进行水体提取试验,结果表明,全卷积神经网络模型比传统的阈值法和基于图论的 GrabCut 算法提取水体自动化程度更高、适用性及提取精度更好;陈前等(2019)基于高分辨率遥感影像,利用深度学习进行了水体信息的提取,结果表明其分类精度优于水体指数法、支持向量机等方法;梁泽毓(2019)基于多元遥感数据下的深度学习方法,完成了长江安徽段的水体提取,实现了水体的全自动化提取。

7.2 宁夏平原主要湖泊水体的分布特征

湖泊、湿地被称作“地球之肾”。它是下垫面水—陆相互作用下形成的特有的、具有丰富生物多样性的生态系统。湿地又是非常敏感的生态系统,在改善环境、调节气候等方面具有极高的重要性。由于气候变暖,全球范围内的湖泊湿地大面积退化甚至消失,湖泊湿地的保护和恢复的研究工作已成为各国研究前沿领域的热点问题之一。湖泊水体水资源是重要的自然资源,尤其是在西北绿洲生态维持中起着举足轻重的作用。湖泊不仅为湖区周边的人民生活和社会经济的发展提供物质保障,还在农用灌溉、维持区域生态系统平衡以及调节当地局部气候等方面发挥着重要的作用。因此,开展湖泊水体面积、空间分布、动态变化等有效监测与评估,对水资源监测评估、防洪抗旱减灾、生态环境建设等工作均具有重要意义。

近年来,随着生态建设力度的加强,投资的增加,宁夏举全区之力,打造“黄河金岸”,疏通河道,开挖渠道、连通湿地水系,通过自然或人工水系互为连通,形成关联程度极高的湿地网络,提升宁夏平原城市形象,打造宜居环境。宁夏西面有巍峨挺拔的贺兰山,山势险峻,又有山下大面积的冲积扇荒漠区域,每逢雨季常有山洪暴发,而区内的湖泊湿地,就是本地区的天然滞洪区。洪水被储存在土壤内或以表面水的形式保存于湖泊和沼泽中,是本地区补充地下水的直接来源。从 2002 年以来，银川市湖泊湿地的恢复与保护工作有序展开。2003 年在鸣翠湖、阅海和黄河湿地实施了国家重点湿地保护与恢复工程基础设施建设项目；2004 年，集防洪、排水、生态、景观、旅游等多种功能于一体的典农河工程竣工，连通了七子湖、宝湖、北塔湖等湖泊湿地，成为市区重要的湿地生态带和风景线；2005 年，阅海和西湖连通工程竣工，第二排水沟、四二干沟、银新干沟等城市主要排水、排洪沟道进行清淤治理；2009 年，宏大的黄河湿地公园工程开工，同时实施了银川市东南水系建设，连接了银子湖、章子湖等 10 多个湖泊；2010 年，银川西北部水系整治工程开工建设，王家湖、李家湖、罗家湖等湖泊湿地加入“大家庭”。2009 年，位于黄河城市带中央的银川市被评为中国新十大天府城市，2010 年被评为全国最宜居的城市之一，充分显示了宁夏平原湿地生态作用的重要意义。2018 年前后，宁夏湿地总面积达 25.57×10^4 hm^2，占全国湿地总面积的 0.6%。宁夏平原地区以永久性淡水湖泊湿地为主，著名的有鸣翠湖、丽景湖、西大湖、典农河、银子湖、章子湖、官湖、王家湖、罗家湖等，还有一些河流湿地及少量沼泽湿地，在西北干旱半干旱地区属于比较罕见。宁夏平原的湿地数量多、分布广，呈现湖群状分布，湿地的水源主要来源于黄河，所以季节性较强（夏多冬少）；湿地周边生物类型丰富，具有很高的生态价值。

整体看来，1999—2016 年宁夏平原湿地总面积呈增加的趋势（图 7.1）。从空间分布看，宁夏平原的湖泊湿地资源在修复前呈零散状分布，即人工湿地（池塘、水库等）镶嵌于自然湿地（黄河湿地、湖泊湿地等）之中，而修复后湖泊湿地资源由零变整，虽然河流湿地面积呈减少趋势，但一系列零星的湖泊湿地明显被连通，组成了湖泊湿地的“大家庭”，初步形成了以宁夏平原各主要县市（银川、石嘴山、平罗等）为主体的水环境生态圈。

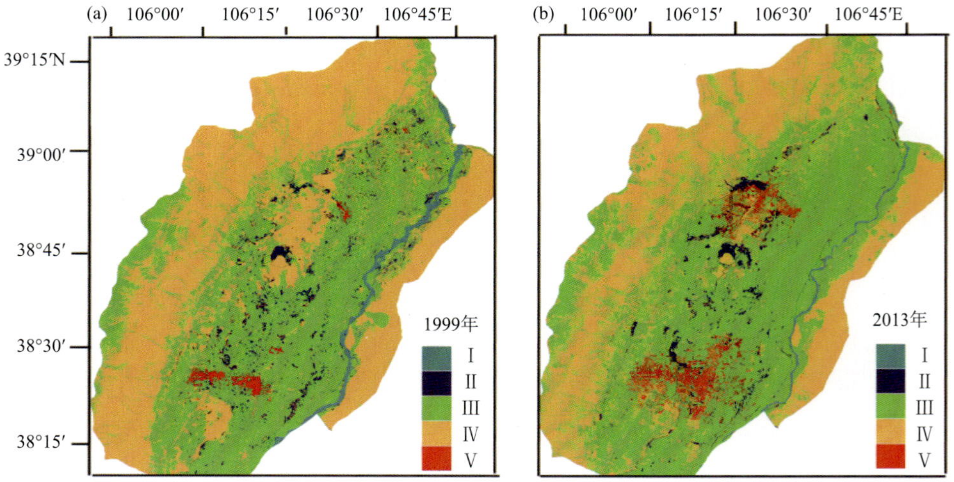

图 7.1　宁夏平原湿地资源分布图

(a)修复前；(b)修复后

1999—2016 年，宁夏河流湿地面积呈减少的趋势，非河流湿地面积呈增加的趋势，总湿地面积呈增加趋势，此结果与卜晓燕(2016)分析银川平原 2000—2014 年湿地面积的变化趋势一致。河流湿地面积 1999—2016 年减少了 20.48 km^2，总减幅为 19.13%，减幅在 2005 年以后降低了 4.82%。自 2003 年进行大面积的湿地修复及重建工作后，1999—2016 年宁夏平原非河流湿地面积增加了 73.88 km^2，其中 1999—2013 年累积增幅最大可达 18.38%；1999—2016

年总湿地面积增加了 53.4 km^2(表 7.1)。

表 7.1 宁夏平原湖泊湿地面积统计

年份	河流湿地面积/km^2	非河流湿地面积/km^2	湿地总面积/km^2	河流湿地面积变化/%	非河流湿地面积变化/%	总湿地面积变化/%
1999	114.67	316.31	430.98	/	/	/
2005	106.38	325.31	431.69	−7.23	2.85	0.16
2010	103.82	341.92	445.74	−2.41	5.11	3.25
2013	97.97	377.56	475.53	−5.63	10.42	6.68
2016	94.19	390.19	484.38	−3.86	3.35	1.86

7.3 主要湖泊水体面积变化动态分析

以沙湖和阅海湖为典型,对湖泊水体面积季节及年际变化进行长时间序列分析。为了保证所选数据的科学性,选取的影像尽量保证时段的一致性,春季主要选择 4 月,夏季主要选择 7 月,秋季主要选择 10 月,冬季主要选择 1 月。同时,为了对 Landsat 系列影像水体提取精度进行验证,选用国内 GF-1/WFV 传感器 16 m 多光谱数据进行水体提取。利用 Landsat 系列卫星 2014—2020 年的遥感监测影像资料,选取第一个原则是时间上尽量接近,在同一月份最好。第二个原则为云量尽量少,无云最好。利用归一化水体指数(MNDWI)提取湖泊水体,先对所有的影像数据使用改进的归一化水体指数进行处理,由于影像的时期不一样,水体和非水体的反射率也会有所差异,同一水体在绿光波段和中红外波段的变化趋势也会不同,所以需要对每一幅影像设置合适的阈值。为更准确地提取出水体信息,对裁剪后的矢量化数据,人工检查提取的水体的质量,如果质量较差,则再重新设置阈值,或用其他方法进行自动提取或采用目视解译法判别结果准确性。

7.3.1 沙湖水体面积变化动态分析及对气候的调节作用

沙湖位于石嘴山市平罗县西南方向,是宁夏最大的天然微咸水湖泊,地处贺兰山和鄂尔多斯高原之间的陷落地堑中部,东西最长 21 km,南北最宽 17 km。西部为贺兰山,地形自贺兰山麓向东部平原区倾斜,属银川平原“西大滩碟形洼地”地貌,水源稳定,水量充沛,人工可控。

7.3.1.1 季节变化特征

2014—2020 年沙湖水体面积季节变化如图 7.2 所示,季节变化明显。冬季湖面受结冰影响,水体面积最大,介于 21.74～33.15 km^2,平均 29.38 km^2;其次为春季,介于 19.99～29.02 km^2,平均 24.91 km^2;夏季介于 18.64～23.97 km^2,平均 22.33km^2;秋季介于 19.58～25.71 km^2,平均 21.93 km^2。

7.3.1.2 年际变化特征

2014—2020 年沙湖水体面积的年际变化如图 7.3 所示,四季平均值呈动态变化,其中最小值出现在 2019 年为 21.15 km^2;最大值出现在 2015 年为 27.15 km^2;多年平均值为 24.64 km^2。

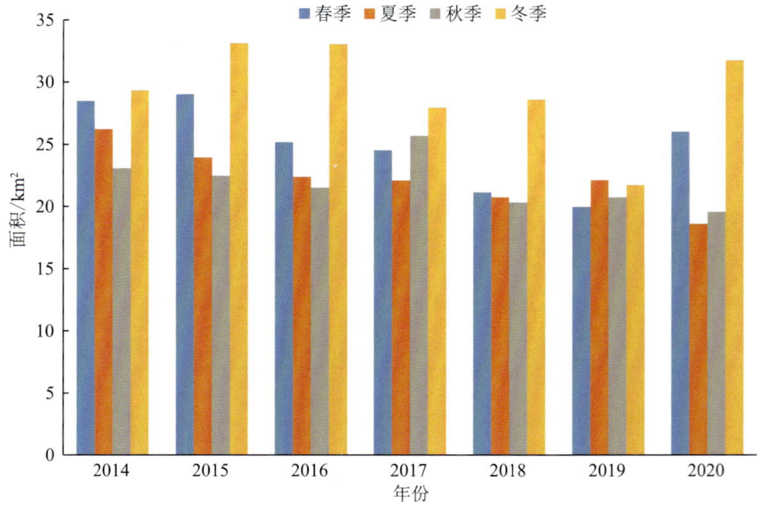

图 7.2　沙湖水体面积季节变化图

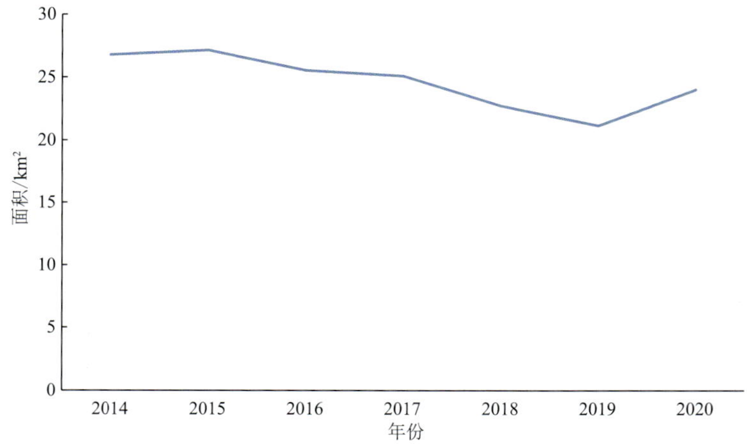

图 7.3　沙湖水体面积年际变化图

从沙湖水体空间分布图可以看出，相比 2015 年，2019 年沙湖水体东部有所减少，主体东部缩减明显（图 7.4）。

7.3.1.3　对气候的调节作用

为研究不同季节沙湖对气温的调节作用，对比分析了沙湖周边不同距离、不同方位、不同季节 6 个自动气象站气温日变化差异。一年中不同季节，沙湖对周边气温的调节作用有共同特征也有明显的差异。夜间沙湖对气温调节作用明显大于白天，在距离沙湖主体湖泊不同距离范围内均有不同程度的夜间增温效果，夜间距离湖泊主体越近的区域，湖泊的增温效应越明显。秋季夜间增温效应最明显。沙湖周边同距离范围内，西南侧夜间四季增温均较强，秋、冬季最强，其次是沙湖正南侧夏、秋季节夜间增温相对较强，沙湖东南侧夜间增温强度相对较弱（图 7.5、表 7.2）。

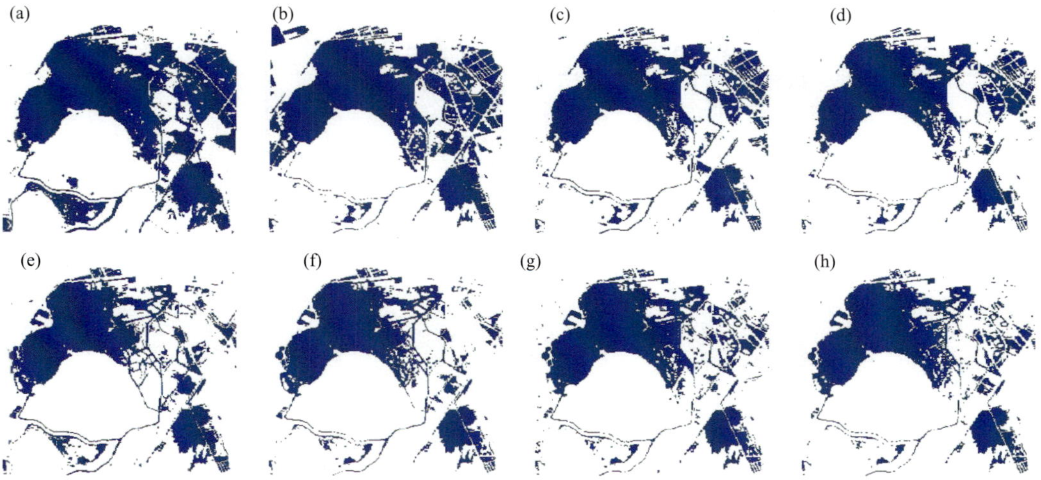

图7.4　沙湖水体空间分布图
(a)2015年1月11日;(b)2015年5月3日;(c)2015年7月6日;(d)2015年10月10日;
(e)2019年1月6日;(f)2019年3月11日;(g)2019年7月1日;(h)2019年10月30日

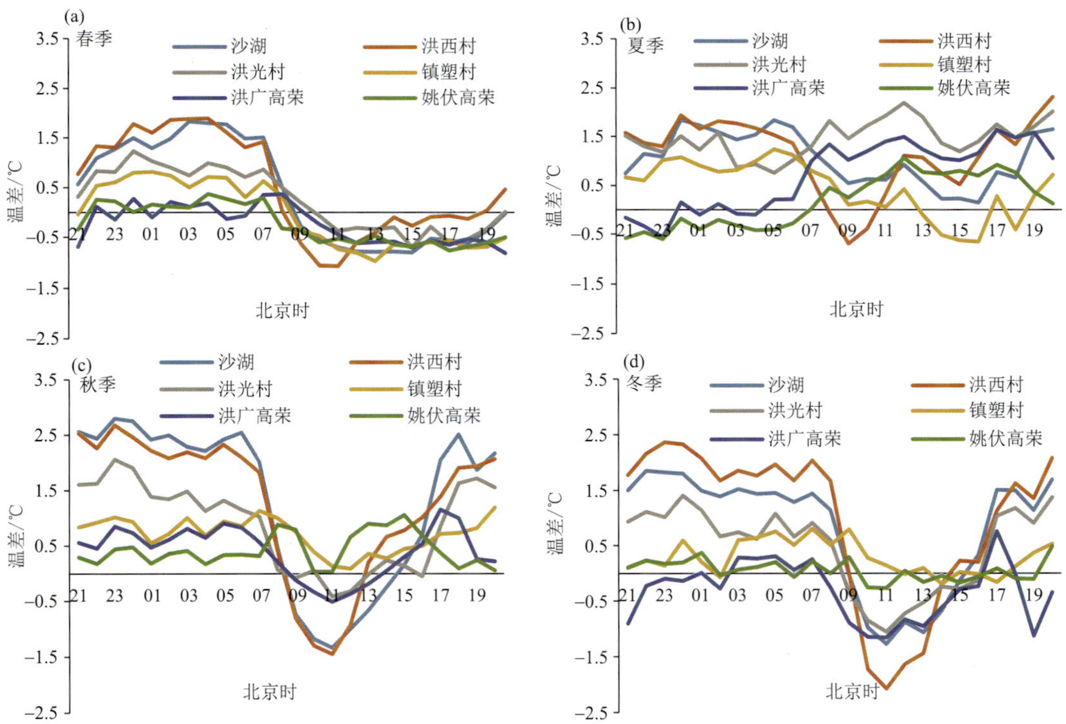

图7.5　沙湖不同距离自动气象站与无影响参考站(上店子气象站)温差日变化图
(a)春季;(b)夏季;(c)秋季;(d)冬季

(1)对极端最高、最低气温的调节作用

为研究湖泊湿地对夏季高温(日最高气温≥35 ℃)的调节作用,对比分析了2007—2016年夏季沙湖气象站、大武口站极端高温天气出现时,湖泊湿地与城市下垫面逐时的气温及差值日变化见图 7.6、图 7.7。

表 7.2　沙湖不同距离自动气象站与无影响参考站(上店子气象站)温差统计表　　单位:℃

站点＼季节	春季		夏季		秋季		冬季	
	白天	夜间	白天	夜间	白天	夜间	白天	夜间
沙湖(正北 0.6 km)	−0.8～0.0	0.5～1.8	0.8～1.9	0.2～1.6	−1.3～0.7	1.9～2.8	−1.3～0.3	1.1～1.9
洪西村(西南 7.0 km)	−1.1～0.5	0.1～1.9	0.7～2.0	0.7～1.9	−1.4～1.0	1.4～2.7	−2.1～0.2	1.1～2.4
洪光村(西南 6.8 km)	−0.7～0.2	0.3～1.2	0.9～1.6	1.2～1.9	−0.4～0.3	0.9～2.1	−1.1～−0.1	0.6～1.4
镇塑村(正西 7 km)	−1.0～−0.4	0.0～0.8	0.6～1.3	−0.6～0.7	0.1～0.5	0.6～1.2	−0.2～0.8	−0.1～0.8
洪广高荣(南侧 6.9 km)	−0.8～0.1	−0.7～0.4	−0.6～1.0	1.0～1.7	−0.5～0.5	0.5～1.2	−0.2～0.8	−0.9～0.8
姚伏高荣(东南 6.5 km)	−0.8～−0.4	−0.3～0.4	−0.6～0.0	0.3～1.1	0.0～1.1	0.1～1.1	−0.3～0.1	−0.1～0.5

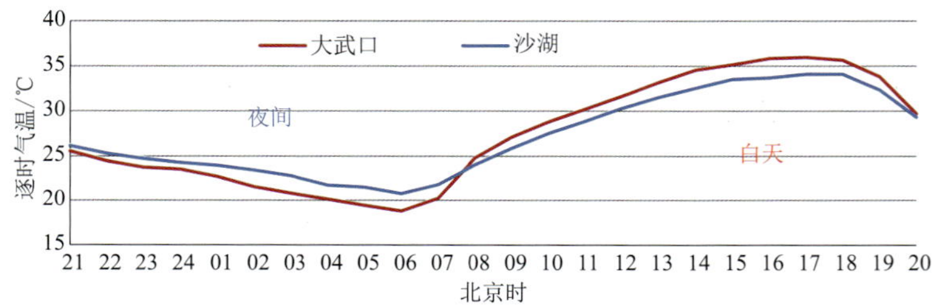

图 7.6　夏季高温天气条件下(日最高气温≥35 ℃)大武口与沙湖气象站逐时气温日变化

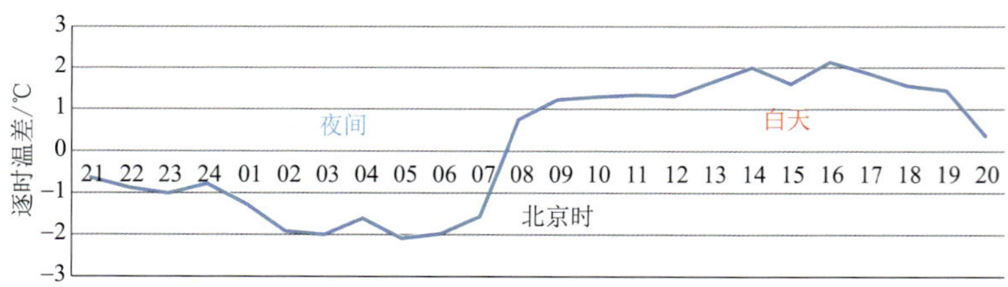

图 7.7　夏季高温天气条件下(日最高气温≥35 ℃)大武口与沙湖气象站逐时温差日变化

(2)对冬季极端最低气温的调节作用

冬季极端低温情况下(日最低气温低于−20 ℃),湖泊湿地对气温的调节作用如何?统计了自 2007 年以来大武口站日最低气温≤−20 ℃时两地气温及温差的日变化(图 7.8、图 7.9)。冬季沙湖水域对周边气候具有明显的调节作用,起到了很好的保温效应,使沙湖周边冬季夜间最低气温较大武口市区提高了 2.4 ℃;白天沙湖周边与城市气温的差异不大。

(3)对周边区域月季气温的调节作用

研究一年中不同月、季沙湖对气温的调节作用,对比分析自 2007 年以来沙湖气象站与城市下垫面大武口气象站 10 a 平均的逐月、季平均气温及差值变化(表 7.3、图 7.10)。从图表中可看出,一年中,春、夏、秋三季(3—11 月)两地平均气温均在 0 ℃以上,冬季 12 月、

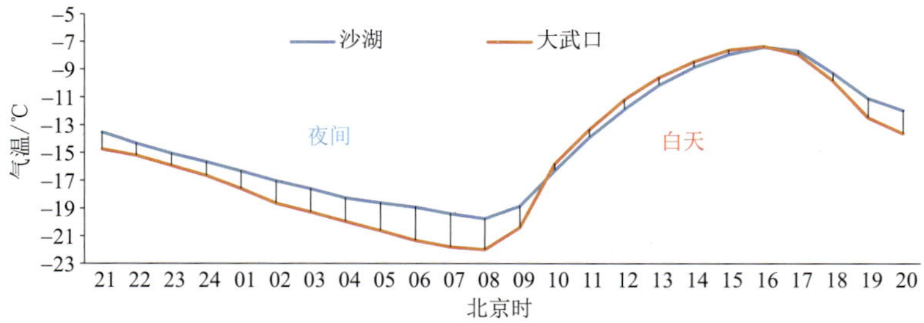

图 7.8　冬季低温天气条件下(日最低气温≤－20 ℃)大武口与沙湖气象站逐时气温日变化

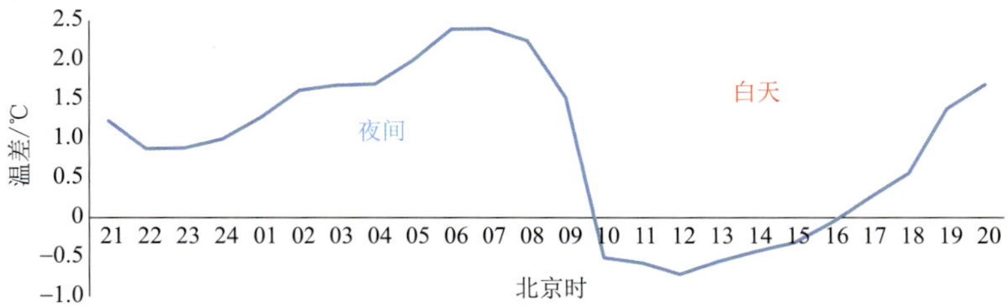

图 7.9　冬季低温天气条件下(日最低气温≤－20 ℃)沙湖气象站与大武口逐时温差日变化

1 月、2 月三个月平均气温均在 0 ℃以下。从 2007—2016 年的观测资料对比看，夏季 6—7 月沙湖气象站月平均气温高于大武口站 0.3～0.4 ℃，8 月是一个转折期，沙湖与大武口两地平均气温基本无差别，9 月至第二年 4 月大武口站气温明显高于沙湖站，其中 9 月至第二年 1 月两地月平均气温差距最大，达 0.5～0.9 ℃，春季 5 月再次出现转折，两地气温持平，其后沙湖站高于大武口。

表 7.3　大武口与沙湖气象站月平均气温及差值统计表　　单位：℃

站点	月份											
	1	2	3	4	5	6	7	8	9	10	11	12
大武口	−7.9	−3.4	4.8	12.7	18.5	22.8	24.5	22.7	17.0	10.5	1.7	−5.4
沙湖	−8.7	−3.6	4.5	12.6	18.5	23.2	24.8	22.7	16.3	9.6	1.2	−6.1
沙湖－大武口差值	−0.8	−0.2	−0.3	−0.1	0.0	0.4	0.3	−0.1	−0.7	−0.9	−0.5	−0.7

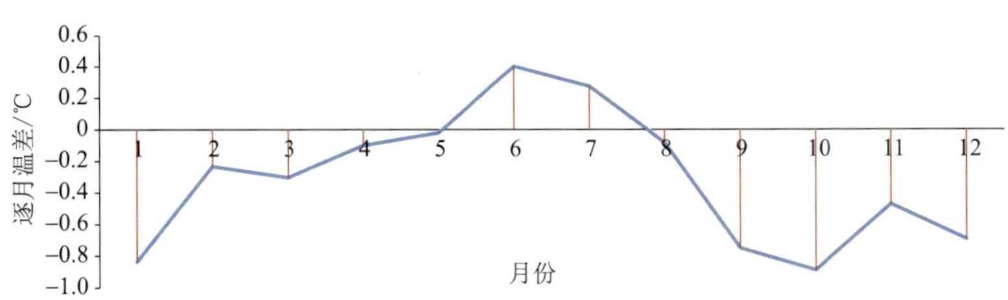

图 7.10　大武口与沙湖气象站月平均气温差值图

(4)对周边区域年平均气温的调节作用

从 2007—2016 年两站年平均气温对比看(图 7.11)，沙湖站年平均气温均高于大武口站，平均相差 0.3 ℃，最大相差 0.7 ℃，出现在 2012 年。进一步分析两地年平均最高气温和最低气温的差异(表 7.4、图 7.12),平均最低气温差异明显大于最高气温差异。年平均最高气温大武口站高于沙湖站,年平均最低气温沙湖站高于大武口站。

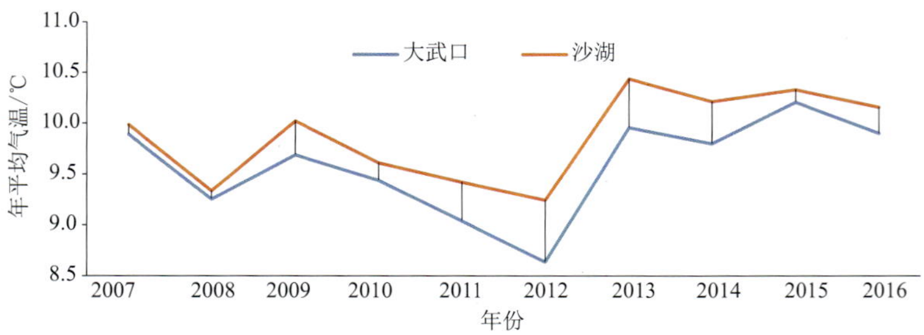

图 7.11 2007—2016 年大武口与沙湖气象站年平均气温对比图

表 7.4 2007—2016 年大武口与沙湖气象站年气温变化统计表 单位:℃

站点	项目	2007 年	2008 年	2009 年	2010 年	2011 年	2012 年	2013 年	2014 年	2015 年	2016 年	平均
大武口	年平均气温	9.9	9.3	9.7	9.4	9	8.6	10	9.8	10.2	9.9	9.6
沙湖		10	9.3	10	9.6	9.4	9.3	10.4	10.2	10.3	10.2	9.9
大武口	年平均最高气温	17.1	16.7	17.1	16.8	16.3	16.4	18	17.6	17.6	17.8	17.1
沙湖		16.4	16.2	16.8	16.4	15.8	16.2	17.7	17.3	17.2	17.3	16.7
大武口	年平均最低气温	3.4	2.3	2.9	2.9	2.2	1.6	2.7	2.9	3.5	3.1	2.8
沙湖		4.6	3.6	4.5	4.2	3.9	3.6	4.5	4.5	4.8	4.5	4.3
大武口	年极端最高气温	35.1	36.6	36.6	38.7	37.1	35.2	37	37.8	38.4	39.2	37.2
沙湖		34.5	35.6	35.7	37	35.5	34.2	35.4	36.1	36.2	37.1	35.7
大武口	年极端最低气温	−19.2	−26.8	−22.1	−24.8	−24.7	−24.1	−25.7	−20.7	−19.6	−24	−23.2
沙湖		−16.6	−25.8	−19.7	−25.1	−21.3	−21.2	−21.6	−18.3	−17	−20.6	−20.7
大武口	年较差	13.7	14.4	14.2	13.9	14.1	14.8	15.3	14.7	14.1	14.7	14.3
沙湖	年较差	11.8	12.6	12.3	12.2	11.9	12.6	13.2	12.8	12.4	12.8	12.4
大武口一沙湖年较差	差值	1.9	1.8	1.9	1.7	2.2	2.2	2.1	1.9	1.7	1.9	1.9

7.3.2 阅海湖水体面积变化动态分析及对气候的调节作用

阅海湖原名大西湖,位于银川市金凤区北部,由天然湖泊经人工改造而成,呈南窄北宽的"L"型长条状分布,平均水深 1.4 m,丰水期可达 2.5 m 以上,湖泊蓄水量约为 1.612×10^7 m^3,是银川市西部的生态屏障与良好的水源涵养地,也是我国西部地区鸟类迁徙的中转站之一。

7.3.2.1 年际变化特征

2014—2020 年阅海湖水面面积的年际变化如图 7.13 所示,阅海湖水体面积四季平均值呈现动态变化,其中湖区水面面积最小值出现在 2017 年,面积为 12.14 km^2;湖区水面面积最大值出现在 2015 年,面积为 12.82 km^2;湖区水面面积多年平均值为 12.52 km^2。

从 2015 年和 2017 年阅海湖水体空间分布图可以看出,相比 2015 年,2017 年阅海湖水体南部有所减少(图 7.14)。

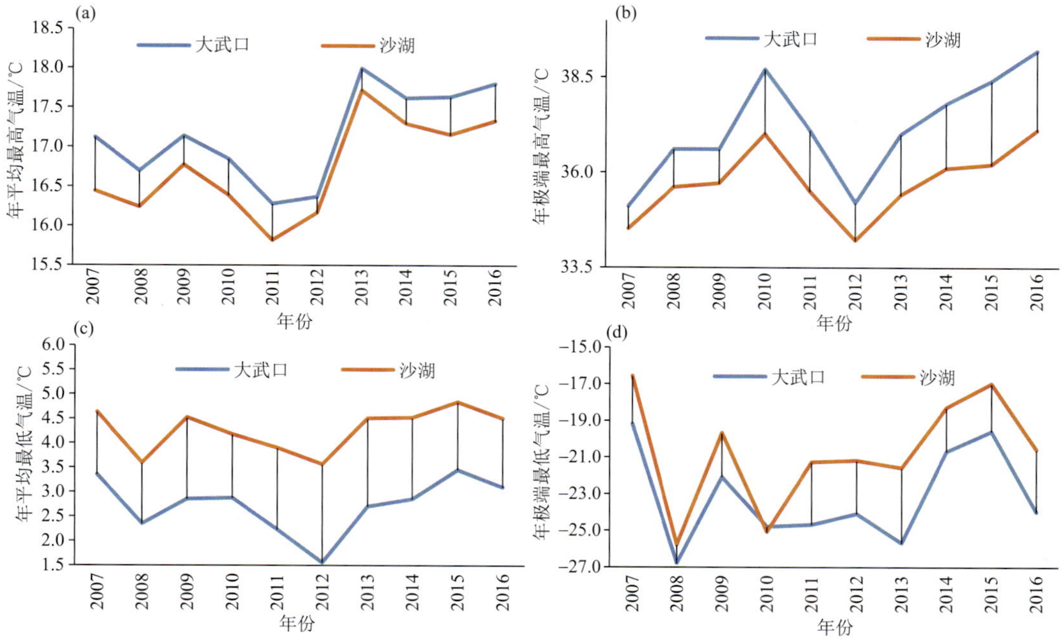

图 7.12　2007—2016 年大武口与沙湖气象站年最高、最低气温对比图

(a)年平均最高气温；(b)年极端最高气温；(c)年平均最低气温；(d)年极端最低气温

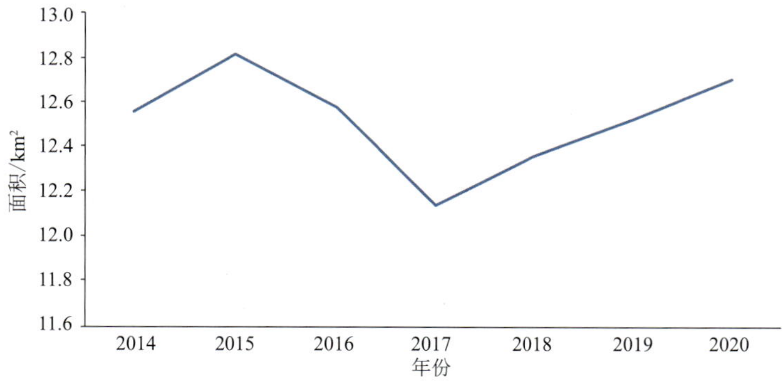

图 7.13　阅海湖水体面积年际变化图

7.3.2.2　对气候的调节作用

选取良田镇自动气象站代表无影响气象观测站(参考站)，选取阅海周边 7 个自动气象站览山剧场、三闸村、阅海万家、紫阳社区、福星苑、丰登镇、银川站代表典型湖泊湿地生态环境影响下的气象观测站。选取 2007 年 1 月 1 日—2015 年 12 月 31 日多站同期气象观测资料进行对比分析。一年中不同季节、不同方位及不同距离处阅海湖对周边气温的调节作用有共同特征也有明显差异。共同特征是：四季夜间在湖泊主体不同距离范围内均有不同程度的夜间增温效果，距离越近的区域，湖泊的增温效应越明显；白天在湖泊主体不同距离范围内均有不同程度的降温效果，距离越近的区域，湖泊的降温效应越明显；早、晚时段内增温及降温效应不明显；冬季夜间的增温效应明显，夏季白天的降温效应明显。受阅海湖南北长、东西窄形状的影响以及湖泊区域内主导风向影响，四季阅海湖周边同距离范围内，西南—南—东南侧夜间增温

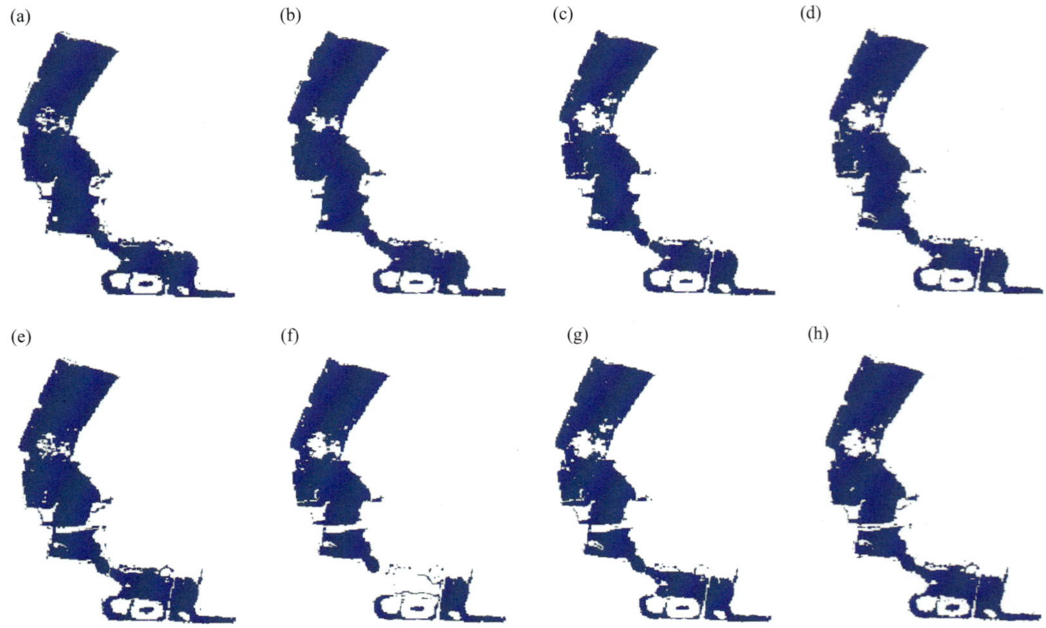

图 7.14　阅海湖水体空间分布图

(a)2015 年 1 月 11 日；(b)2015 年 5 月 3 日；(c)2015 年 7 月 6 日；(d)2015 年 10 月 10 日；(e)2017 年 1 月 25 日；(f)2017 年 4 月 22 日；(g)2017 年 7 月 4 日；(h)2017 年 10 月 31 日

及白天降温效应均较其他方向明显。

由于丰登镇、三闸村两站分别位于阅海湖主体的东西两侧，而东西向湖面宽度相对较窄(南北长 9.4 km，东西宽 1.9 km)，相对于其他测站水面影响弱；银川气象站位于水体正南侧，但其周边生态、植被及城市建筑群落相对比较复杂，其气温的日变化也有别于湖泊主体周边其他测站。上述三个测站虽然距离阅海相对较近，但气温的日变化规律与其他位于湖泊近距离处及偏南方向的览山剧场、紫阳社区、阅海万家、福星苑 4 站相比有较大差异(图 7.15、表 7.5)。

表 7.5　阅海不同距离自动气象站与相对无影响参考站(良田镇 9.0 km)温差统计表　单位：℃

季节 / 站点	春季		夏季		秋季		冬季	
	白天	夜间	白天	夜间	白天	夜间	白天	夜间
览山剧场(东 0.05 km)	−2.1～−0.4	0.0～1.2	−2.3～−0.3	0.5～1.1	−1.5～−0.1	0.7～1.3	−1.8～−0.3	0.1～0.7
三闸村(西 1.6 km)	−1.1～0.4	−1.3～−0.9	−2.0～−0.7	−1.3～−0.9	−1.2～−0.5	−1.0～−0.5	−1.1～0.5	−0.7～−1.4
紫阳社区(西南 3.8 km)	−1.6～−0.3	0.2～1.4	−1.5～−0.3	0.7～1.4	−0.5～0.2	0.6～1.5	−1.4～−0.4	0.4～1.4
阅海万家(东南 5.0 km)	−1.6～−0.3	0.5～1.7	−1.5～−0.3	0.2～1.4	−1.3～0.2	1.0～1.4	−0.4～−0.2	0.1～2.3
福星苑(东南 7.0 km)	−1.4～−0.1	−0.3～0.2	−1.4～−0.4	0.5～1.6	−0.9～0.0	1.0～1.8	0.1～0.8	−0.3～0.2

续表

站点＼季节	春季		夏季		秋季		冬季	
	白天	夜间	白天	夜间	白天	夜间	白天	夜间
丰登镇（东 5.0 km）	−1.1～−0.2	−0.9～−0.3	−1.2～0.5	−1.4～0.6	−0.9～0.0	−0.9～0.0	−1.4～−0.3	−1.7～−0.9
银川站（南 5.6 km）	−0.6～0.0	−1.4～−0.1	−1.4～−0.4	−0.6～−0.1	−0.9～−0.2	−0.3～0.0	−0.8～−0.3	−0.2～0.3

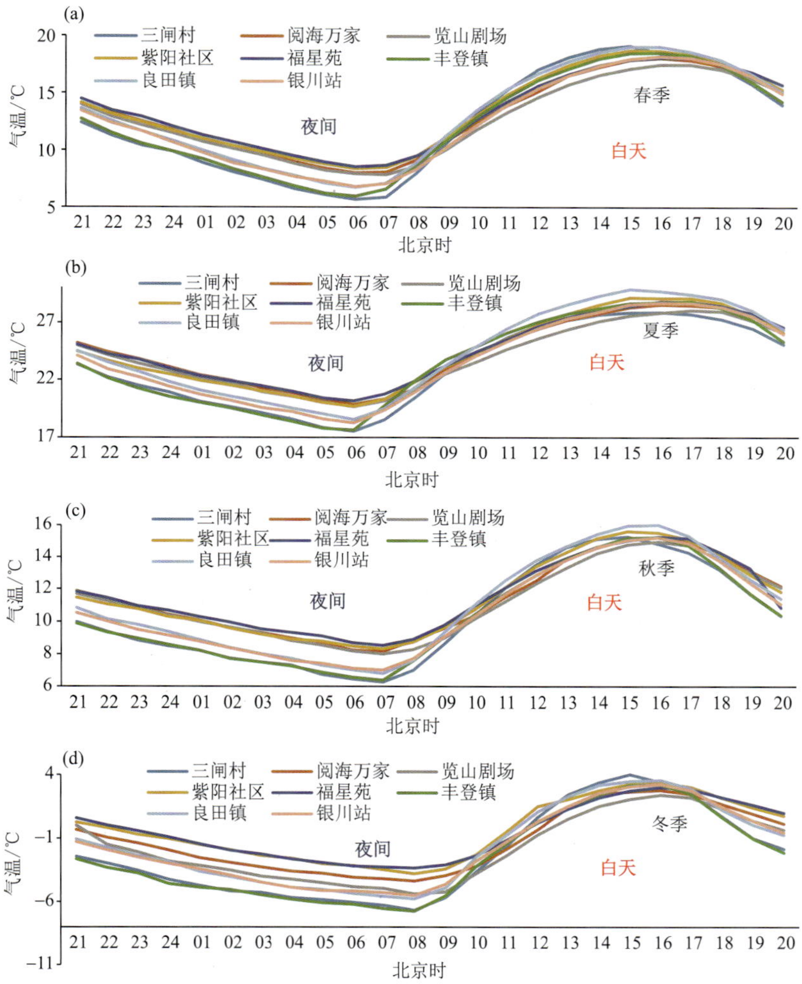

图 7.15　阅海湖周边 7 自动气象站及良田镇参考站不同季节气温日变化对比图
(a)春季；(b)夏季；(c)秋季；(d)冬季

从各站白天气温变化及与对比站相比降温情况看(图 7.16)，春季白天，览山剧场、紫阳社区、阅海万家、福星苑 4 站降温 0.0～2.1 ℃，夏季白天 4 站降温 0.3～2.3 ℃，春夏季降温幅度最大的是览山剧场，其次是阅海万家和紫阳社区，福星苑相对较弱；秋季白天 4 站降温幅度在 0.1～1.5 ℃；冬季白天除福星苑测站降温 0.1～0.8 ℃，其他 3 个测站降温 0.2～1.8 ℃。从各季白天降温幅度的总体情况看，夏季白天降温幅度最大，其次是春季，秋冬季节降温幅度相对较弱。

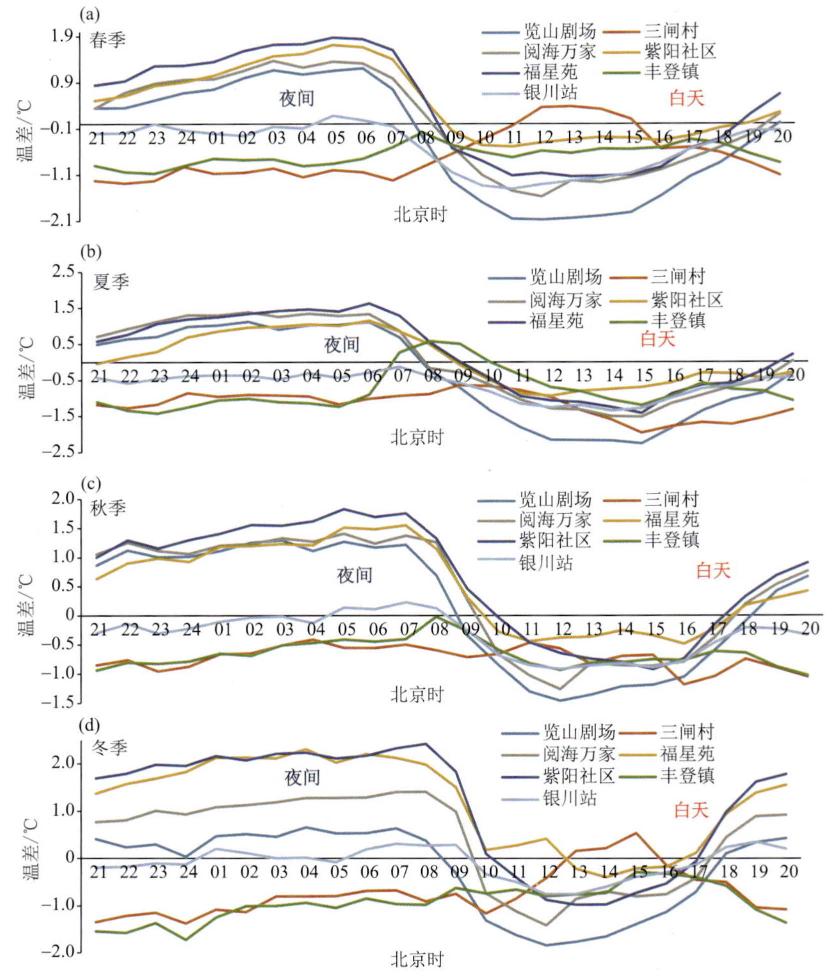

图 7.16 阅海湖周边 7 自动气象站与良田镇参考站不同季节气温差值日变化对比图

(a)春季；(b)夏季；(c)秋季；(d)冬季

7.4 黄河宁夏段水体监测评估

7.4.1 河流水体遥感提取

河流的水体范围、水位/水深、流量、水质和冰情等水情要素与生物多样性、生态保护和修复密不可分，更与人类社会经济发展所面临的粮食危机、能源风险、水安全等现存或潜在问题息息相关(Palmer et al.,2018)。获取河流水情要素的传统方式是设立水文监测站点进行观测，但这种方式获得的只是点的信息，而且，很多地区由于位置偏远、气候恶劣等原因，站点稀疏甚至缺失，所能获得的水情要素方面的信息极其有限。相比于传统的观测方法，遥感技术可以及时、稳定地获得全方位、多时相、大区域的河流水情信息。

早在20世纪80年代，研究者就探索将遥感技术应用于水文水资源管理中（Bhavsar，1984），随着遥感技术的发展，越来越多的研究者使用遥感手段监测和分析河流等地表水体（宋平 等，2011）。近年来，部分国内外学者先后从不同的角度对相关研究领域进行了综述，如基于光学和微波遥感的地表水探测及提取（Huang et al.，2018；Schumann et al.，2015）。此外，还有部分学者归纳了针对各种不同河流水情要素的遥感研究进展，如复杂水体范围提取（张国庆，2018），河流水位、水深、流量遥感估算（Hall et al.，2011；Lyzenga，1978；Schumann et al.，2009；Smith，1997；卢善龙 等，2010），河流水质、冰情遥感反演（Duguay et al.，2014；Gholizadeh et al.，2016）等。2003年，国际水文科学协会（International Association of Hydrological Sciences，IAHS）提出无资料流域预测（Prediction in Ungauged Basins，PUB）水文计划后（Sivapalan，2010），遥感数据在较大尺度地区、欠发达地区补充实测水情要素数据的研究正受到越来越多的重视（Ekeu-Wei et al.，2018）。

7.4.1.1 光学影像河流水体提取方法

基于水体的光谱反射特性，先后发展了一系列如监督分类和非监督分类（Manavalan et al.，1993；Ozesmi et al.，2002）、决策树分类（Tri et al.，2016；Acharya et al.，2016）、面向对象分类（贾明明 等，2013；王航 等，2018）、水体指数（Chen et al.，2014；Mohammadi et al.，2017；Tulbure et al.，2016）等提取方法。其中，水体指数法应用甚广，但其提取精度与研究区的地物组成关系密切（Fisher et al.，2016）。表7.6列出了部分常用水体指数及其特点，关于不同水体指数在复杂河流、湖泊环境下的适用性研究，具体可参考王大钊等（2019）、王小标等（2018）的文献。

表7.6 部分常用水体指数及其特点

水体指数	计算公式	局限性
TCW	$TCW=0.0315\times B+0.2021\times G+0.3102\times R+0.1594\times NIR-0.6806\times SWIR1-0.6109\times SWIR2$	易受建筑及其阴影影响
NDWI	$NDWI=(G-NIR)/(G+NIR)$	受建筑和山体阴影影响
MNDWI	$MNDWI=(G-SWIR1)/(G+SWIR1)$	建筑物、雪有时被错提为水体
AWEI	$AWEI_{nsh}=4\times(G-SWIR1)-(0.25\times NIR+2.75\times SWIR2)$ $AWEI_{sh}=B+2.5\times G-1.5\times(NIR+SWIR1)-0.25\times SWIR2$	高反射率地表可能被错提为水体，易受建筑噪声影响
WI_{2015}	$WI_{2015}=1.7204+171\times G+3\times R-70\times NIR-45\times SWIR1-71\times SWIR2$	有时不能有效增强水体信息

注：B、G、R、NIR、SWIR1、SWIR2分别为蓝、绿、红、近红外、短波红外1、短波红外2波段的反射率；$AWEI_{sh}$和$AWEI_{nsh}$分别表示适合有阴影和无阴影场景下的水体提取。

与湖泊等其他水体不同，河流一般呈细长、弯曲形态，其宽度一般在数米至数十米之间（少数超大型河流宽度可达数百米）。因此，对大部分光学影像而言，河流边界的混合像元问题会显著降低河流水体的提取精度，常通过混合像元分解和重构方法来解决。对于混合像元的分解，线性光谱混合模型（Haertel et al.，2005）。由于物理基础明确、计算简单而应用广泛（Huang et al.，2015）。刘晨洲等（2010）基于MODIS研究了一种改进的线性混合像元分解算法，结合MODIS温度产品和地形数据校正阴影对水体提取结果的影响，成功地突出了河流和湖泊的细节。混合像元分解之后，亚像元制图是常用的重构方法，通过不同的定位优化算法在地物相近相似的基本原理下实现不同类别亚像元在空间上的合理、重新配置。此外，水体与地形具有密切关系，亚像元级别的 DEM 数据常常可以辅助进行河流水体亚像元的制图，并取得更好的效果(Huang et al.,2014)。

虽然混合像元分解和重构能在一定程度上缓解河流边界混合像元的问题，但其在分解和重构中都会引入不确定性(Huang et al.,2017)，导致河流水体亚像元提取结果的可靠性难以得到保证。因此，河流水体的精确提取仍需依赖遥感影像空间分辨率的提高以及面向河流特征提取的算法创新。何智勇等(2004)提出了多窗口线性保持技术，使用联合特征去噪，基于高分辨率影像获得细小河流水体信息。杨树文等(2010)基于中分辨率 TM 影像建立了多波段谱间关系法自动提取水体，有效地去除了山区阴影对山间细小河流提取的干扰。Yang 等(2014)提出了一种新的自动化多尺度河流水体识别程序，并可生成河流网络。李艳华等(2015)使用高分一号卫星影像，基于面向对象思想提取细小水体，可以适应多尺度的河流水体监测。未来，细小河流水体遥感提取研究在数据和方法上的发展和创新仍将继续。

7.4.1.2 SAR 影像河流水体提取方法

基于河流水体在 SAR 影像上的特征进行人工识别，简单目视解译法(Brivio et al.,2002)可得到比较精确的结果，但往往耗时耗力。基于数学、图像学、计算机模式识别，自动分类法(Bonn et al.,2005)、自动逻辑回归法、图像纹理算法、多时相变化检测、阈值法等显著提升了 SAR 影像提取河流水体范围的效率(Schumann et al.,2015)。其中，阈值法能够迅速提取河流水体边界，适用于时效性要求高的提取研究，因而应用最为广泛。李晟铭等(2018)使用李景刚等(2010)提出的改进最大类间方差阈值法从 Sentinel-1 的 SAR 影像提取了长江中下游河流洪水淹没的范围，实现了快速灾情评估。

7.4.2 黄河河道信息遥感提取进展

黄河的形成与演化是一个复杂的地质过程，它是地质构造、地貌、气候变化和水文等自然因素综合作用的结果，与青藏高原隆升、黄土高原和华北平原的演变有着密切的联系，它是反映东亚构造地貌和自然环境变迁的重大地质事件(尚群昌,2019)。最初国内外学者对河道演变特征的研究多采用野外定点观测(Ran et al.,2010;范小黎 等,2010)。但是，随着遥感技术的应用与发展，特别是具有高空间、时间分辨率传感器的成功发射，使得众多学者将目光从定点观测转向利用遥感影像监测河道在长时间序列上的演变特性(Gurnell,1997;Hossain et al.,2013;Sarker et al.,2014;Winterbottom,2000)。韩孟飞等(2017)基于 1961 年至 2015 年间的多时相、多源数据资料，利用 GIS 技术提取黄河边界，分析其演变特征及其影响因素，研究发现 50 多年来黄河河道大面积萎缩，沿岸诸多滩地已纳入城市用地范围。冀鸿兰等(2020)基于 1988—2018 年期间 7 期 Landsat 卫星影像，利用修正的归一化水指数(MNDWI)，对黄河内蒙古段 7 期的河道边界信息进行提取，并计算不同时期河道摆动面积、最大摆动面积、摆动方向等指标，分析了近 30 a 河道的时空变化特征。贾旭等(2016)基于 1973—2015 年 Landsat 系列卫星数据，利用目视解译法提取黄河乌兰布和沙漠段 1973—2015 年夏季河道演变特征值，分析了不同时期河道演变特征及侵蚀堆积过程，为当地居民的环境建设、沙漠植被恢复提供了理论依据。李爱民等(2018)基于 1985—2015 年多期 Landsat TM/ETM 等卫星影像数据，解译提取了小浪底水库运用前后的黄河下游河道水域数据，通过空间叠置分析、列表对比，揭示黄河下游河道的时空变化特征，研究发现小浪底水库投入使用后，有效控制了黄河下游的流量和流沙，对稳定黄河下游河道起到了作用。

在黄河河道信息提取方面，崔建勇等(2011)采用2004年9月10日的黄河三角洲Landsat ETM+影像，利用水体的光谱特性，结合快速算法确定海陆大致分界线，在此基础上，利用河道形态特征判断入海口位置，然后利用改进的种子点快速增长算法去除桥梁等影响，形成完整的河道信息，实现黄河三角洲河道信息快速自动提取。李云驹等(2009)利用1992—2004年黄河下游汛期TM影像及水文资料，在GIS平台的支持下，通过黄河水面、河心滩、主流线、低滩、控导工程等信息的提取，对1992—2004年黄河下游河势演变特点和河道治理效果进行了综合评价。黄河河道水体泥沙含量大，其水体光谱特征具有其独特性，在遥感影像上大多表现为混合像元，陈亮等(2016)针对黄河河道水体泥沙含量较高的特点，选取2013年5月和8月的Landsat-8 OLI影像，采用基于混合像元分解的方法实现河南九堡险工至曹岗险工河段河道水体遥感自动、快速提取，为黄河防汛提供了信息支持。传统的水体信息提取都是基于像素的方法，提取结果往往造成“椒盐现象”和图斑破碎(周文鑫 等，2012)。而面向对象的分类方法是一种智能化自动影像分析方法，其处理对象是由若干像素组成的目标对象。汤旭光等(2014)选取黄河下游花园口段2002年春夏秋冬4个时期的ETM+遥感影像，利用面向对象的方法提取河道信息，并结合GIS空间分析功能，选取河道水面面积、平均河面宽等4个指标对区域内河道进行了季节性变化分析。

近年来，无人机技术迅猛发展，无人机航测因其成本低、可操作性强、获取影像分辨率高、采集速度快以及能够灵活地进行测量和生成高精度地形数据等优点，成为除了遥感卫星之外(李志威 等，2011)，另一种获取高分辨率影像数据的野外测量方法(Ferreira et al.，2017；Frederic et al.，2017)。李志威等(2020)利用无人机获取的2018年5—6月黄河源麦曲、兰木错曲、哈曲和格曲的野外航测数据，也有学者采用Pix4D mapper、Cloud Compare和ArcGIS等软件对UAV航测影像进行处理生成高精度地形数据，实现了单个弯道和连续弯道的断面地形提取(Francisco-Javier et al.，2015)。

随着深度学习技术的发展，基于卷积神经网络开展的黄河相关研究逐渐增多。如王军等(2021)以中国环境监测总站提供的全国主要流域重点断面水质自动监测周报作为数据源，根据水质变化具有周期性和非线性的特征，以黄河小浪底水库溶解氧含量为研究对象，构建了一种卷积神经网络CNN和长短时记忆网络LSTM结合的CNN-LSTM预测模型，具有较好的泛化性能。

7.4.3 黄河宁夏段河道遥感提取

黄河宁夏段全长397 km，共有河滩地46000 hm^2，为宁夏平原提供了良好的灌溉水源，也让宁夏被赋予“塞上江南”美称，但历史上黄河宁夏段洪涝灾害同样频发。1949年以来，宁夏加大治河防洪投资力度，陆续建设了一批治河工程，有效减少了洪涝灾害的发生。近年来，沿河景观建设和农田开垦忽略了黄河防洪问题，有效的安全缓冲区不断缩减。宁夏气象部门利用Sentinel-2 MSI卫星遥感数据积极开展汛期黄河宁夏段河道动态变化监测，为政府提供决策服务，助力黄河安澜。

7.4.3.1 2018年汛期黄河宁夏段河道明显增宽

2018年汛期，黄河上游各地出现多次明显降水，黄河宁夏段启动汛情Ⅳ级预警。受此影响，黄河宁夏段水量增多、河面增宽。冬汛期前，黄河上游水库泄洪，10月初黄河宁夏段水量再次激增。石嘴山站水位、流量、日降水量变化曲线如图 7.17 所示，数据来源于黄河网*。

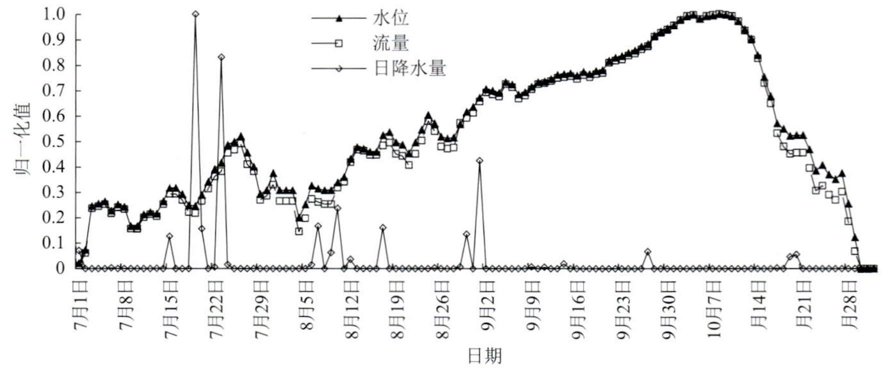

图 7.17　2018 年 7 月 1 日—11 月 1 日黄河石嘴山站水位、流量、日降水量变化图

卫星遥感监测范围广、时间分辨率高等特点，有助于宏观、快速掌握黄河河道变化情况，为汛期黄河安全管理提供基础数据。据卫星遥感监测(图 7.18)，2018 年汛期黄河宁夏段河道明显增宽，沿河部分河段漫滩较为严重，图 7.19 为宁夏气象部门利用无人机对河道漫滩进行实地调查。受上游水库泄洪影响，10 月黄河宁夏段河面再次增宽，部分河段较 7 月增宽 84.70%(图 7.20)。此次黄河宁夏段河道空间分布提取采用了决策树分类法。

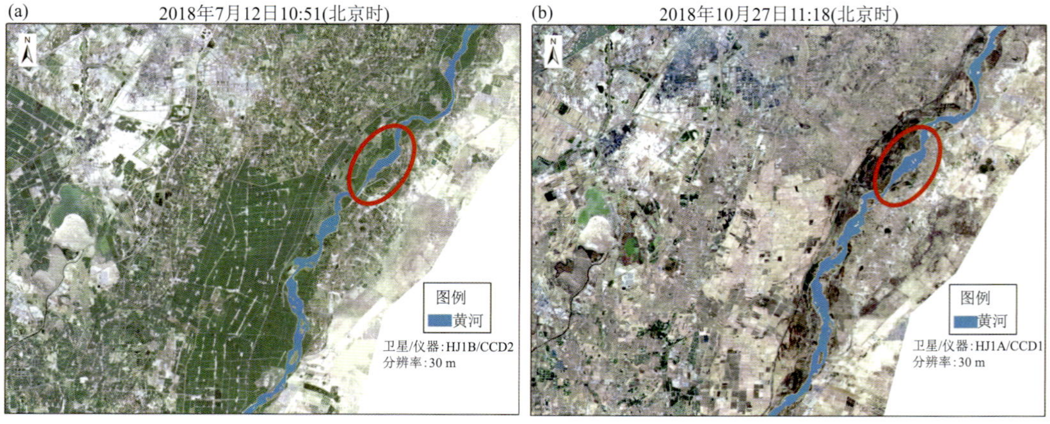

图 7.18　2018 年 7 月(a)、10 月(b)黄河石嘴山段河道变化图(红色为显著变化河段)

7.4.3.2　2019 年黄河“1 号洪水”造成宁夏段部分河道漫滩严重

2019 年 6 月 23 日，黄河“1 号洪水”进入宁夏境内，造成黄河水位上涨，部分防洪工程受损，局部地区滩地漫水，农作物受淹，7 月 1 日，宁夏回族自治区水利厅发布黄河宁夏段汛期Ⅳ级预警。利用卫星遥感技术对 5 月中旬至 8 月中旬期间，中宁至青铜峡河道动态变化进行了监测，结果显示(图 7.21)，受洪水影响 6 月 24 日前后黄河河道开始增宽，7 月 6 日达到最大宽度且维持至 7 月中旬后期，7 月下旬初开始河道逐渐缩减，至 8 月中旬基本恢复正常宽度。

对比分析洪水发生前和最大洪水期河道卫星影像解译结果(图 7.22、图 7.23)，部分河段

* 水情日报. 2018-07-01/2018-11-01. Http://www.yrcc.gov.cn。

图 7.19　2018 年 9 月 30 日黄河石嘴山漫滩河段无人机航拍影像

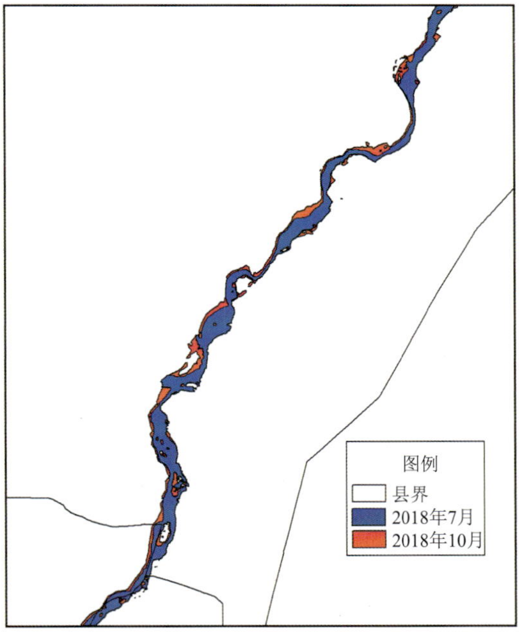

图 7.20　2018 年 7 月、10 月黄河石嘴山段河道对比图

7 月 6 日河道较 5 月 17 日增加 112.81%，农田受淹情况严重。

此次水情卫星遥感服务过程，使用了 Sentinel-1A 卫星干涉宽幅模式 VV 和 VH 双极化雷达影像以及 Sentinel-2A MSI 光学卫星影像。采用自动水体提取指数（AWEI），计算公式如下：

$$AWEI_{sh} = Blue + 2.5Green - 1.5(Nir + Swir1) - 0.25Swir2 \tag{7.1}$$

式中，$AWEI_{sh}$ 表示自动水体提取指数，Blue 为蓝光波段，Green 为绿光波段，Nir 为近红外波段，Swir1 和 Swir2 为短波红外波段。采用人工判识与最大类间方差法（Otsu）相结合的阈值分割方式，对黄河河道河滩空间分布实现半自动提取。

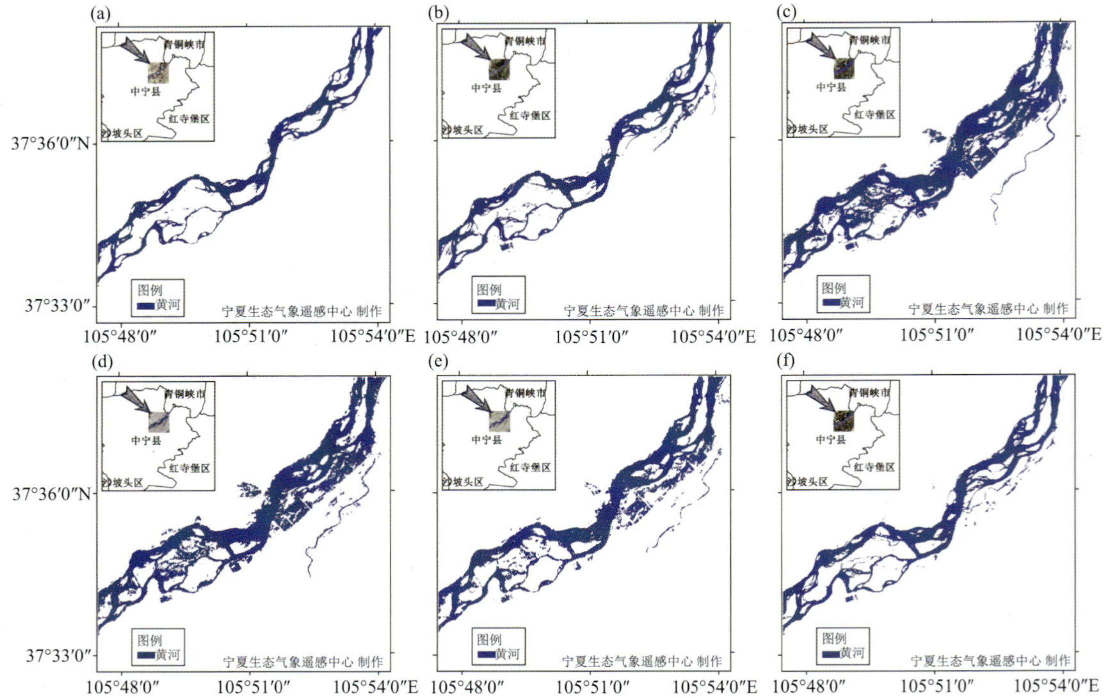

图 7.21　5 月中旬—8 月中旬黄河中宁至青铜峡段水情监测专题图

(a)2019 年 5 月 17 日；(b)2019 年 6 月 24 日；(c)2019 年 7 月 6 日；

(d)2019 年 7 月 15 日；(e)2019 年 7 月 22 日；(f)2019 年 8 月 15 日

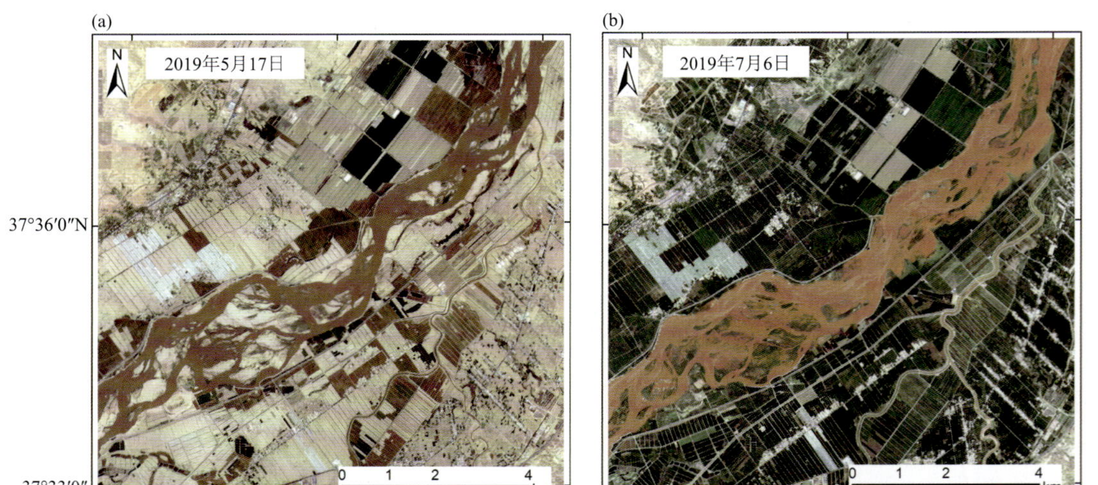

图 7.22　2019 年 5 月 17 日(a)、7 月 6 日(b)黄河中宁至青铜峡河段水情监测多通道合成图

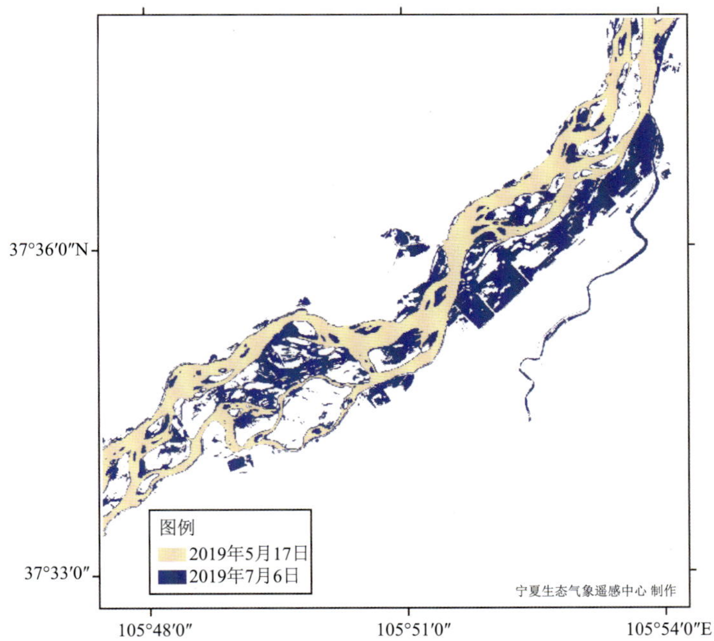

图 7.23　黄河“1 号洪水”前后黄河中宁至青铜峡段水情对比监测图

7.5　主要滞洪区滞(蓄)洪能力分析

宁夏地处西北内陆，暴雨次数较少，降水量也少，每年平均发生暴雨 8～10 次，最多 20 多次。从发生时间看，一般在 6—9 月，7—8 月最多。从分布看，六盘山和贺兰山暴雨发生次数相当，是全区暴雨频发的主要区域。宁夏洪水发生的次数和总量分别是全国较少、较小的地区之一，平均每年 4.2 次，南多北少。从历年情况看，宁夏洪涝灾害主要是由局地暴雨强度大引起的，在贺兰山沿山、六盘山等地较为频繁。如 2018 年贺兰山东麓“7.22”暴雨洪水，银川市西夏区贺兰山滑雪场气象站 7 月 22 日 14 时—23 日 08 时累计降水量达 277.60 mm，突破宁夏有气象观测资料记录以来极值，导致市区道路积水严重，爆发山洪灾害，黄河漫滩，强降雨区农田内涝严重(赵金龙 等，2021)。位于宁夏贺兰山东麓的星海湖、镇朔湖、沙湖、阅海湖等湖泊湿地是宁夏石嘴山市、银川市主要的蓄滞洪区，同时也是自然风景美丽的湿地公园。持续暴雨会造成贺兰山东麓滞洪区水位上涨、可蓄洪空间缩减，但也成为湖泊湿地一个重要的水量补充来源。

自 1978 年世界上第一颗 SAR 卫星(美国 Seasat 卫星)发射成功以来，苏联、欧空局、日本、加拿大等都成功发射了各自的 SAR 卫星。21 世纪以来，SAR 卫星已成为空间对地观测发展的“热点”，相继有多颗 SAR 卫星成功发射并投入使用，如 ENVISAT，RadarSAT-2，ALOS 等卫星，将分辨率由早期的 20 m 提升到米级，由单极化观测扩展到全极化业务综合应用，工作模式由单波位条带升级到聚束、条带、宽幅等多模式复合观测，从而进一步提升了空间对地观测能力。1970 年，中国科学家们开始对 SAR 系统展开了积极的研究。

1979 年，中国科学院电子学研究所研制出了第一个 SAR 系统并获取了 SAR 图像，从此中国打开了 SAR 图像的大门。2004 年，中国电子科技集团公司第 38 研究所开发了双极化特性的机载 SAR 系统。2006 年,中国实现了第一个星载 SAR 系统的发射升空。2010 年以来,随着 HJ-1C、GF-3 等 SAR 卫星的成功发射,标志着我国进入了 SAR 卫星发展快车道。国内外 SAR 卫星正向多波段、多级化、多模式、高空间分辨率和高重访率的方向快速发展(吴聪聪,2020)。国内外主要 SAR 卫星参数如表 7.7 所示。

表 7.7 国内外主要 SAR 卫星概况

卫星	运行时间	波段(极化方式)	描述	视角/(°)	分辨率/m	国家机构
SeaSat	1978 年	L(HH)	第一颗民用 SAR 卫星,仅运行约 3 个月			美国 NASA/JPL
Almaz-1	1991—1992 年	S(HH)		20～70	10～30	苏联
ERS-1	1991—2000 年	C(VV)	欧洲遥感卫星(第一颗欧洲 SAR 卫星)	23	30	欧洲 ESA
JERS-1	1992—1998 年	L(HH)	日本地球资源卫星(第一颗日本 SAR 卫星)	35	18	日本 JAXA
SIR-C X-SAR	1994 年	L&C(全极化) X(VV)	航天飞机成像雷达任务,首次演示星载多频 SAR			美国 NASA/JPL,德国 DLR,意大利 ASI
ERS-2	1995—2011 年	C(VV)		23	30	欧洲 ESA
Radarsat-1	1995—2013 年	C(HH)	加拿大第一颗 SAR 卫星,ScanSAR 成像模式幅宽最长可达 500 km	10～60	8～10	加拿大 CSA
SRTM	2000 年	C(HH+VV) X(VV)	航天飞机雷达地形任务,第一个星载干涉测量合成孔径雷达			美国 NASA/JPL,德国 DLR,意大利 ASI
Envisat	2002—2012 年	C(双极化)	首颗采用发射/接收模块技术的 SAR 卫星,幅宽达 400 km	14～45	30～1000	欧洲 ESA
ALOS	2006—2011 年	L(全极化)	先进陆地观测卫星(Daichi),幅宽达 360 km	10～51	10～100	日本 JAXA
TerraSAR-X	2007 年	X(双极化)	太空中首个双基地雷达,分辨率高达 1 m,提供全球地形数据	15～60	1～18	德国 DLR/Astrium
COSMO-SkyMed1	2007 年	X(全极化)	四颗卫星组成的星座,分辨率高达 1 m	20～60	1～100	意大利 ASI/MiD
COSMO-SkyMed2	2007 年	X(全极化)	四颗卫星组成的星座,分辨率高达 1 m	20～60	1～100	意大利 ASI/MiD
Radarsat-2	2007 年	C(全极化)	分辨率可达:1 m×3 m(方位角×范围),幅宽达 500 km	10～60	1～100	加拿大 CSA

续表

卫星	运行时间	波段（极化方式）	描述	视角/(°)	分辨率/m	国家机构
COSMO-SkyMed3	2008 年	X(全极化)	四颗卫星组成的星座，分辨率高达 1 m	20～60	1～100	意大利 ASI/MiD
TanDEM	2010 年	X(双极化)	太空中首个双基地雷达，分辨率高达 1 m，提供全球地形数据	15～60	1～18	德国 DLR/Astrium
COSMO-SkyMed4	2010 年	X(全极化)	四颗卫星组成的星座，分辨率高达 1 m	20～60	1～100	意大利 ASI/MiD
RISAT-1	2012 年	C(全极化)		12～50	1～50	印度 ISRO
HJ-1C	2012 年—	S(VV)	由四颗卫星组成的星座			中国 CRESDA
Kompsat-5	2013 年	X(双极化)	多用途卫星，分辨率可达 1 m			韩国 KARI
PAZ	2013 年	X(全极化)	与 TerraSAR-X 和 TanDEM-X 同样的星座			西班牙 CDTI
ALOS-2	2014 年	L(全极化)	分辨率为：1 m×3 m(方位角×范围)，幅宽可达 490 km	10～60	1～100	日本 JAXA
Sentinel-1A	2014 年	C(双极化)	两颗卫星组成的星座，幅宽达 400 km	20～47	5～40	欧洲 ESA
SAOCOM-1/2	2014/2015 年	L(全极化)	全极化双星星座			阿根廷 CONAE
Sentinel-1B	2016 年	C(双极化)		20～47	5～40	欧洲空间局
GF-3	2016 年	C(多极化)			1～30	中国 CRESDA
Radarsat Constellation-1/2/3	2017 年	C(全极化)				加拿大 CSA

7.5.1 SAR 洪涝监测研究进展

7.5.1.1 SAR 卫星应用概况

光学卫星，如 Landsat-8 OLI、Sentinel-2 MSI、GF-1 WFV 等在阴雨天气条件下无法获取云层下地表信息，在洪涝灾害监测方面有一定局限性。相较于光学遥感，星载合成孔径雷达(Synthetic Aperture Radar，SAR)具有全天时全天候成像能力，在多云多雨天气条件下也能进行有效的对地观测，获取目标区域连续、高精度的观测数据(邓滢 等，2016)，在洪水、漫滩等灾害监测方面有广泛的应用(黄萍 等，2018)。在早期的研究中，许多学者主要利用 ERS、Envisat、Radarsat 等雷达卫星数据开展水体提取工作。如廖静娟等(2005)利用 ERS-1/2 获取的多时相干涉测量雷达数据，开展了河北张家口试验区地表土地类型的识别与分类，区分了水体、林地、草地等 7 类不同土地类型。李景刚等(2010)利用 ENVISAT ASAR 数据，依据微波遥感影像中水体后向散射系数相对较低的特征，提取了洞庭湖地区枯水期和洪水期水体。针对淮河流域洪涝灾害，徐美等(2004)利用 Radarsat 对水情进行实时监测，在短时间内对淹没区与内涝区的灾情进行快速评估，为决策部门提供了重要的参考信息。陈玲艳等(2014)基于 SAR 图像中水体后向散射系数服从 Gamma 分布的特定，提出一种基于水体散射特性的自动化水体提取算法，利用 Radarsat-2 获取的淮南地区单极化数据，实现了大幅图像中的水体快速、精确和自动化提取。谷鑫志等(2019)利用湖南省东北部不同成像模式的两景 GF-3 影像，发展了一种检测精度较高、自动化程度强的水体信息提取方法，实现了对水体信息的连贯提取。邓滢等(2016)提出一种高精度、低虚警率的极化 SAR(Polarimetric SAR，PolSAR)水体提取方法，利用中国苏州地区 Radarsat-2 全极化数据和德国代根多夫地区的 TerraSAR-X 全极化数据获得了水体的分布图。

Sentinel-1 是由 A、B 两颗同轨的极轨卫星组成的星座，是欧空局“哥白尼计划”地球观测卫星系列之一。Sentinel-1 A、Sentinel-1 B 分别于 2014 年 4 月 3 日和 2016 年 4 月 25 日发射升空，单颗星轨道周期为 12 d，两颗星组网常规重访周期为 6 d，最快重访时间为 1～3 d。搭载一台 5.404 GHz 的 C 波段合成孔径雷达，最大覆盖幅宽为 400 km，包含 4 种成像模式即 SM(Stripmap)、IW(Interferometric Wide swath)、EW(Extra-Wide swath)和 WV(Wave)，其中 SM、IW 和 EW 模式分别为单极化(HH/VV)和双极化(HH+HV/VV+VH)成像，WV 模式为单极化(HH/VV)成像(ESA，2014)。其中，干涉宽幅(IW)模式的影像为 Sentinel-1 主要拍摄数据，由 3 个条带拼接而成，采用了 TOPSAR 成像技术，具有空间分辨率高和幅宽大的特点(孙亚勇，2017)。Sentinel-1 各成像模式的参数见表 7.8。Sentinel-1 数据产品分为 Level-0、Level-1、Level-2，其中，Level-1 数据包含单视复数影像 SLC(single look complex)和地距影像 GRD(ground range detected)。GRD 产品包含经过多视处理、采用 WGS84 椭球投影至地距的聚焦数据，相对于 SLC 数据，GRD 数据消除热噪声以提高图像质量(马丽云 等，2015)。

表 7.8　Sentinel-1 GRD 数据参数

模式	幅宽/m	分辨率/(距离向/m×方位向/m)	极化类型
SM	80	5×5	HH+HV，VH+VV，HH，VV
IW	250	5×20	HH+HV，VH+VV，HH，VV
EW	400	25×100	HH+HV，VH+VV，HH，VV
WV	20×20	5×20	HH

许多学者利用 Sentinel-1 SAR 高时空分辨率、数据可免费获取的优势在洪涝灾害方面开展了大量研究。2015 年 7 月 16 日—8 月 12 日，缅甸遭遇近 40 a 罕见的洪涝自然灾害，孙亚勇等(2017)基于灾前和灾中 Sentinel-1A SAR 影像开展了缅甸伊洛瓦底江下游地区洪涝淹没范围监测。陈赛楠等(2021)选取 2015 年末英国约克主城区附近遭受洪灾前后的 Sentinel-1 SAR 影像，运用变化检测和阈值结合的方法，快速有效地进行洪峰期的范围估计和 42 d 洪涝期内的淹没范围监测。2017 年 6 月末，湖南省县级市宁乡市发生有记录以来最严重降水，引发严重洪水灾害，郭欣等(2018)选取宁乡市灾前和灾中的 Sentinel-1A SAR 数据，采用基于 GMM 模型的双峰法、Otsu 算法和区域生长法提取水体信息，实现了洪水淹没区监测。2017 年 6—7 月，洞庭湖区发生了严重的洪涝灾害，李军等(2020)选取了 4 期 Sentinel-1 数据提取洪水暴发前后的水体分布，实现了洪涝灾害的动态变化监测。2016 年 5 月中旬以来临桂地区

处于连续降雨天气，且受厄尔尼诺的持续影响，降雨事件明显增多，导致洪涝灾害频发，岩溶洼地区域尤其严重，2017年7月受第一号洪水的影响，遭遇了严重的洪涝灾害，汤玲英等(2018)基于灾前、灾中、灾后的 Sentinel-1A SAR 数据，绘制水体变化监测图，实现对广西临桂会仙岩溶湿地区域不同时期洪水动态监测。

光学和雷达卫星影像的结合可以增强影像的光谱信息，提高地物的可区分性，弥补单一影像源的不足。同时，由于洪涝灾害的突发性，光学、雷达卫星影像的结合在一定程度上可提高洪涝灾害监测的准确性和时效性。近年来，随着高分辨率雷达卫星的发展，融合多源卫星数据的水体提取研究逐渐增加。赵昕等(2012)利用提出的洪水指数在 ASAR 影像中提取洪水淹没区，将 ETM＋多光谱影像 NDVI 指数和 SAR 影像纹理特征组成的新数据集用于淹没植被区提取，发现使用高分辨率多光谱和 SAR 卫星影像综合得出的分类模型进行分类效果较好，将混合像元数量降低到5%左右。楼临江等(2017)利用 Kompsat-3 及 Kompsat-5 数据，分别在像素级与特征级对高分辨率光学影像与合成孔径雷达图像进行融合，对韩国世宗特别自治市试验区开展了水体提取研究。陈桂红等(2003)通过融合 Radarsat-SAR 和 TM 数据，对鄱阳湖地区洪涝灾害淹没的绝产区、土壤滞水减产区和受灾区进行了识别。周晗等(2019)基于2017年7月斯里兰卡中东部地区的 Sentinel-1/2 卫星影像，对所选研究区范围的小水体进行了提取，为“一带一路”沿线国家的小型地表水体提取和应用提供参考。王嘉芃等(2016)利用灾中第一时间获取的 COSMO-SkyMed 雷达影像、灾前 SPOT-5 高分辨率光学影像以及洪水当天拍摄的无人机遥感影像快速获取了浙江余姚水灾淹没范围空间信息，为洪灾的防治以及抗洪抢险救灾工作提供了强有力的技术支撑和基础数据信息。

7.5.1.2 SAR 卫星水体提取方法

基于 SAR 卫星遥感数据的水体信息提取方法主要包括灰度阈值分割法、滤波法、机器学习法和结合辅助信息的提取方法等。灰度阈值分割法的原理是依据表面近似平滑的水体在 SAR 图像中散射值低、表现为暗区的特点，通过求解图像直方图的极值点来获取水体分割阈值，将图像中小于阈值部分标记为水体，大于阈值部分标记为背景，形成二值图。该方法的优点是速度快、原理简单、计算量小，适用于低噪声、图幅较小的 SAR 图像的水体提取。但是，当处理大面积图像时，该方法耗时长，精度和鲁棒性较差，同时由于受相干斑噪声和图像各处灰度信息不均匀的影响，难以获取准确的阈值点，大部分阈值确定需要通过人机交互实现。目前应用较多的灰度阈值分割法主要包括 Otsu 算法(Otsu，2007)和熵阈值法等。李景刚等(2010)设计了改进的最大类间方差阈值法，分别进行洞庭湖区域枯水期和洪水期的水体提取，该方法相对简单，容易实现，提高了信息自动化提取水平。

SAR 的相干斑噪声是水体高精度提取的最大影响因素。针对相干斑噪声，研究者陆续发展了边界追踪法(Lee et al.，1990)、Markov 分割法(Descombes et al.，1996)、滤波法(Zhu et al.，2004；窦建方 等，2008)和 Snake 模型等方法，其中滤波法应用最广。滤波法主要是基于小波变换、形态学滤波、Sigma 滤波和 Gamma 滤波等，通过结合不同的滤波算法和规则，可以较好地抑制 SAR 图像的斑点噪声，有很好的降斑效果。但是，基于小波变换和各种算法得到的水体边缘线不够连续光滑；形态学滤波由于形态结构元素的存在会引起边缘特征的误差，检测精度较低。Klemenjak 等(2012)结合形态学滤波和监督分类方法，自动选择训练样本，在两个不同研究地点应用 TerraSAR-X 图像提取河网，结果显示，在不需要任何额外的用户输入前提下，该方法可以应用于不同的数据集(如多时间、多传感器和多极化数据集)。

随着 SAR 图像空间分辨率的提高，SAR 图像亮度范围更大，且纹理结构信息更加丰富。描述纹理特征的方法以灰度共生矩阵(gray-level coocurrence matrix，GLCM)的应用最为广泛，基于灰度共生矩阵提取纹理特征，建立多维特征空间，通过样本采集，使用机器学习方法进行水体信息提取是目前水体信息提取应用较多的方法之一。将纹理灰度共生矩阵与图像中的灰度信息相结合，可以减弱 SAR 图像的斑点噪声，使分类结果的"椒盐现象"明显减少。但是，基于灰度共生矩阵提取纹理信息的计算量很大，灰度量化导致损失大量的纹理信息，纹理提取的窗口大小也需要不断调试；此外，获取样本的代价比较大，分类器的训练需要花费大量时间。Lv 等(2010)结合灰度共生矩阵与支持向量机(support vector machine，SVM)来提取水体目标区域，基于灰度信息和像元的空间分布信息来计算 4 个空间方向的 GLCM 纹理特征。与传统的阈值法相比，该方法能更好地区分水域和其他地形，但是由于 SAR 图像场景复杂，仅用一类特征很难准确描述水域和非水域之间的差异。基于阈值分割的水体提取方法容易将山体阴影分类为水体进行错误提取，传统机器学习的分类方法需要人工提取有效的特征，低效耗时。陈坤等(2021)提出了基于卷积神经网络的 SAR 图像水体提取方法，首先对 SAR 图像进行分块处理，通过基于图像块的多层卷积操作和池化操作自动学习 SAR 图像特征，最后利用 Sigmoid 分类器对所提取的特征进行水体和非水体的分类，实现水体的提取。该方法克服了山体阴影对水体提取的影响，水体提取的召回率和精确率均可达到 99%，并且性能优于 Otsu 阈值方法和基于纹理特征的 SVM 方法，其自动学习特征的能力可以实现水体的高效提取。

7.5.2 基于 SAR 卫星数据的宁夏主要滞洪区监测

7.5.2.1 贺兰山滞洪区水体面积遥感监测及滞(蓄)洪能力分析

在汛期通常利用河道沿岸滩地或附近湖泊、洼地作为滞洪区，通过节制闸引进部分洪水暂时停蓄，以削减洪峰，短期阻滞或延缓洪水行进速度，减轻下游河道洪水负担，待洪峰过后再徐徐放回原河道。水库也是广泛采用的防洪工程，在防洪区上游河道适当位置兴建水库，能够拦蓄洪水，削减进入下游河道的洪峰流量，达到降低洪水灾害发生频次或程度的目的。汛期及时有效监测湖泊、水库空间分布及面积动态变化对防洪减灾具有重要意义。

2018 年 7 月 22 日 08 时—23 日 06 时，贺兰山中北段西夏区、贺兰县、平罗县、大武口区突发大暴雨，贺兰山苏峪口最大降雨量达 261 mm，暴雨引发贺兰山东麓西夏区、贺兰县、平罗县、大武口区沿线沟道发生洪水。汛期，降水天气过程较多，为掌握贺兰山滞洪区滞(蓄)洪能力，减轻暴雨山洪造成的损失，宁夏气象部门基于"哨兵一号"(Sentinel-1)卫星 C 波段合成孔径雷达(SAR)数据对 2020 年 7 月 16 日与 2018 年 7 月 27 日("7·22"暴雨后)贺兰山滞洪区水体面积和空间分布进行遥感监测。监测结果显示(图 7.24)，与 2018 年同期相比，2020 年贺兰山滞洪区水体面积整体减小 6.84 km^2，约 11.71%。重点区域水体监测结果显示(图 7.25、图 7.26)，星海湖(大武口滞洪区)水体面积减小 0.55 km^2，约 2.28%；镇朔湖水体面积减小 3.15 km^2，约 36.81%。从监测结果来看，贺兰山滞洪区整体蓄洪、滞洪能力较好，尤其是镇朔湖滞洪空间较大。

7.5.2.2 南部山区水体面积遥感监测及滞(蓄)洪能力分析

宁夏南部山区属西北黄土高原的一部分，地表沟壑纵横，水土流失严重，大部分为干旱、半干旱区，但由于其特殊的地形地貌构造和土壤质地特点，在受到持续降水的影响下容易引发洪涝及山体滑坡等灾害。基于 Sentinel-1 雷达卫星监测结果(图 7.27),2020 年 7 月南部山区大型水体面积整体较 2018 年同期减小 0.17 km^2,约 0.75%。重点区域沈家河水库面积监测结果(图 7.28),与 2018 年相比减小 0.25 km^2,约 8.94%。

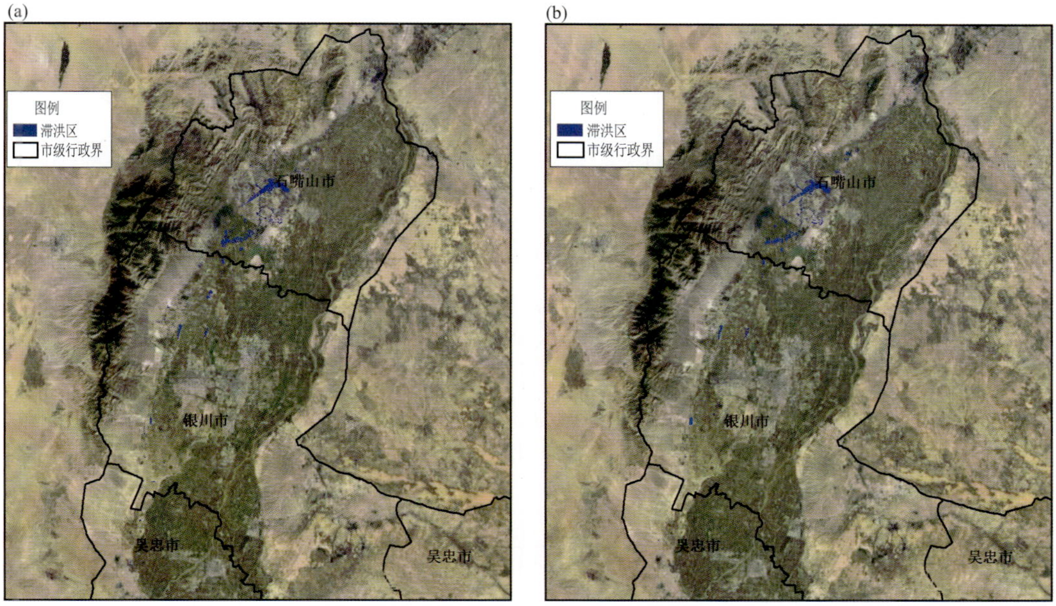

图 7.24　贺兰山滞洪区遥感监测图

(a)2018 年 7 月;(b)2020 年 7 月

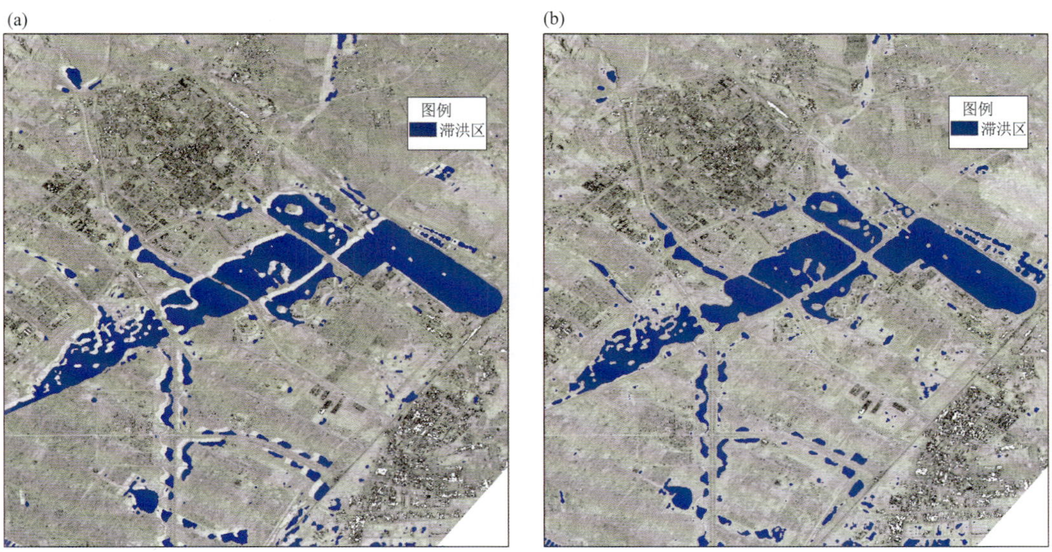

图 7.25　星海湖(大武口滞洪区)遥感监测图

(a)2018 年 7 月;(b)2020 年 7 月

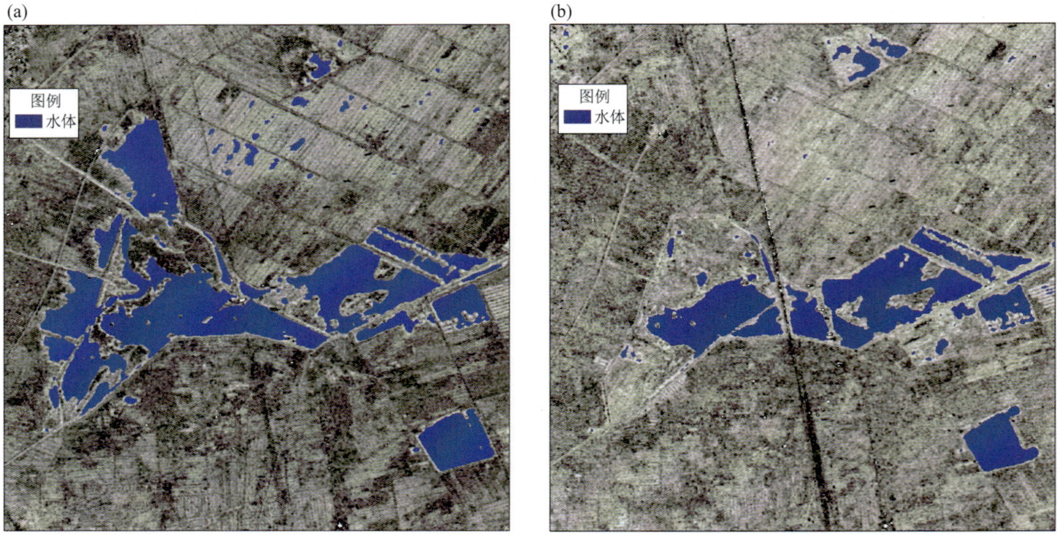

图 7.26　镇朔湖遥感监测图
(a)2018 年 7 月;(b)2020 年 7 月

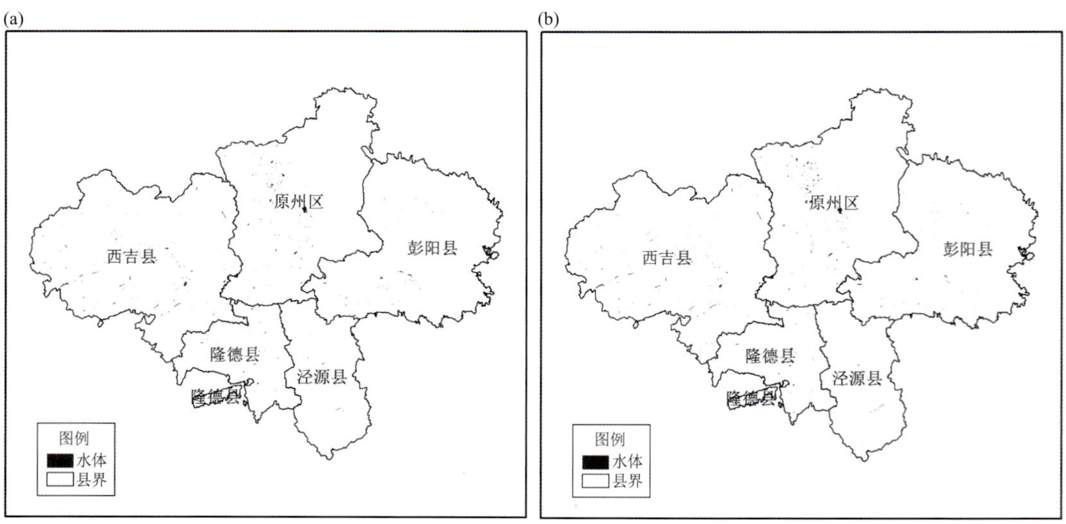

图 7.27　南部山区大型水体遥感监测图
(a)2018 年 7 月;(b)2020 年 7 月

7.6　本章小结

本章首先简单介绍了水体遥感信息提取的研究进展,及其在宁夏平原主要湖泊湿地信息提取监测评估中的应用。以宁夏的沙湖和阅海湖两个主要湖泊水体为例,介绍了两大湖泊水体遥感监测面积的动态变化分析及对小气候的调节作用的影响分析。其次,介绍了黄河宁夏段水体的遥感监测评估情况,主要介绍了黄河宁夏段河道信息遥感提取的技术方法,以及在夏

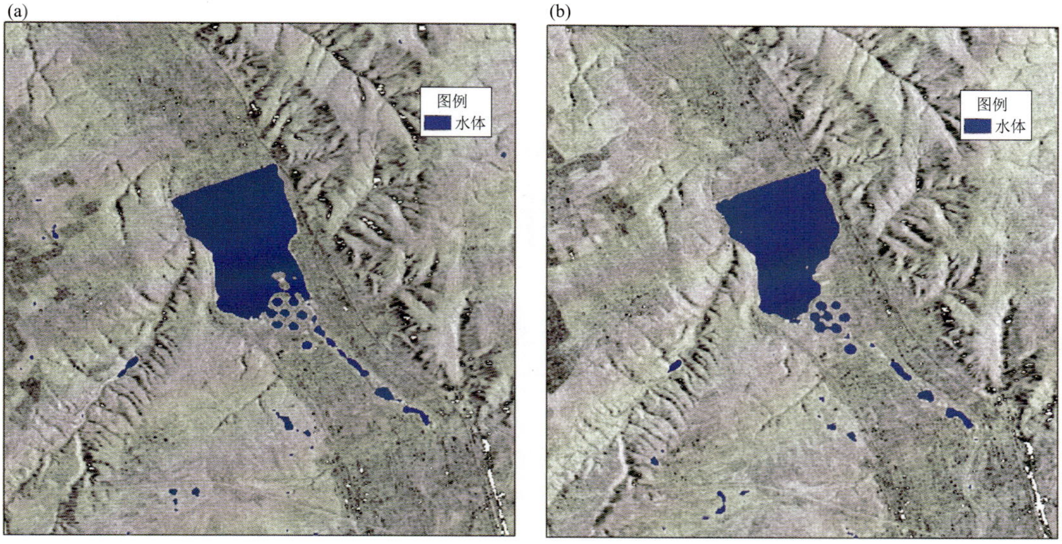

图 7.28　沈家河水库遥感监测图
(a)2018 年 7 月;(b)2020 年 7 月

汛期间利用遥感技术监测河道变化的业务开展情况;最后,介绍了宁夏气象部门基于 SAR 卫星开展的洪涝监测研究进展及其在宁夏主要滞洪区遥感监测业务的开展情况。根据分析:(1)1999—2016 年宁夏平原湿地总面积呈增加的趋势,河流湿地面积呈减少的趋势,非河流湿地面积呈增加的趋势,总湿地面积呈增加趋势。湖泊湿地对调节周边的小气候环境作用比较明显。(2)结合无人机遥感,利用环境减灾小卫星资料,运用决策树分类法开展河道信息提取,对 2018 年 7 月汛期黄河宁夏段河道漫滩区进行监测评估,发现河道明显增宽,沿河部分河段漫滩较为严重,且受上游水库泄洪影响,10 月份黄河宁夏段河面再次增宽,部分河段较 7 月增宽 84.70%。(3)使用 Sentinel-1A 卫星干涉宽幅模式 VV 和 VH 双极化雷达影像以及 Sentinel-2A MSI 光学卫星影像,采用自动水体提取指数(AWEI),监测分析 2019 年汛期黄河宁夏段河道信息变化,洪水发生前和最大洪水期河道卫星影像,7 月 6 日部分河段河道较 5 月 17 日宽度增加了 112.81%,农田受淹情况严重。(4)基于"哨兵一号"(Sentinel-1)卫星 C 波段合成孔径雷达(SAR)数据,对 2020 年 7 月 16 日与 2018 年 7 月 27 日("7·22"暴雨后)贺兰山滞洪区水体面积和空间分布进行遥感监测,与 2018 年同期相比,2020 年贺兰山滞洪区水体面积整体减小 6.84 km^2,约 11.71%。星海湖(大武口滞洪区)水体面积减小 0.55 km^2,约 2.28%。镇朔湖水体面积减小 3.15 km^2,约 36.81%,说明贺兰山滞洪区整体蓄洪、滞洪能力较好,尤其是镇朔湖滞洪空间较大。

第8章 贺兰山东麓生态保护修复重点工程生态效益评估

贺兰山地处蒙古高原、黄土高原与青藏高原的交界地带，是我国生态安全战略格局“两屏三带一区多点”中“黄土高原—川滇生态屏障”“北方防沙带”和“点块状分布重点生态区域”的重要组成单元，承担着维护华北、西北生态屏障的重要功能。贺兰山作为腾格里、毛乌素、乌兰布和三大沙漠（地）的分界线，阻隔了腾格里沙漠的东侵，截断了蒙古冷高气流，确保了黄河在宁夏平原得以畅流，成就了天下黄河富宁夏的奇景。与此同时，该区域属我国风沙干旱森林生态系统的典型代表地，保存着我国西北干旱区较为罕见的森林生态系统、异常珍贵的动植物资源，是我国唯一位于北方的生物多样性中心。

过去几十年，宁夏贺兰山东麓由于多年的水资源、矿山资源、土地资源和森林资源的不合理开发利用，以及保护修复力度的不足，严重影响了生态环境的承载能力。加之过去开展的生态保护修复工作缺乏系统性、整体性和长远性考虑，使宁夏生态环境遭到了较为严重的破坏，主要表现为以下六个方面：一是废弃矿山环境恶化，地貌破碎；二是水资源短缺，水污染严重；三是水土流失加剧，水蚀风蚀并存；四是沙化面积大，盐碱化逐年加重；五是植被覆盖率低，生态系统服务功能不足；六是湿地面积萎缩，生态功能退化。为此，石嘴山市政府按照党中央、国务院关于“山水林田湖草生命共同体”理念的指引，结合财政部、自然资源部、生态环境部关于开展山水林田湖草生态保护修复工程试点工作要求，编制了《宁夏贺兰山东麓山水林田湖草生态保护修复工程试点实施方案》，并成功入选国家第三批山水林田湖草生态保护修复工程试点开展建设，试点区域按照“修山护河、治平原”三大片区进行布局，通过部署六大任务，实施八大工程，实现试点区域矿山环境恢复治理率达到80%，黄河出境断面水质稳定在Ⅲ类标准，盐碱化土地治理率达到80%以上，生物多样性丧失与流失得到基本控制，生态环境稳定性明显改善，生态系统服务与保障功能供给能力显著增强，筑牢西北地区及华北平原生态安全屏障，为其他西部地区特别是资源枯竭型城市生态保护修复提供可复制、可推广的经验。

试点区域生态保护修复八项重点工程实施后，将对地形地貌破碎度改造、水土流失整治、植被覆盖提高、生物多样性恢复、土壤改良等产生一定的生态效益。如何在整个生态保护修复工程建设的前、中、后期对生态变化状况进行科学、定量、动态、宏观地监测、评估，既是提高工程推进实施效率的重要抓手与监督手段，也是保障整个工程达到项目绩效考核指标的关键。

宁夏气象部门多年来一直开展生态环境的遥感监测及评估业务，开展的业务主要有植被、水体、土地利用、城市热岛、湖泊湿度等生态环境因子，以及土壤盐碱化、荒漠化、干旱、沙尘、大雾、森林草原区火灾、积雪、黄河凌汛等生态气象灾害及次生灾害监测等业务。趋利避害，既充分发挥气候气象资源优势，又发挥气象防灾减灾第一道防线作用，在重大生态保护和修复工程中气象保障可发挥诸多方面的作用。应用遥感手段，可以对生态保护修复的生态效益进行科学、客观、定量、动态、宏观地监测和评估。贺兰山东麓山水林田湖草生态保护修复工程生态效益评估围绕六大工程情况进行动态监测及评估。宁夏气象部门基于多源卫星遥感数据，结合无人机航拍数据、地面气象观测数据，构建数据采集、管理、运行、效益评估于一体的智能化系统，对六大工程中面临的矿山破坏地貌破碎度整治情况、土地风蚀水蚀整治情况、沙化面积、盐碱化改良面积、植被度覆盖变化、湿地面积变化等工程情况进行动态监测和评估，并通过可视化的系统界面，以图表、图文、视频、三维影像等多方式展示贺兰山东麓山水林田湖草生态保护修复工程效益评估成果，动态呈现修复前、中、后的生态变化情况。

8.1 矿坑修复评估

8.1.1 矿区修复卫星遥感监测

监测矿区位于石嘴山市境内贺兰山东麓，距离石嘴山市最近处仅 20 km，矿区依赖沟谷和山体分布，可划分为 4 个矿区，其中，汝箕沟、白芨沟等所在区域划为第一矿区，石炭井、大峪沟等所在区域划为第二矿区，李家沟等所在区域划为第三矿区，农牧场等所在区域划为第四矿区（图 8.1）。由于长期以来粗放式发展，对贺兰山保护区生态环境造成了巨大破坏。2018 年 12 月，宁夏正式启动贺兰山东麓山水林田湖草生态保护修复工程项目。

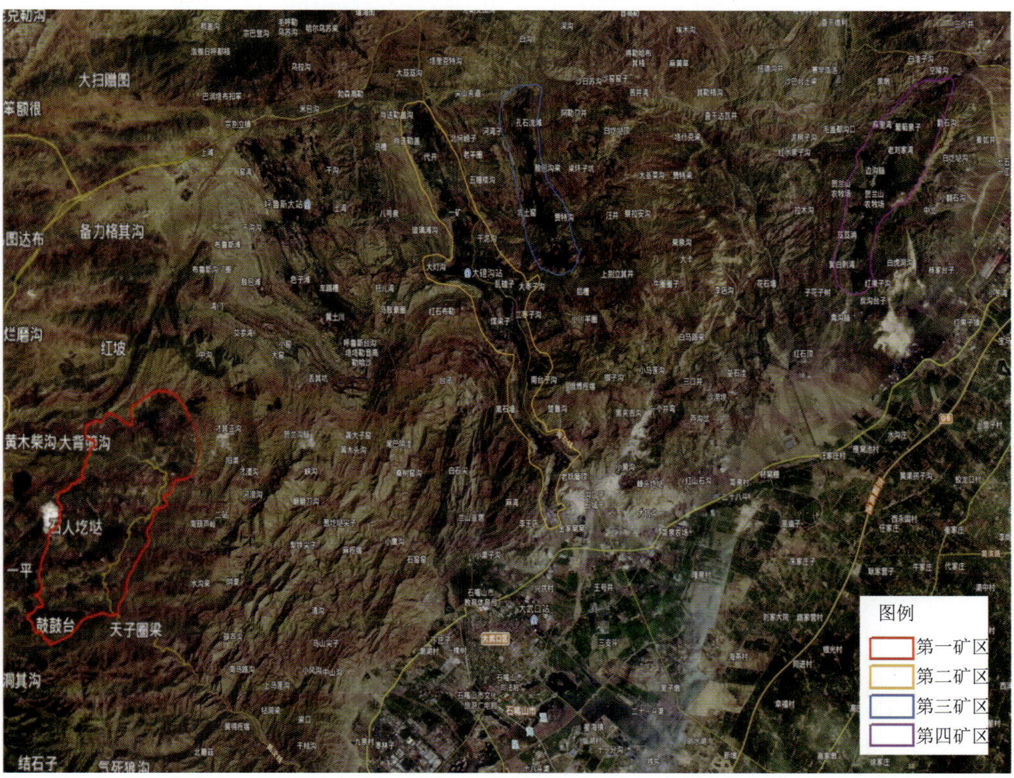

图 8.1　矿区地理位置分布示意图

工程实施以来，贺兰山生态修复整治工程向纵深推进，截至 2020 年 6 月 20 日，已完成治理面积 12084.3 亩，绿化面积 52037 亩，完成 6 处渣台削坡开级、场地平整、覆土，取得了阶段性成果。卫星影像显示，贺兰山边沟脑、贺兰山农牧场和大磴沟渣台经过削坡开级、场地平整等工程处理，千疮百孔的采矿区已恢复规整。其中，大磴沟渣台经削坡、覆土、绿化后，由“黑”转“绿”，生态环境得到大幅改善（图 8.2）。

大磴沟渣台削坡、覆土、绿化前(左：2011年)后(右：2021年)高清卫星影像

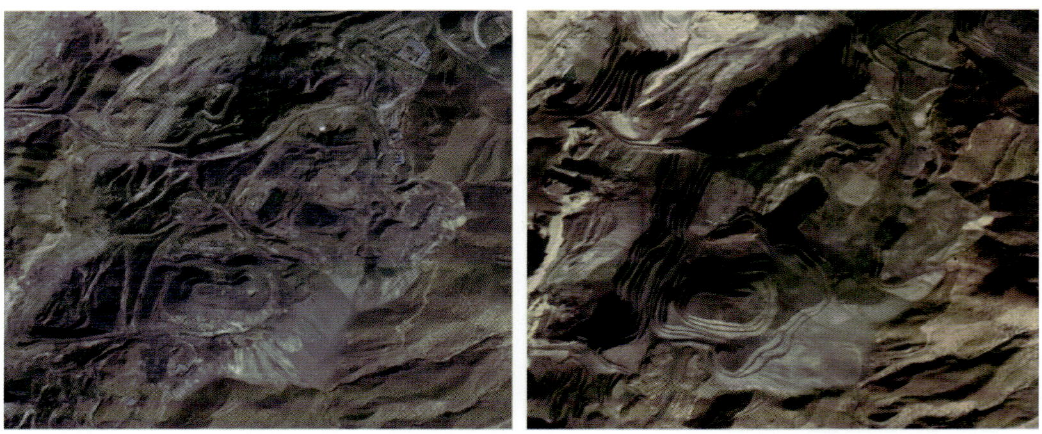

贺兰山农牧声山体消坡开级前(左：2017年)后(右：2019年)高清卫星影像

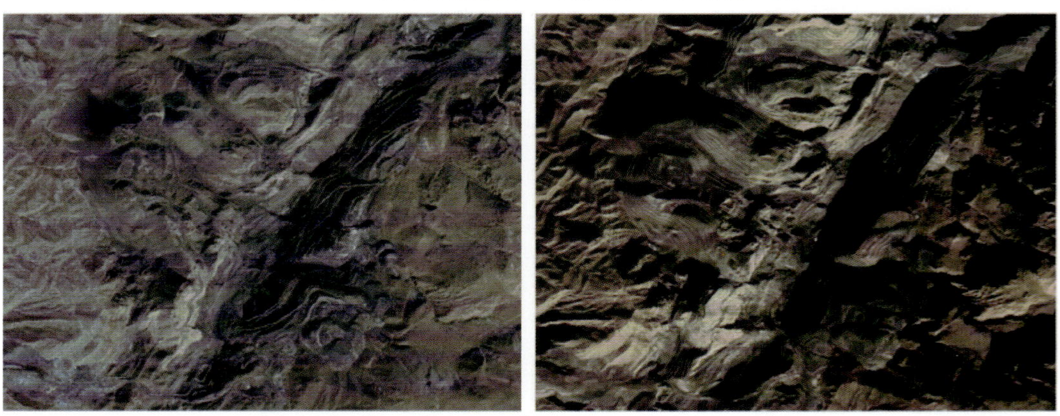

边沟脑山体削坡开级前(左：2017年)后(右：2019年)高清卫星影像

图 8.2　基于高清卫星遥感的矿坑修复监测

8.1.2 矿区植被修复遥感监测

8.1.2.1 矿区人工林草地面积变化

据 2018—2020 年人工林草地遥感监测结果统计(表 8.1),2020 年,矿区林地面积约 2.62 km^2,草地面积约 21.05 km^2;从矿区人工林草地面积变化表来看,矿区林地面积先增加再微减,草地面积先微减再增多,总体来说人工林草地面积是增加的;其中,第二矿区人工林地面积较大,约 6.26 km^2,第一、第二矿区人工草地面积较大,分别为 10.04 km^2、10.05 km^2。

表 8.1 矿区人工林草地面积统计表

矿区	分类	面积/km^2		
		2018 年	2019 年	2020 年
第一矿区	林地	0.92	1.35	1.19
	草地	9.02	6.02	10.04
第二矿区	林地	0.34	0.87	0.62
	草地	4.91	3.73	6.26
第三矿区	林地	0	0	0.01
	草地	0.83	3.47	2.13
第四矿区	林地	0.50	0.86	0.80
	草地	11.68	9.12	10.05
总计	林地	1.76	3.08	2.62
	草地	16.52	16.3	21.05

8.1.2.2 矿区植被覆盖度变化

据 2013—2021 年矿区植被覆盖度变化统计分析(表 8.2、图 8.3),2015 年前,矿区植被覆盖度持续降低,植被向差方向发展,且矿区植被覆盖度在 2015 年达到最低值,约 0.07;2015 年后,矿区进行大力整治,大部分矿企关停,许多采矿设施被拆除,不再进行煤炭开采与加工,矿区植被覆盖度总体呈升高趋势,植被向好的方面发展;2018 年,由于植被最佳生长季降水异常丰富,利于植被恢复,矿区植被覆盖度达到峰值,约 0.16,矿区植被覆盖度总体上为上升趋势。

表 8.2 矿区植被覆盖度统计表

年份	植被覆盖度				
	第一矿区	第二矿区	第三矿区	第四矿区	平均值
2013 年	0.15	0.09	0.08	0.17	0.12
2014 年	0.13	0.07	0.07	0.15	0.10
2015 年	0.08	0.04	0.04	0.12	0.07
2016 年	0.09	0.05	0.05	0.12	0.08
2017 年	0.12	0.08	0.07	0.18	0.11
2018 年	0.16	0.13	0.13	0.23	0.16
2019 年	0.16	0.10	0.11	0.21	0.15
2020 年	0.13	0.08	0.06	0.18	0.11
2021 年	0.13	0.11	0.11	0.14	0.13

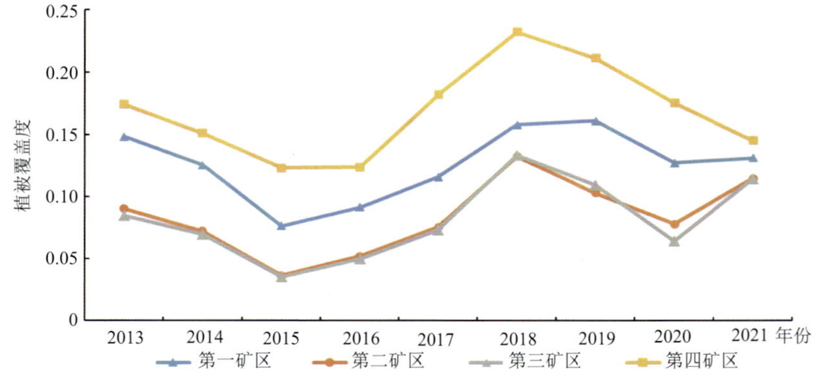

图 8.3　2013—2021 年矿区植被覆盖度变化图

据 2015—2021 年矿区植被覆盖度空间变化分析(图 8.4),2015—2019 年,矿区大部分区

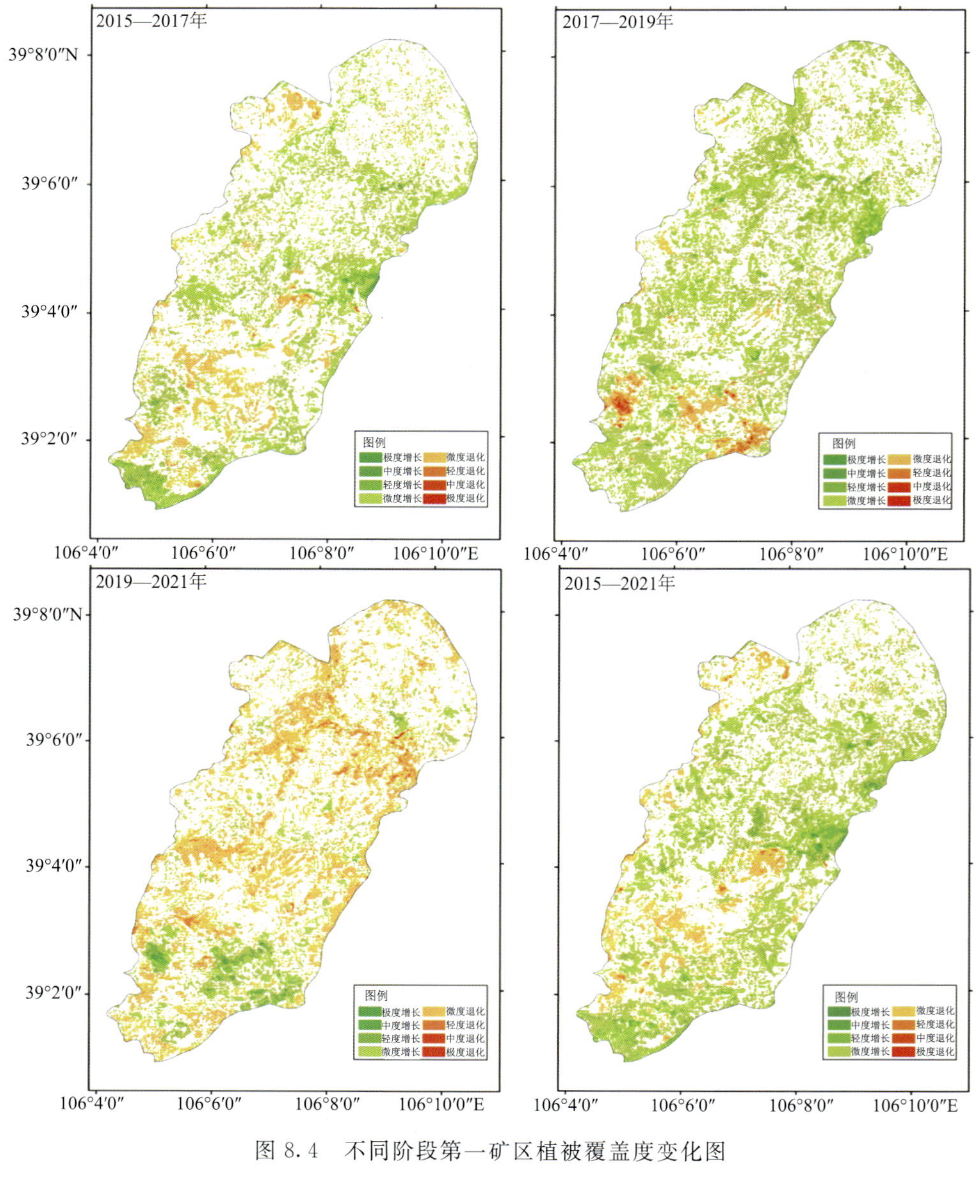

图 8.4　不同阶段第一矿区植被覆盖度变化图

域的植被覆盖度均呈现弱的增大特征，且主要发生在白芨沟附近、中部区域、南部区域等地；在治理初期 2015—2017 年，矿区主要作业区植被覆盖度有增长趋势，但比较分散；在 2017—2019 年，随着矿区进一步治理，矿区包括原矿产开发作业区在内的大部分区域植被覆盖度增长明显，但矿区南部如箕沟附近因治理工程需要剥蚀渣土，部分区域呈现出植被退化特征；2017—2019 年植被发生退化的区域，在 2019—2021 年植被呈现显著增长的特征；2015—2021 年，矿区植被总体上呈现轻度增长特征，表明矿区大部分区域植被在向好发展。

据 2015—2021 年第二矿区植被覆盖度空间变化可知（图 8.5），2015—2017 年，矿区北部、

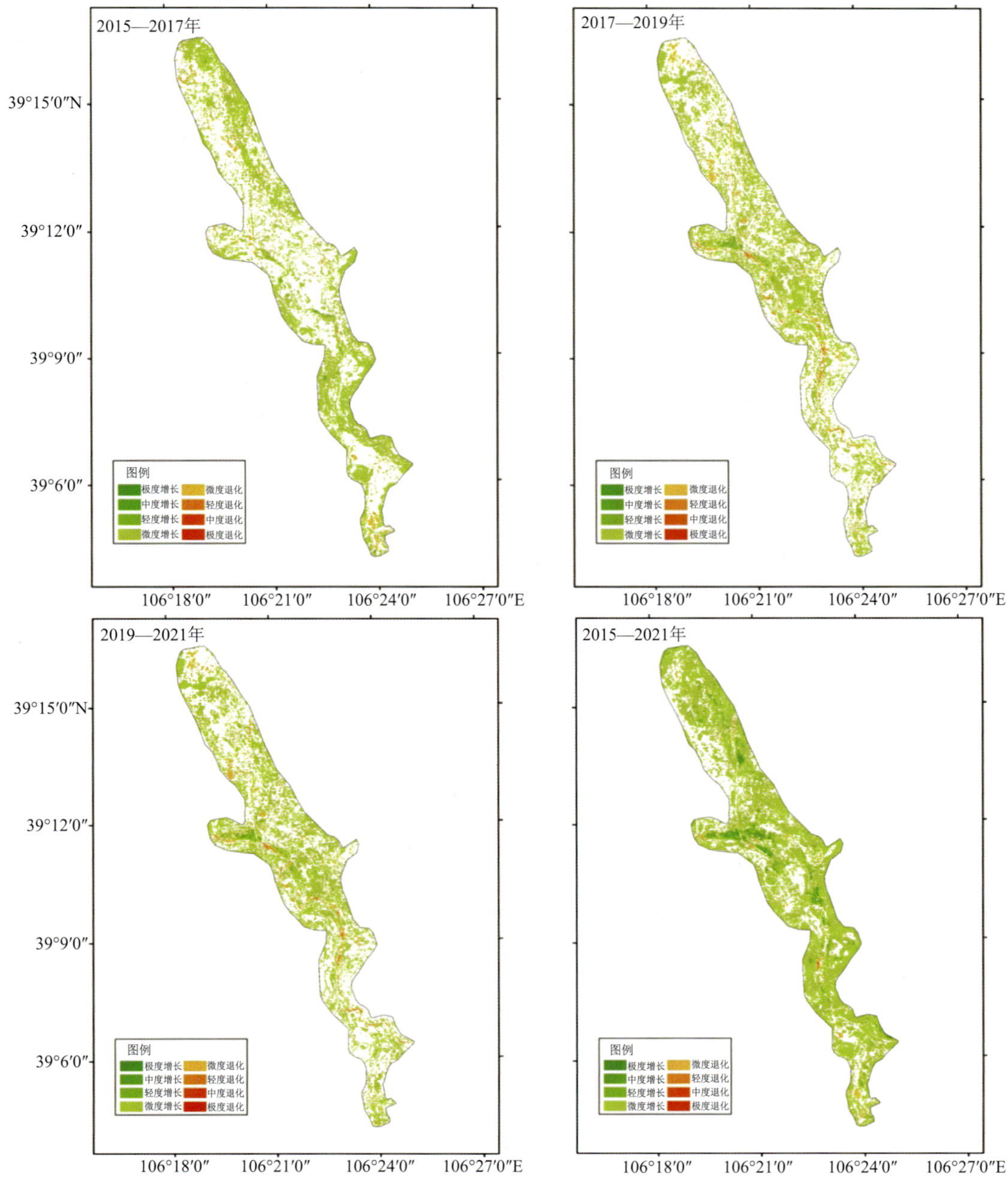

图 8.5　不同阶段第二矿区植被覆盖度变化图

南部植被覆盖度呈现微度增长特征；2017—2019年，大磴沟附近区域植被呈现中度增长特征，表明大磴沟区植树种草取得初步成效；2017—2019年，矿区中部及以南区域，植被增长特征明显，其他区域则增长特征一般，除基本没有明显的退化特征；2015—2021年，矿区绝大部分区域都呈现轻度增长以上的特征，大磴沟区域及石炭井区域，植被呈现中度增长以上特征，表明该地区生态治理、环境恢复较好。

据2015—2021年第三矿区植被覆盖度空间变化可知(图8.6)，2015—2017年矿区治理初期，矿区两侧植被增长特征明显，矿区两侧地势较高，矿区的修复治理对沟谷两侧的植被影响较小；2017—2019年，矿区植被覆盖度增长现象主要发生在矿区原作业区，表明经过几年的治理，植被恢复已初见成效，但尚未表现出植被变化聚集发生现象；2019—2021年，矿区北部李家沟区域植被明显聚集性呈现轻度增长特征，表明生态恢复治理取得较好成效，但矿区南部由

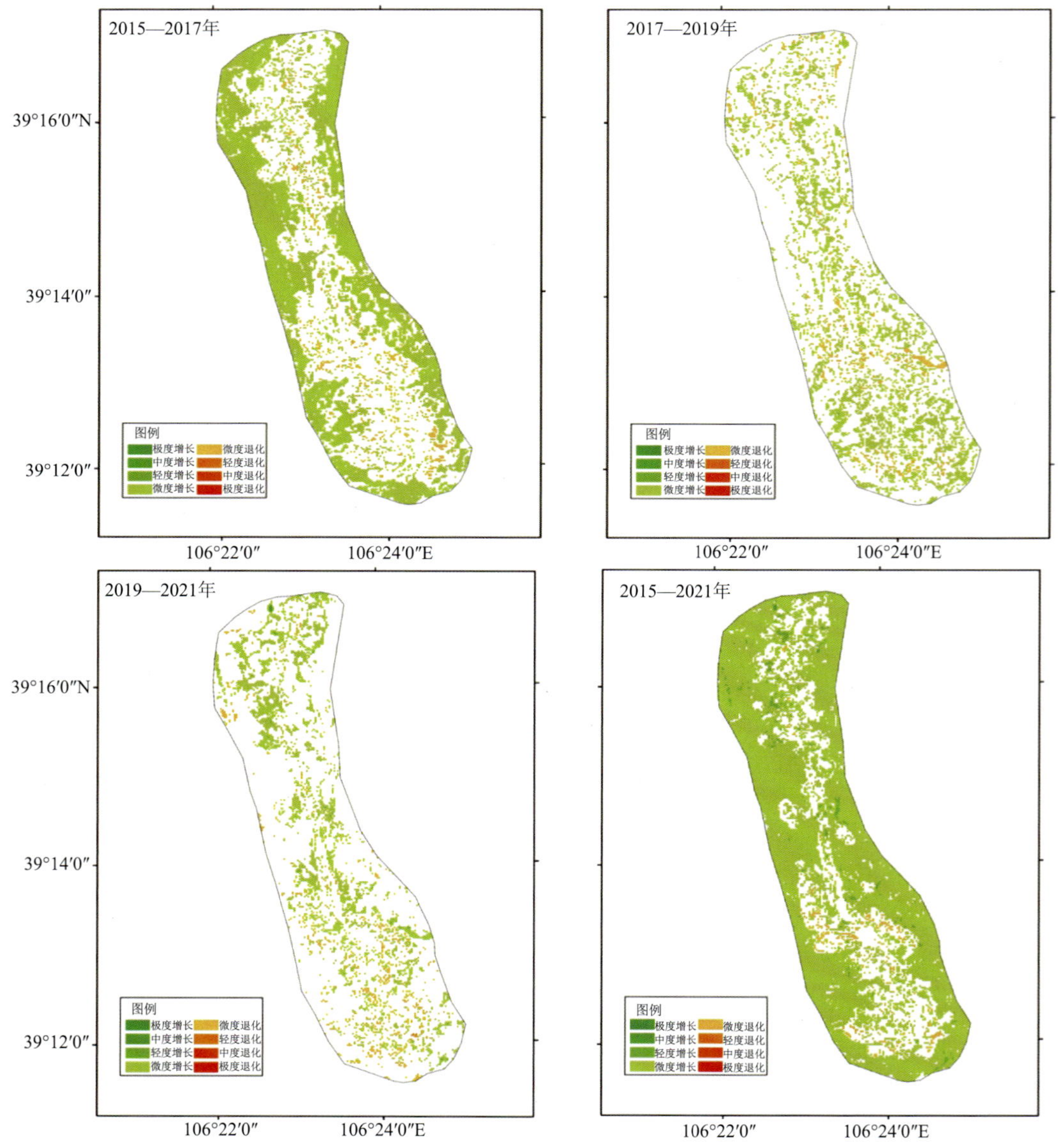

图8.6 不同阶段第三矿区植被覆盖度变化图

于治理工程施工，导致植被有轻微退化特征；2015—2021 年，总体上，第三矿区植被覆盖度呈现出增长特征，矿区北部植被恢复优于矿区南部植被恢复，且植被覆盖度变化整体上具有周边高中间低的特点。

据 2015—2021 年第四矿区植被覆盖度空间变化可知（图 8.7），2015—2017 年，矿区植被明显增长现象主要发生在矿区中部，并呈现出中度增长特征；2017—2019 年，矿区作业区植被发生明显的植被增长特征，局部小区域呈现明显的植被退化特征，这主要与矿山治理工程施工有关；2015—2021 年，矿区整体上植被覆盖度是增长的，且主要发生在矿区中部沟谷两侧；第四矿区分布着稀疏林地，林地间的草地对降水量较为敏感，因此，在 2017—2019 年，矿区大部分植被因草地长势变弱，呈现植被覆盖度退化的趋势，但从长时间来看，矿区植被覆盖度处于微弱增长趋势。

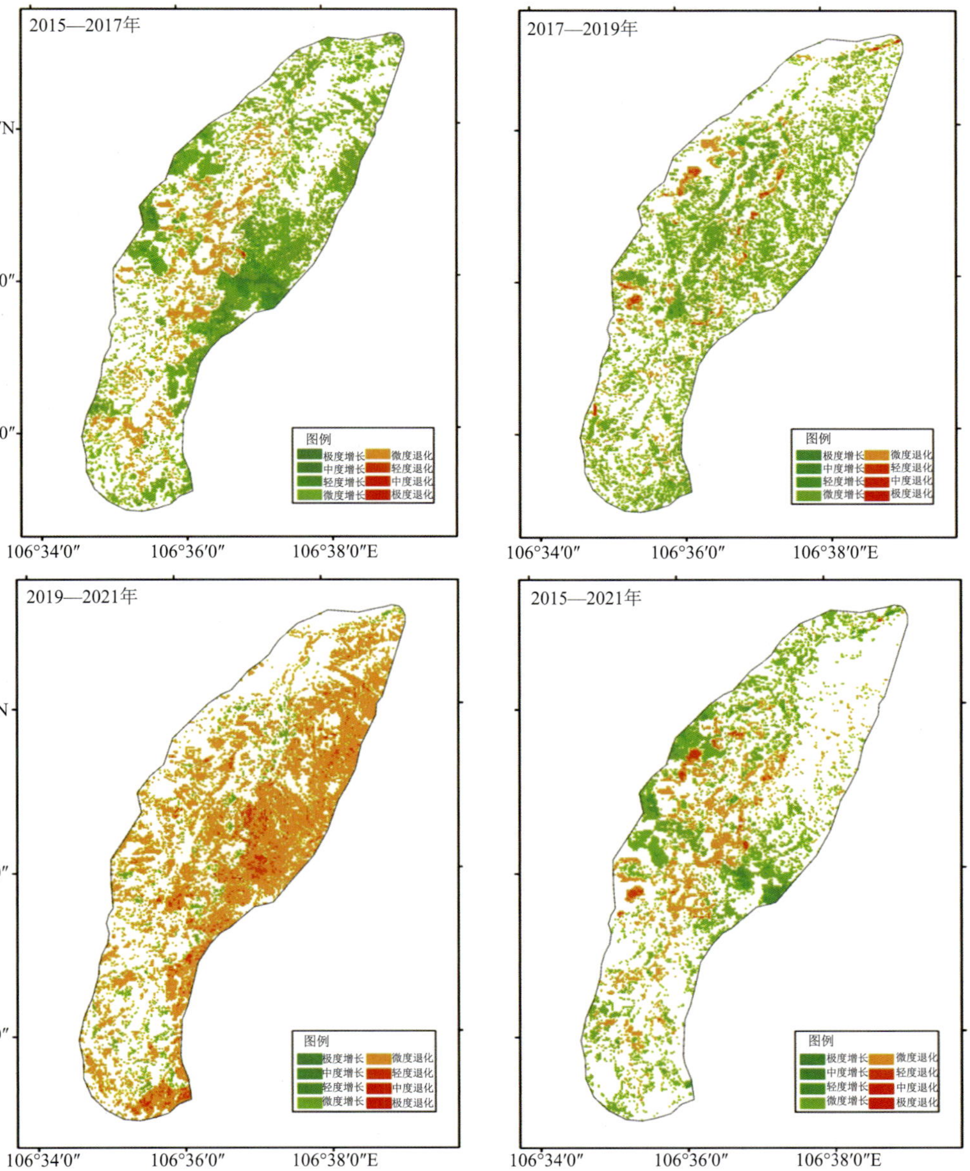

图 8.7　不同阶段第四矿区植被覆盖度变化图

8.1.2.3 矿区人工林草地长势变化

经过长期的矿区生态修复治理，植被得到了很好的恢复。矿区人工林草地的长势监测结果如图 8.8 所示，将林草地的长势结果分为 7 个等级，分别是很好、好、较好、中等、较差、差、很差。2018 年以来，林草地长势占中等及以上等级的比例为 69.0%～73.6%，较好及以上等级占比为 30.0%～35.1%，其中长势很好的人工林草地占比逐年增大，长势很差的人工林草地占比逐年减小，表明矿山生态植被长势逐渐转好(图 8.8)。

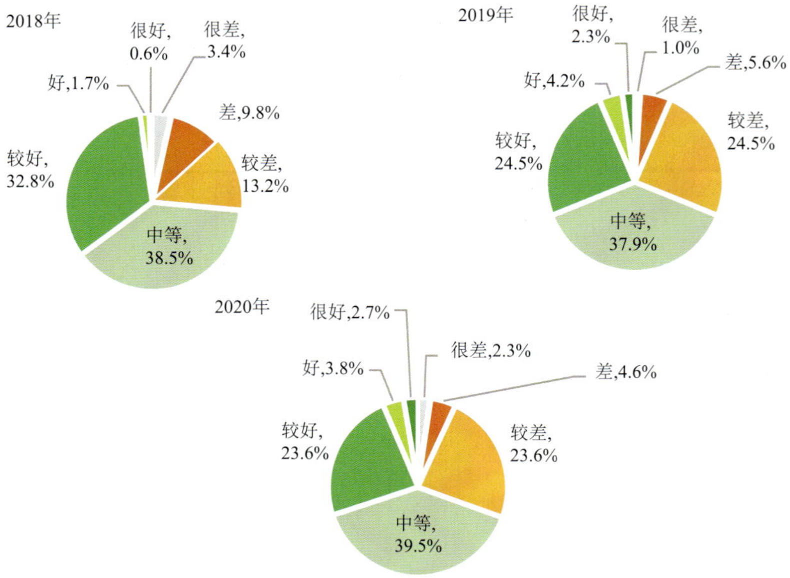

图 8.8 2018—2020 年逐年矿区人工林草地长势监测结果示意图

8.1.3 矿区植被生态质量变化

据 2013—2021 年矿区遥感生态质量指数变化可知，2013—2015 年矿区治理前，矿区生态质量整体呈下降趋势，2015—2018 年矿区开始治理后，矿区生态质量逐步提高；2018 年之后，生态质量趋于稳定；2013—2015 年，矿区平均遥感生态质量指数为 0.30，2019—2021 年，其生态质量逐渐趋于稳定，平均生态质量遥感指数为 0.39，表明矿区治理后生态质量明显优于治理前的生态质量(图 8.9)。

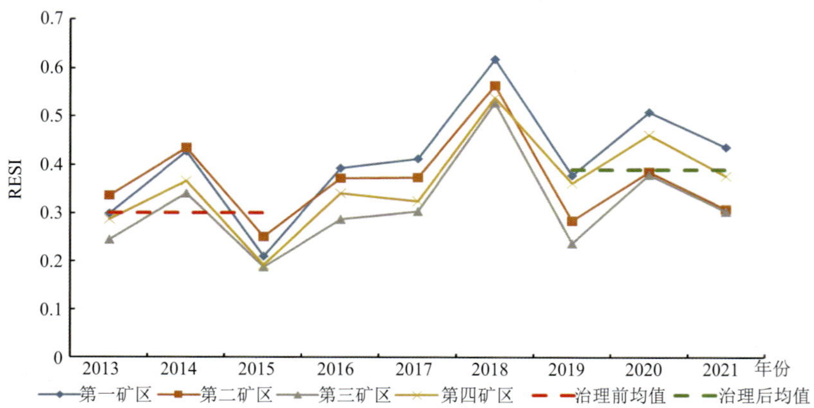

图 8.9 2013—2021 年矿区遥感植被生态质量指数(RESI)变化折线图

据 2018—2020 年矿区遥感生态指数分布，矿区生态质量指数在 0～1.0 划分为 10 级，2018—2020 年，矿区遥感生态质量指数在 0.5～0.6 的面积最多，表明生态质量良好（图 8.10、表 8.3）。

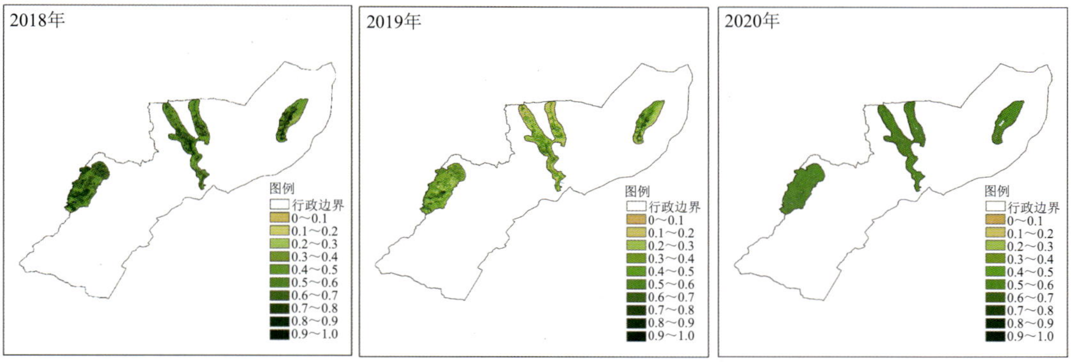

图 8.10　2018—2020 年逐年贺兰山矿区遥感植被生态质量指数监测图

表 8.3　2018—2020 年矿区遥感生态指数面积统计表

区间	2018 年		2019 年		2020 年	
	面积/km^2	面积占比/%	面积/km^2	面积占比/%	面积/km^2	面积占比/%
0.0～0.1	0.03	0.02	6.11	3.63	0.00	0.00
0.1～0.2	0.34	0.20	21.60	12.86	0.00	0.00
0.2～0.3	3.16	1.87	40.35	24.01	0.00	0.00
0.3～0.4	18.18	10.78	39.41	23.46	0.05	0.03
0.4～0.5	42.07	24.93	26.01	15.48	2.16	1.29
0.5～0.6	32.46	19.24	17.30	10.29	145.58	86.84
0.6～0.7	33.28	19.72	10.59	6.30	19.76	11.79
0.7～0.8	21.93	12.00	4.99	2.97	0.08	0.05
0.8～0.9	11.36	6.73	1.52	0.90	0.00	0.00
0.9～1.0	5.94	3.52	0.15	0.09	0.00	0.00

8.2　生物多样性保护监测评估

8.2.1　贺兰山东麓植被变化

8.2.1.1　石嘴山市贺兰山东麓林草地变化

据 2018—2020 年 Landsat OLI 卫星监测结果，2018 年，石嘴山市贺兰山东麓林地、草地面积分别为 90.15 km^2、499.62 km^2，总计 589.76 km^2；2019 年，林地、草地面积分别 101.38 km^2、519.43 km^2，总计 620.91 km^2；2020 年，林地、草地面积分别为 83.02 km^2、530.77 km^2，总计613.79 km^2，林草地植被覆盖度达到 30%，矿山修复后，贺兰山草地面积明显增大，贺兰

山由采矿时期的"黑矿山",正蜕变为生态和谐的"绿矿山"(表 8.4、图 8.11)。

表 8.4　2018—2020 年石嘴山市贺兰山东麓林地、草地面积统计表

贺兰山东麓	林草地面积/km²		
	林地	草地	总面积
2018 年	90.15	499.62	589.76
2019 年	101.38	519.53	620.91
2020 年	83.02	530.77	613.79

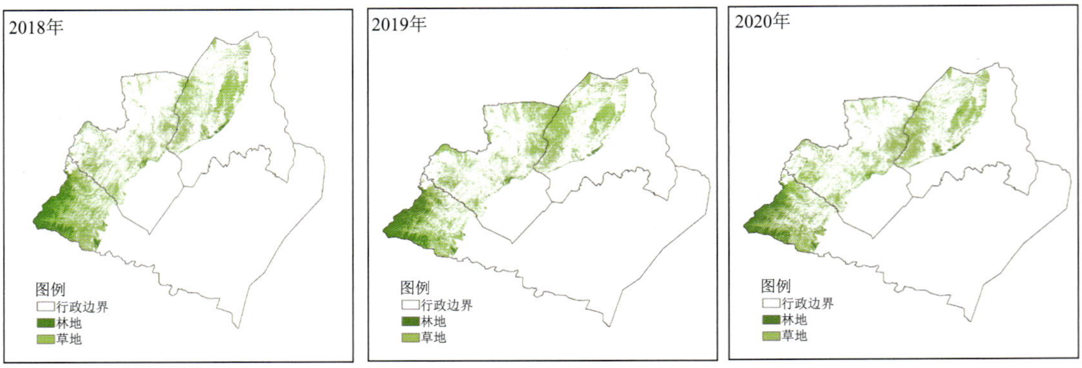

图 8.11　2018—2020 年逐年石嘴山市贺兰山东麓林地、草地遥感监测分布图

8.2.1.2　石嘴山市贺兰山东麓植被覆盖度变化

据贺兰山林草地覆盖度图表显示(表 8.5、图 8.12),2018 年,介于 0.4～0.8 的植被覆盖度面积占比较大,2020 年,介于 0.2～0.6 的植被覆盖度面积占比较大;2018—2020 年,介于 0～0.2 的林草地覆盖度增加趋势最为明显。其次,介于 0.2～0.4 的林草地覆盖度增加较为明显,说明石嘴山市贺兰山东麓中低覆盖度的植被恢复较好。

表 8.5　2018—2020 年石嘴山市贺兰山东麓林草地覆盖度统计表

林草地覆盖度	2018 年		2019 年		2020 年	
	面积/km²	面积占比/%	面积/km²	面积占比/%	面积/km²	面积占比/%
0～0.2	0.33	0.36	204.58	32.97	190.08	30.88
0.2～0.4	11.33	12.35	283.77	45.73	299.50	48.65
0.4～0.6	33.99	37.06	74.91	12.07	69.45	11.28
0.6～0.8	38.47	41.96	48.38	7.80	45.58	7.40
0.8～1.0	7.58	8.26	8.95	1.44	10.99	1.79

8.2.2　贺兰山东麓生物多样性恢复效果

经过长时间的环境整治和生态修复,昔日满目疮痍的工矿区已经开始焕发生机活力。野生动物资源是衡量一个地区生态修复成果的最好依据。通过数次深入贺兰山腹地多个整治矿区实地调查,石炭井整治区发现了岩羊、金雕、石鸡的踪迹,预示着大批野生动物已重回整治矿区,并形成了较为完整生态链,表明石嘴山市贺兰山东麓生物多样性已基本恢复。

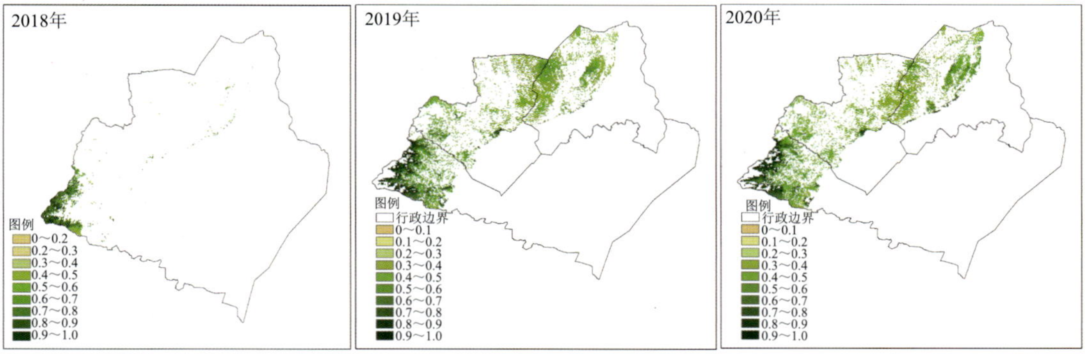

图 8.12　2018—2020 年逐年石嘴山市贺兰山东麓林地、草地植被覆盖度遥感监测分布图

8.3　水土流失及土壤沙化监测评估

8.3.1　土壤侵蚀程度变化

据 2018—2020 年得到的土壤侵蚀等级分布图表显示(表 8.6、图 8.13),轻度侵蚀主要发生在农田区域,中度以上侵蚀主要发生在贺兰山东麓区域;2018—2020 年,中度以上土壤侵蚀面积分别为 237.73 km^2、174.39 km^2、111.94 km^2,得益于贺兰山矿区治理、播撒草籽等生态恢复措施,中度以上土壤侵蚀面积逐渐减少,贺兰山东麓水土流失程度明显下降。

表 8.6　2020 年石嘴山市土壤侵蚀强度各级面积统计表

土壤侵蚀等级	面积/km^2		
	2018 年	2019 年	2020 年
微度侵蚀	2389.99	2492.74	2600.24
轻度侵蚀	1320.52	1298.97	1257.27
中度侵蚀	138.05	77.88	37.51
强度侵蚀	66.95	56.87	38.03
极强度侵蚀	26.62	31.86	27.84
剧烈侵蚀	6.11	7.78	8.56
中度以上土壤侵蚀面积合计	237.73	174.39	111.94

8.3.2　土壤沙化程度变化

多年来,平罗县积极在流沙区植被稀疏区大面积撒播种植以灌草为主的人工植被,在地势较为平坦的地区采取封育、造林、乔灌草结合,人工栽植花棒、沙柳等沙生植物,变春季造林为三季造林,增加沙漠植被盖度,提高造林成活率,取得了良好的治沙成效。2020 年,平罗县组织实施了退化林改造项目 6000 亩,建设围栏 35 km,人工轧设草方格治沙 1575 亩,人工撒种 28380 亩,促进了沙区植被有效恢复,加快了生态环境的改善。

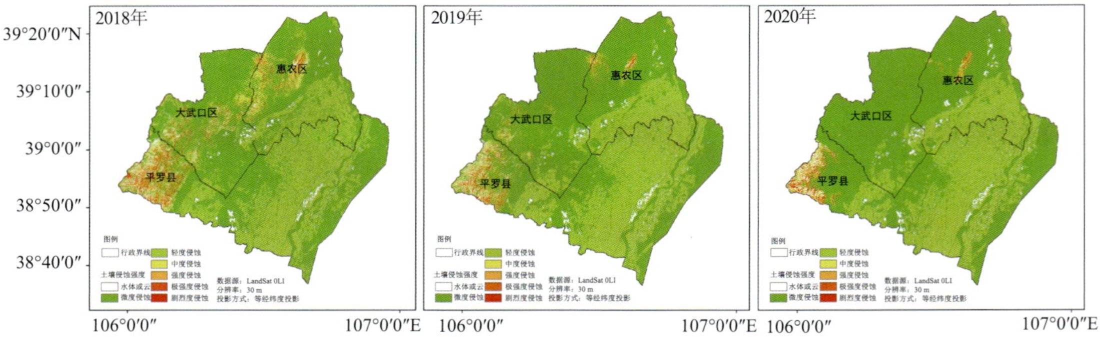

图 8.13 2018—2020 年逐年石嘴山市土壤侵蚀强度遥感监测空间分布图

卫星遥感监测显示（图 8.14），2016—2020 年，平罗县土地沙化面积逐年减少，2016—2017 年、2019—2020 年沙化面积减少较多，分别为 11.0 km^2、3.81 km^2；从空间分布上看，沙化面积减少区域主要集中在沙区北部和沙区南部；2016—2020 年，土地沙化面积减少了16.13 km^2，土地沙化得到了较好的治理。

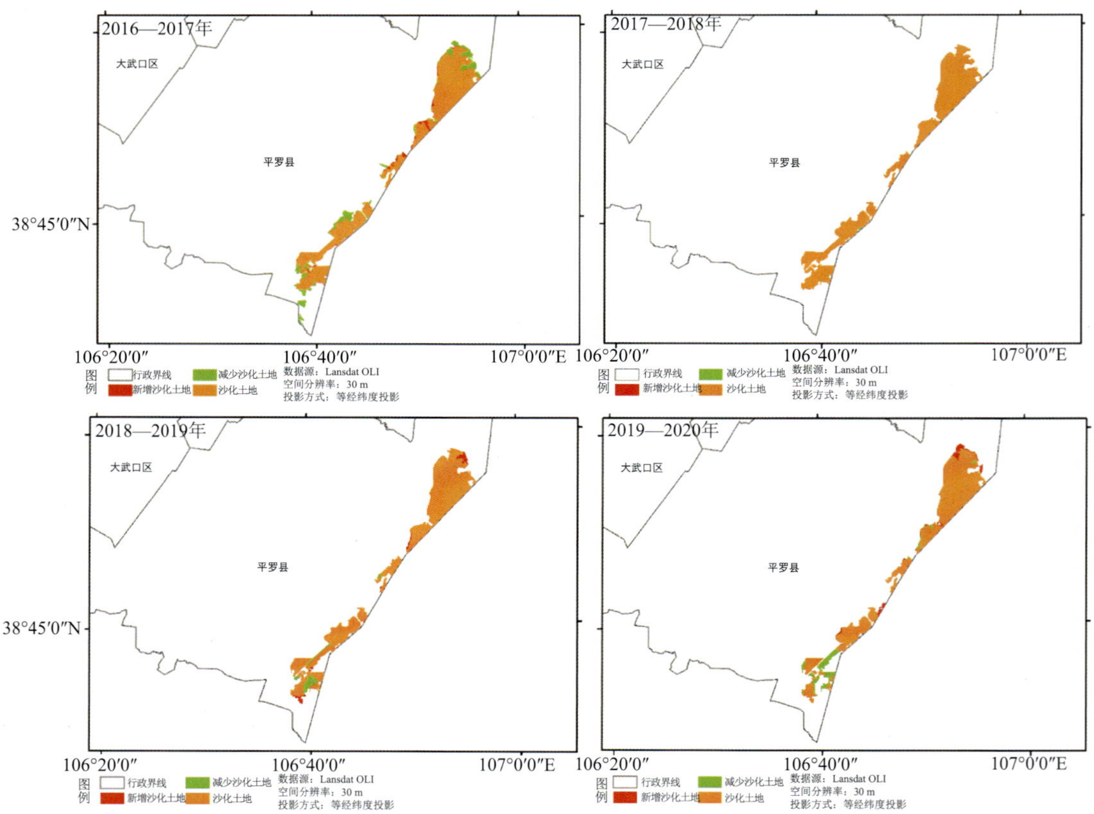

图 8.14 不同时段毛乌素沙漠边缘遥感监测空间变化分布图

8.3.3 石嘴山市生态质量变化

根据遥感生态指数监测显示，石嘴山市生态质量指数在 0～0.4 的面积占比较大，0.6～

0.8 的面积占比较小；从空间分布上，海湖、沙湖、贺兰山附近区域生态质量较好，靠近毛乌素沙漠区域生态质量较差，说明石嘴山市整体上生态质量较好(图 8.15)。

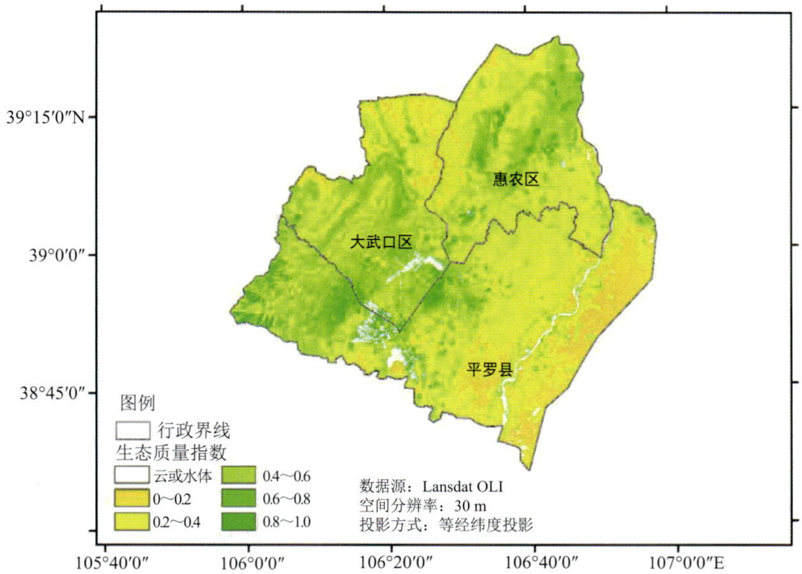

图 8.15　2020 年石嘴山市生态质量指数空间分布图

根据 2000—2020 年长时序植被生态质量监测结果显示(图 8.16)，石嘴山市实施生态修复工程以前，生态质量水平较差，实施生态修复工程以后，生态质量变化曲线出现明显升高趋势，表明整体上石嘴山市生态质量在持续变好。

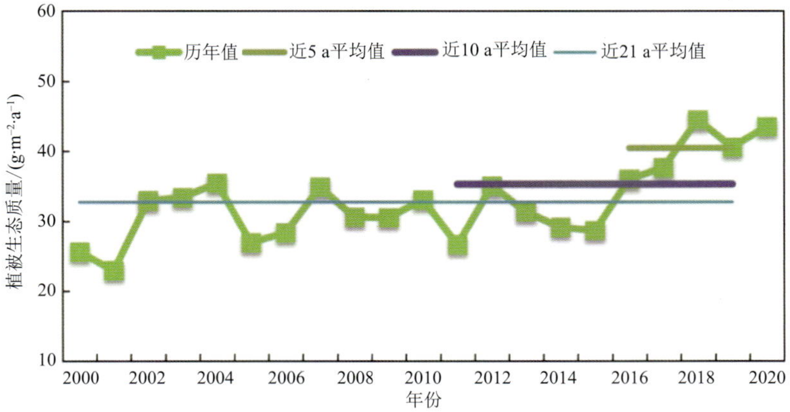

图 8.16　2000—2020 年石嘴山市植被生态质量变化图

从 2020 年石嘴山市自然植被的生态质量及距平来看(图 8.17)，生态质量较好的区域主要分布在平原区；与历史情况比，贺兰山生态质量比历史平均水平差，毛乌素沙漠边缘生态质量比历史平均水平好，表明多年以来，土地沙化治理成效卓著，但贺兰山生态修复还需进一步治理。

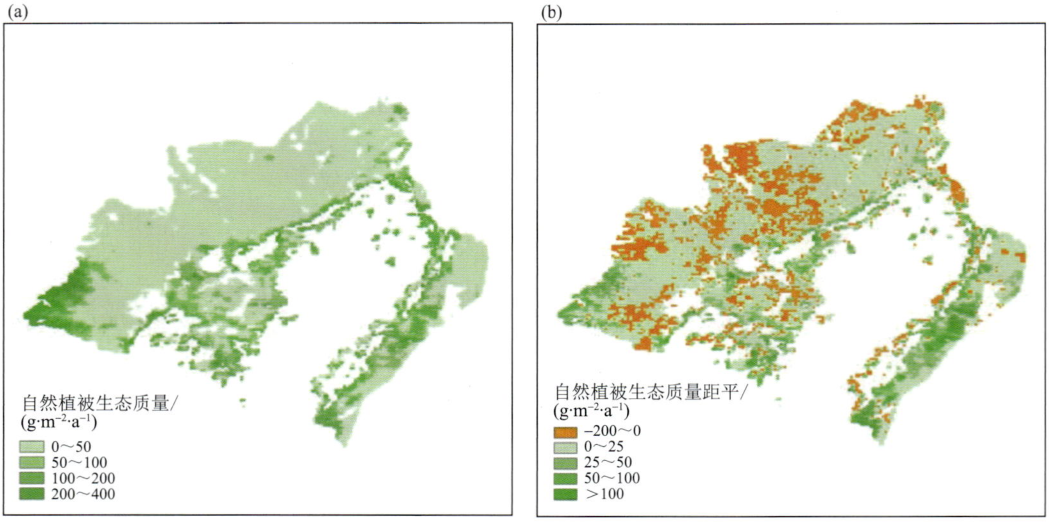

图 8.17　2020 年石嘴山市自然植被生态质量(a)及距平(b)空间分布图

8.4　盐渍化土壤改良监测评估

8.4.1　农田分布监测

使用遥感技术跟踪监测农田是遏制耕地"非农化"、防止"非粮化"、规范耕地占补平衡的重要方式。据 2018—2020 年 Landsat OLI 监测显示(图 8.18、表 8.7),农田主要分布在平罗县,2020 年石嘴山市惠农区、大武口区、平罗县农田面积分别为 316.68 km^2、69.99 km^2、890.24 km^2,石嘴山市农田面积总计 1274.66 km^2;2018—2020 年,农田面积总体上处于增加趋势,表明石嘴山市耕地保护工作取得良好成效。

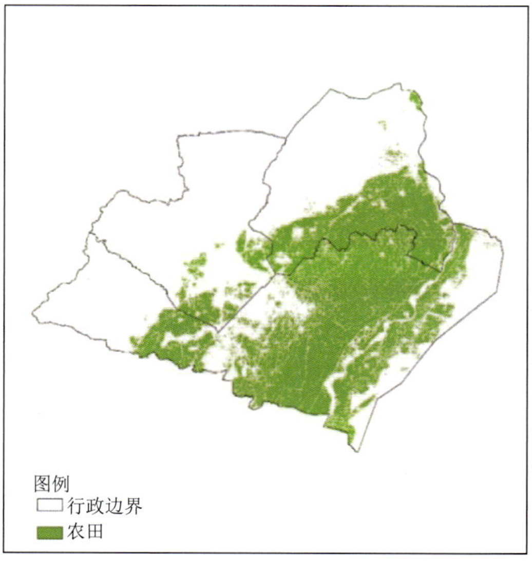

图 8.18　2020 年石嘴山市农田空间遥感监测反演图

表 8.7 2018—2020 年石嘴山市农田面积统计表

行政区域	农田面积/km^2		
	2018 年	2019 年	2020 年
惠农区	225.93	324.72	316.98
大武口区	41.14	72.84	69.99
平罗县	757.05	917.08	890.24
石嘴山市	1024.12	1312.49	1274.66

8.4.2 盐渍化土壤监测

土壤盐渍化是制约石嘴山农业发展的主要因素，盐渍化耕地占耕地总面积的 55.5%，中度以上盐渍化耕地占 9.8%。根据 2020 年 3 月卫星遥感监测显示(图 8.19)，全市中度以上盐渍化土壤面积为 107.8 km^2，其中，平罗县盐渍化土壤面积最大，约为 83.90 km^2；其次为惠农区，约为 19.3 km^2；大武口区面积最小，约为 4.6 km^2。与 2019 年相比，全市中度以上盐渍化土壤面积减少 32.75 km^2。

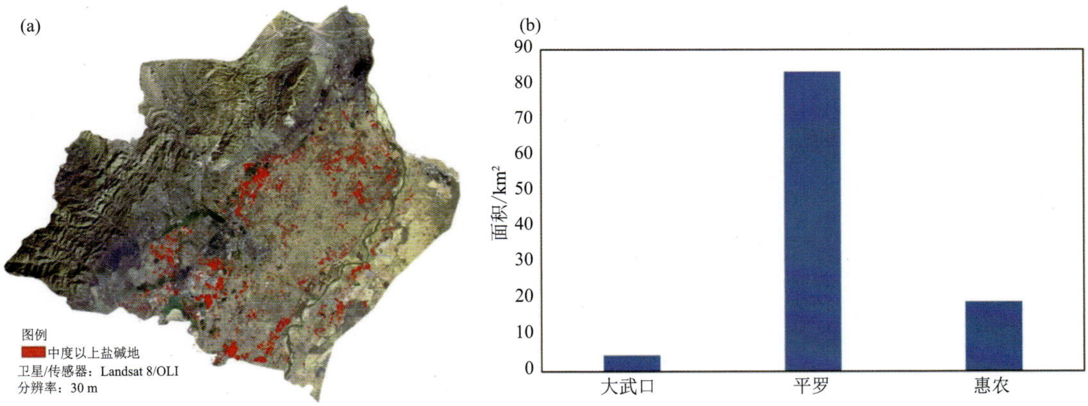

图 8.19 2020 年石嘴山市中度以上盐渍化土壤遥感监测反演图(a)及分区面积统计(b)

2018—2020 年卫星遥感监测显示(图 8.20)，土壤盐渍化变化主要发生在平罗县、大武口

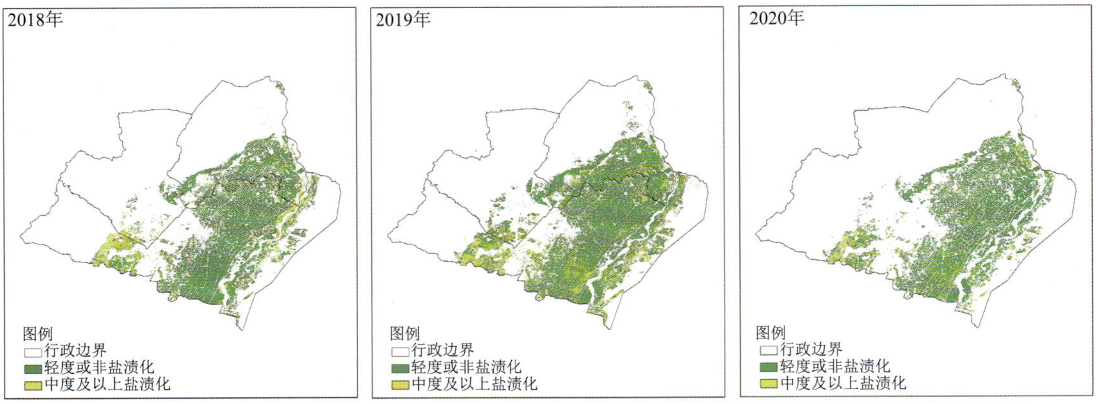

图 8.20 2018—2020 年逐年石嘴山市盐渍化土壤空间分布遥感监测

区；从空间分布上看，沙湖附近中度以上盐渍化土壤得到大规模治理，惠农区、平罗县黄河两岸的盐渍化土壤得到显著改善；但干旱区蒸发量远大于降水量，盐渍化土壤治理是一个反复的长期任务。

8.4.3 重点土壤盐渍化工程治理成效

从图 8.21 可以看出，陶乐镇、宝丰镇和庙台乡中度以上盐渍化土壤经过工程改造后，除了少部分零星分布的盐渍化土壤外，其他区域盐渍化土壤基本消失，工程治理效果明显。

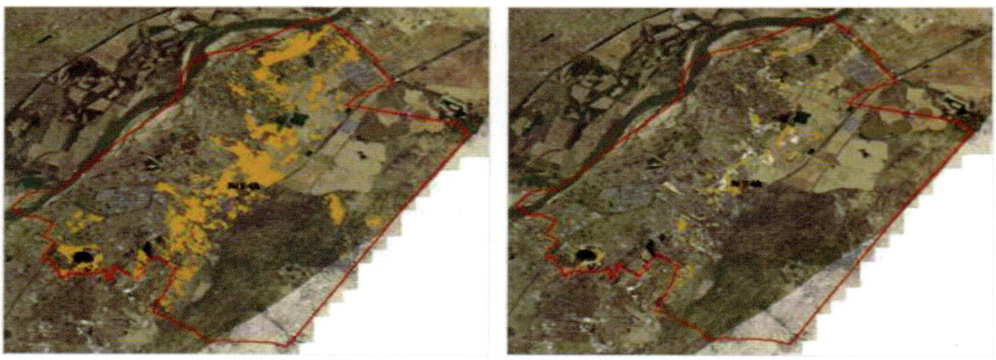

工程治理前(3月，左)和治理后(11月，右)陶乐镇中度以上盐渍化土壤分布对比

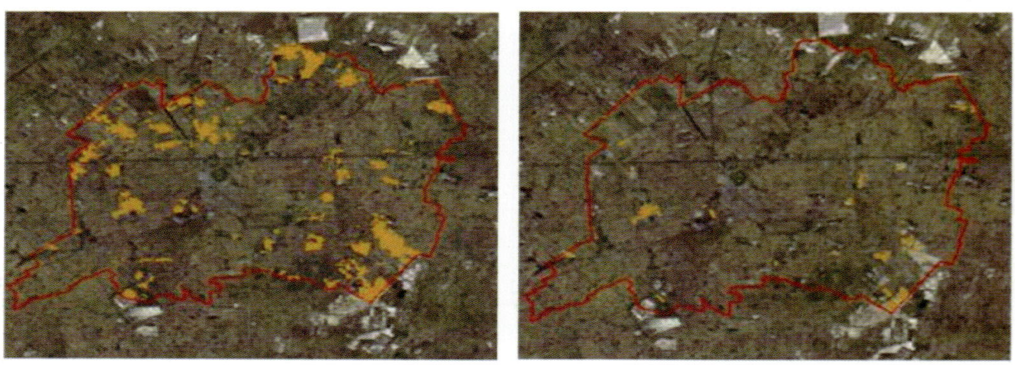

工程治理前(3月，左)和治理后(11月，右)宝丰镇中度以上盐渍化土壤分布对比

工程治理前(3月，左)和治理后(11月，右)庙台乡中度以上盐渍化土壤对比

图 8.21 不同重点工程实施地区土壤盐渍化治理前后遥感监测对比

8.5 水生态修复监测评估

8.5.1 水体面积监测

8.5.1.1 沙湖面积监测

沙湖是宁夏最大的淡水湖，也是湿地保护和生物多样性维护的重点区域。水体具有独特的谱间关系特征，改进型归一化差异水体指数(NDWI-B)充分利用了湿地和背景地物在不同波段之间光谱特征差异，能有效提取水体及湿地空间信息。Landsat8 卫星遥感监测结果见图 8.22，2018 年 8 月沙湖水体面积为 12.55 km^2，2019 年 9 月，面积略小，为12.41 km^2，2020 年 5 月，面积增大到 13.78 km^2，2020 年 9 月，缩小为 10.88 km^2，较 2019 年同期减小了 1.53 km^2。

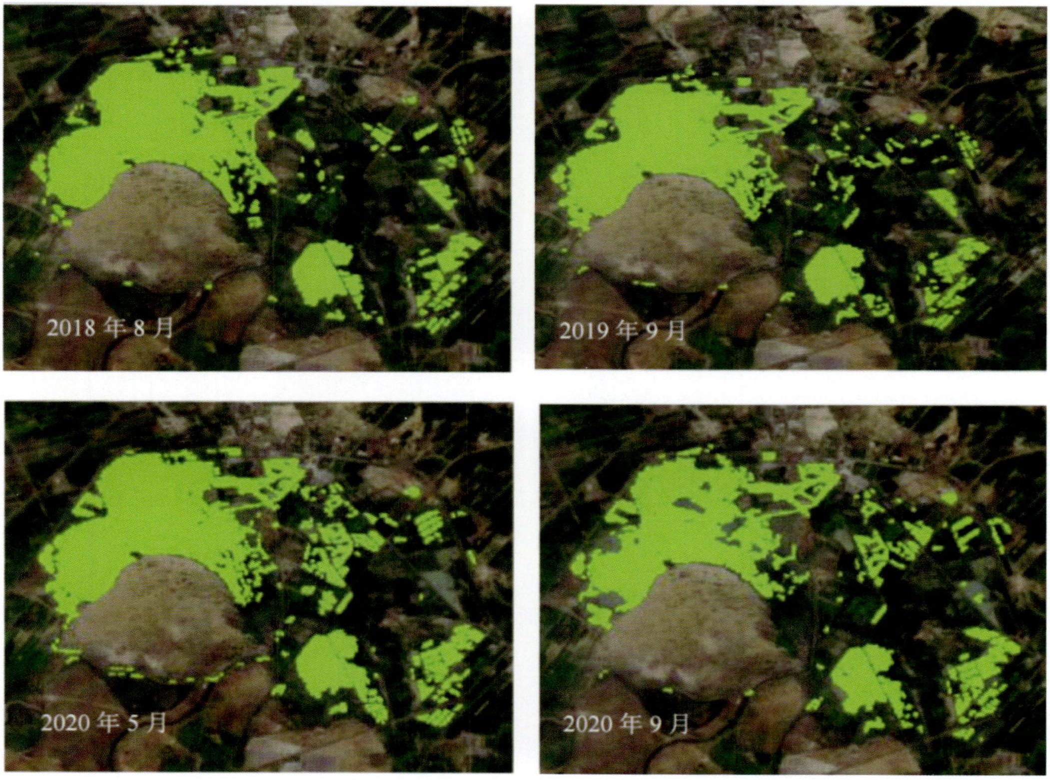

图 8.22　不同时次沙湖水体面积变化遥感监测结果

8.5.1.2 水体年际变化监测

据 2020 年 7 月 GF1/WFV 监测显示，2020 年沙湖、镇朔湖面积分别为 9.75 km^2、1.19 km^2；夏季蒸发较大，降水较少，用水集中用于农业、生活、工业等，多种原因容易导致生态补水不足，致使湖泊周边沟渠等小区域湿地或水体明显缩小或消失，造成湖泊面积略微缩小(图 8.23)。

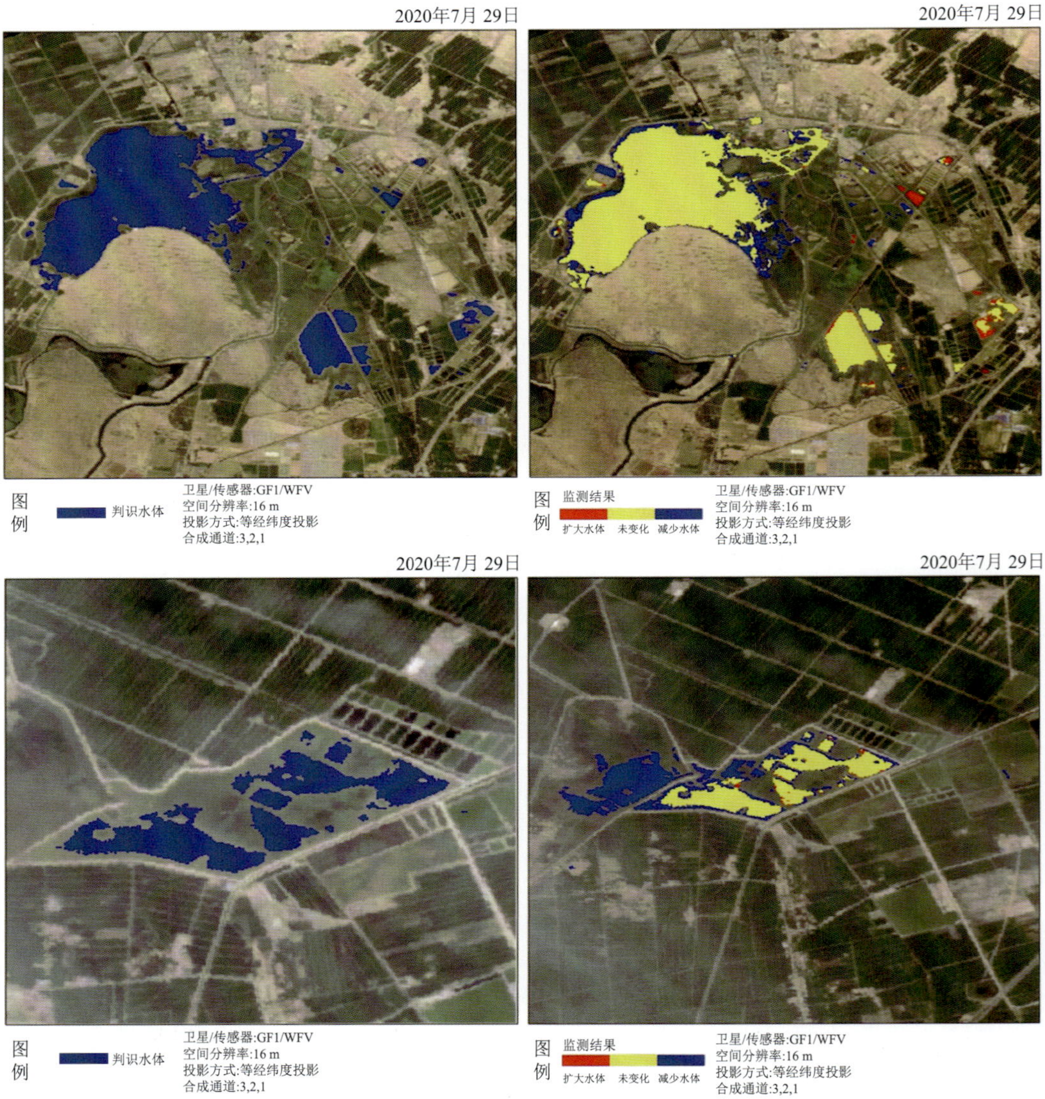

图 8.23　水体分布遥感监测专题图及水体面积变化监测专题图(上为沙湖、下为镇朔湖)

8.5.2　水域生态监测

水体透明度监测结果显示(图 8.24),2019 年 9 月沙湖水体透明度大于 0.4,2020 年 9 月普遍低于 0.4,水质转好。星海湖水体透明度这两年变化不大,透明度较高,大部分在 0.6 以下。

8.6　沿黄湿地恢复监测评估

8.6.1　湿地面积监测

据 2020 年 9 月 Landsat OLI 监测显示(图 8.25),2020 年星海湖湿地、沙湖湿地、镇朔湖湿地面积分别为 10.96 km^2、8.06 km^2、3.27 km^2;湿地修复后,星海湖湿地面积扩大最明显约

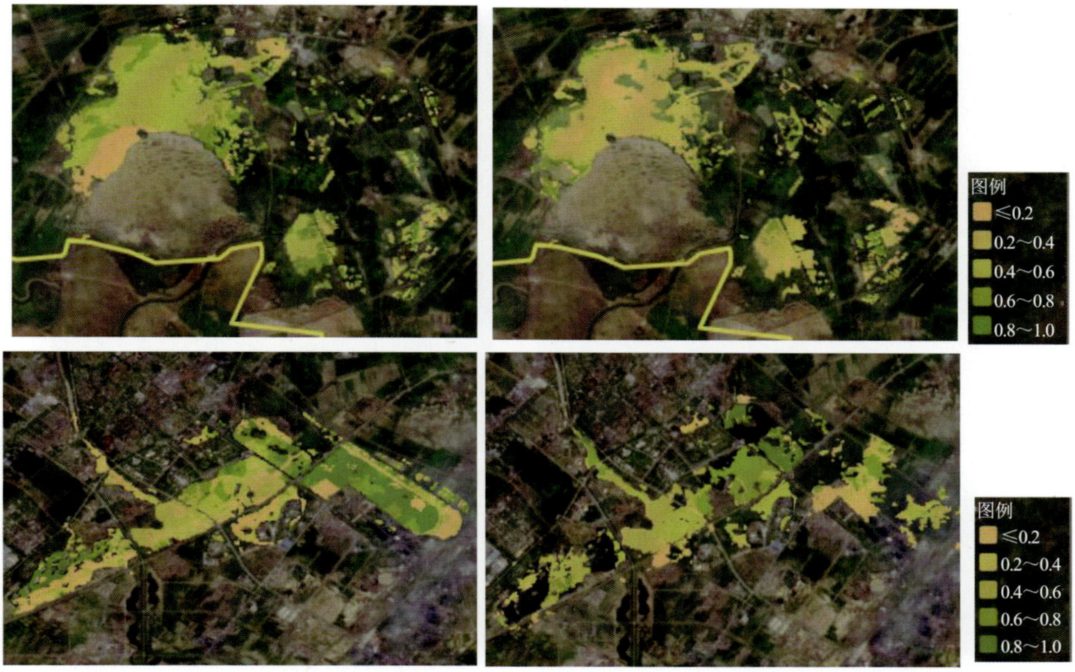

图 8.24 水体透明度遥感监测结果图(上为沙湖水体,下为星海湖水体)

4.32 km^2,沙湖次之,约 2.36 km^2,镇朔湖最小,约 0.09 km^2。2021 年,星海湖南域湿地生态修复已完成主体工程,进入养护期,累计完成湿地植被修复 683.4 亩,岸线植被修复 413 亩,岛屿植被修复 203.1 亩。

8.6.2 湿地生产力监测

Landsat OLI 反演重点湿地植被净初级生产力显示(图 8.26),2020 年,镇朔湖湿地净初级生产力均值最高,为 218.63 $g \cdot m^{-2}$,沙湖湿地次之,为 193.15 $g \cdot m^{-2}$,星海湖湿地净初级生产力均值最低,为 165.2 $g \cdot m^{-2}$;重点湿地植被净初级生产力统计分析,星海湖湿地净初级生产力均值增加最多为 15.92 $g \cdot m^{-2}$,其次为镇朔湖,增大 1.03 $g \cdot m^{-2}$,沙湖湿地净初级生产力均值减小最多为 1.03 $g \cdot m^{-2}$。

8.7 本章小结

本章简单介绍了卫星遥感技术在贺兰山东麓山水林田湖草生态保护修复重点工程生态效益评估中的应用情况,主要是在矿坑修复、生物多样性保护、水土流失及土壤沙化、土壤盐渍化、水生态修复和沿黄湿地恢复 6 个方面中的监测评估应用情况。根据遥感监测评估发现:(1)工程实施以来,矿坑经削坡、覆土、绿化后,由"黑"转"绿",生态环境得到大幅改善;(2)矿区人工林草地面积、植被覆盖度、植被生态质量、生物多样性等,大部分区域均向好发展;(3)矿区经治理、播撒草籽等生态恢复措施,中度以上土壤侵蚀面积逐渐减少,贺兰山东麓水土流失程度明显下降;(4)2016—2020 年,平罗县土地沙化面积逐年减少,2016—2017 年、2019—2020

沙湖

星海湖

镇朔湖

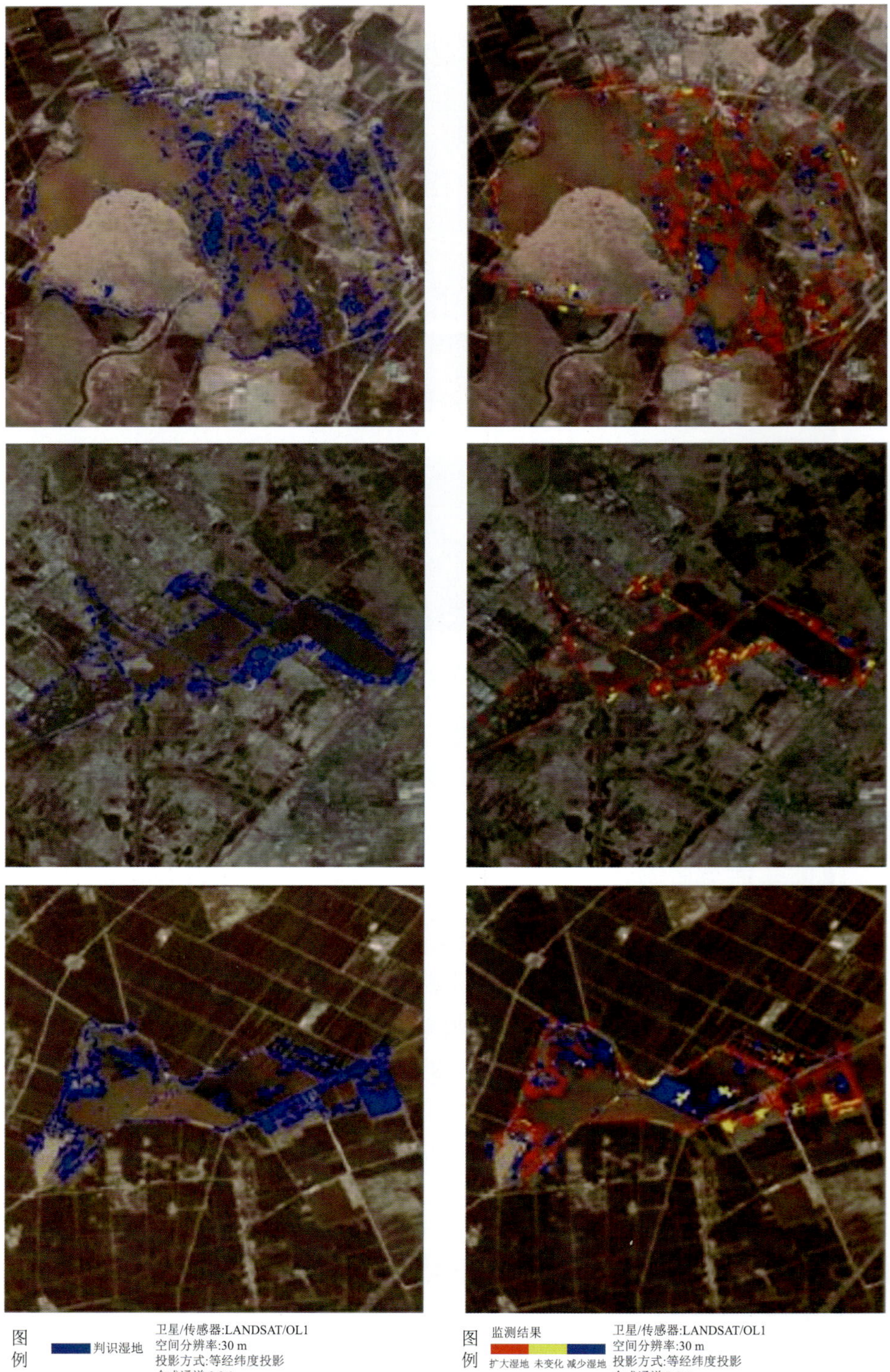

图 8.25　沙湖(上)、星海湖(中)、镇朔湖(下)2019 年(左)和 2020—2019 年(右)湿地面积变化

年沙化面积减少较多,分别为 11.0 km^2、3.81 km^2;从空间分布上看,沙化面积减少区域主要集中在沙区北部和沙区南部;2016—2020 年,土地沙化面积减少了 16.13 km^2,土地沙化得到

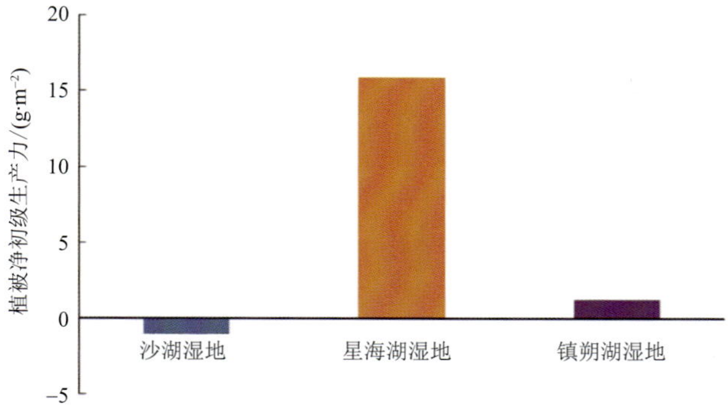

图 8.26　2019—2020 年石嘴山重点湿地植被净初级生产力变化图

了较好的治理；(5)根据遥感生态指数监测显示，石嘴山市生态质量指数在 0～0.4 的面积占比较大，0.6～0.8 的面积占比较小；从空间分布上，海湖、沙湖、贺兰山附近区域生态质量较好，靠近毛乌素沙漠区域生态质量较差，说明石嘴山市整体上生态质量较好；(6)2018—2020 年卫星遥感监测显示，土壤盐渍化变化主要发生在平罗县、大武口区；从空间分布上看，沙湖附近中度以上盐渍化土壤得到大规模治理，惠农区、平罗县黄河两岸的盐渍化土壤得到显著改善；但干旱区蒸发量远大于降水量，盐渍化土壤治理是一个反复的长期任务；(7)石嘴山市水体面积自 2018 年以来，逐年缩减，但水体透明度增大，水质转好。石嘴山近 3 a 来，虽然湖泊水域面积有所减小，但湿地面积有所增加，星海湖湿地净初级生产力均值增加最多，其次为镇朔湖，沙湖湿地净初级生产力均值减小。

参考文献

阿布都瓦斯提·吾拉木,秦其明,2006.基于辐射模拟反演ETM+数据宽波段反照率[J].北京大学学报(自然科学版)网络版(预印本)(4):61-70.

毕海芸,王思远,曾江源,等,2012.基于TM影像的几种常用水体提取方法的比较和分析[J].遥感信息,27(5):77-82.

卞雪军,冀鸿兰,姜新华,等,2014.黄河内蒙古段冰情预报系统的开发[J].水利水电科技进展,34(4):62-65,81.

卜晓燕,2016.银川平原不同类型湿地碳汇评估研究[D].银川:宁夏大学.

曹晓兰,邓梦洁,汪佩佩,2018.基于PLSR的苎麻叶片含水量估测模型建立及优化[J].激光生物学报,27(5):467-473.

车向红,2015.2000—2014年青藏高原湖泊动态遥感监测与分析[D].太原:太原理工大学.

陈尔学,1999.合成孔径雷达森林生物量估测研究进展[J].世界林业研究(6):18-23.

陈桂红,唐伶俐,戴昌达,等,2003.洪涝灾情快速反应的星载SAR与TM数据的融合处理[J].地球信息科学(1):103-108,102.

陈红艳,赵庚星,陈敬春,等,2015.基于改进植被指数的黄河口区盐渍土盐分遥感反演[J].农业工程学报,31(5):107-112,114,113.

陈坤,郝明,庄龙,等,2021.基于卷积神经网络的SAR图像水体提取[J].电子测量技术,44(3):125-131.

陈亮,张波,穆磊,等,2016.基于混合像元分解法的黄河河道水体遥感监测[J].人民珠江,37(10):34-37.

陈琳,杨中华,马浩录,等,2012.国产高分辨率卫星数据在黄河防凌监测中应用[J].测绘科学,178(4):61-63.

陈玲艳,刘智,张红,2014.基于水体散射特性的SAR图像水体检测[J].遥感技术与应用,29(6):963-969.

陈明辉,陈颖彪,郭冠华,等,2012.快速城市化地区生态自称遥感定量评估——以广东省东莞市为例[J].自然灾害学报,27(4):601-613.

陈前,郑利娟,李小娟,等,2019.基于深度学习的高分遥感影像水体提取模型研究[J].地理与地理信息科学,35(4):43-49.

陈赛楠,赵霞,2021.基于Sentinel-1 SAR数据的洪水淹没应用与极化分析[J].甘肃科学学报,33(1):41-47.

陈守煜,冀鸿兰,2004.冰凌预报模糊优选神经网络BP方法[J].水利学报(6):114-118.

陈守煜,冀鸿兰,张道军,2006.系统非线性组合预测方法及在黄河凌汛预测中应用[J].大连理工大学学报(6):901-904.

陈思,2013.基于高光谱图像技术的水蜜桃表面缺陷检测方法研究[D].杭州:浙江大学.

陈维英,肖乾广,盛永伟,1994.距平植被指数在1992年特大干旱监测中的应用[J].遥感学报,9(2):106-112.

陈文倩,丁建丽,李艳华,等,2015.基于国产GF-1遥感影像的水体提取方法[J].资源科学,37(6):1166-1172.

陈晓光,李剑萍,韩颖娟,等,2007.宁夏近20年来植被覆盖度及其与气温降水的关系[J].生态学杂志(9):1375-1383.

陈赞廷,可素娟,1994.建立黄河下游冰情数学模型优化三门峡水库防凌调度的研究[J].冰川冻土(3):

211-217.

陈仲新，任建强，唐华俊，等，2016. 农业遥感研究应用进展与展望[J]. 遥感学报，20(5)：748-767.

程纯枢，1991. 中国的气候与农业[M]. 北京：气象出版社.

程一松，胡春胜，郝二波，等，2003. 氮素胁迫下的冬小麦高光谱特征提取与分析[J]. 资源科学，25(1)：86-93.

崔春旸，徐白山，黎远金，等，2018. 土地荒漠化遥感监测方法的研究[C]//中国地球物理学会国家安全地球物理专业委员会，陕西省地球物理学会军事地球物理专业委员会. 国家安全地球物理丛书(十四)—资源·环境与地球物理. 北京：中国地球物理学会：4.

崔建勇，盛辉，赵健，2011. 黄河三角洲河道信息自动提取研究[J]. 人民黄河，33(10)：131-132.

崔亮，李永平，黄国和，等，2015. 基于 Landsat-TM 影像的洞庭湖水面动态变化[J]. 南水北调与水利科技，13(1)：63-66，107.

戴昌达，杨瑜，石晓日，等，1986. 黄淮海平原低产土壤的遥感清查[J]. 环境遥感(2)：81-91，161.

邓滢，张红，王超，等，2016. 结合纹理与极化分解的面向对象极化 SAR 水体提取方法[J]. 遥感技术与应用，31(4)：714-723.

丁凤，2009. 一种基于遥感数据快速提取水体信息的新方法[J]. 遥感技术与应用，24(2)：167-171.

丁建丽，伍漫春，刘海霞，2012. 基于综合高光谱指数的区域土壤盐渍化监测研究[J]. 光谱学与光谱分析，33(7)：1918-1922.

丁建丽，瞿娟，孙永猛，等，2013. 基于 MSAVI-WI 特征空间的新疆渭干河-库车河流域绿洲土壤盐渍化研究[J]. 地理研究，32(2)：223-232.

董丹，倪健，2011. 利用 CASA 模型模拟西南喀斯特植被净第一性生产力[J]. 生态学报，31(7)：1855-1866.

董婷，2016. 基于多源数据的遥感旱情监测方法研究[D]. 武汉：武汉大学.

窦建方，陈鹰，翁玉坤，2008. 基于序列非线性滤波 SAR 影像水体自动提取[J]. 测绘通报(9)：37-39，45.

杜国明，张露洋，徐新良，等，2016. 近 50 年气候驱动下东北地区玉米生产潜力时空演变分析[J]. 地理研究，35(5)：864-874.

杜灵通，田庆久，2011. 宁夏回族自治区 NDVI 的时空变化特征研究[J]. 水土保持通报，31(5)：208-214.

杜灵通，田庆久，2012. 宁夏植被覆盖动态变化及与气候因子的关系[J]. 中国沙漠，32(5)：1479-1485.

杜灵通，徐友宁，宫菲，等，2018. 宁东煤炭基地植被生态特征及矿业开发对其的影响[J]. 地质通报，37(12)：2215-2223.

杜培军，2006. 遥感原理与应用[M]. 徐州：中国矿业大学出版社.

杜晓，2006. 植被叶面水遥感监测及其时空特征分析[D]. 北京：中国科学院遥感与数字地球研究所.

杜艳秀，2016. 四川省植被覆盖时空变化及驱动力定量研究[D]. 成都：成都理工大学.

杜子涛，占玉林，王长耀，2008. 基于 NDVI 序列影像的植被覆盖变化研究[J]. 遥感技术与应用(1)：47-50+125.

段秋亚，孟令奎，樊志伟，等，2015. GF-1 卫星影像水体信息提取方法的适用性研究[J]. 国土资源遥感，27(4)：79-84.

范小黎，王随继，冉立山，2010. 黄河宁夏河段河道演变及其影响因素分析[J]. 水资源与水工程学报，21(1)：5-11.

冯楠，2015. 熏蒸与染色枸杞的高光谱检测方法研究[D]. 石河子：石河子大学.

扶卿华，倪绍祥，王世新，等，2007. 土壤盐分含量的遥感反演研究[J]. 农业工程学报，23(1)：48-54.

高军波，楚冰洋，闫军辉，等，2019. 1960 年以来河南省玉米气候生产潜力估算与种植空间优化[J]. 农业机械学报，50(1)：245-254.

高业新，李新虎，2003. 宁夏枸杞的道地性研究[J]. 地球科学，24(2)：193-196.

高正中，戴法和，1984. 宁夏植被的基本特征和水平分布规律[J]. 宁夏农业科技(5)：26-31.

高中灵，王建华，郑小坡，等，2016. ADI 土壤水分反演方法[J]. 光谱学与光谱分析，36(5)：1378-1381.

葛超英，李战，徐雯佳，2018. 应用国产高分一号卫星数据提取风蚀荒漠化遥感信息方法研究[J]. 西部资源(1)：183-185+194.

宫德吉，白美兰，王秋晨，2001. 黄河凌汛及其预报研究[J]. 气象，27(5)：38-42.

宫丽娟，刘丹，赵慧颖，等，2020. 西辽河地区植被气候生产潜力及其对气候变化的响应[J]. 生态环境学报，29(5)：866-875.

谷鑫志，曾庆伟，谌华，等，2019. 高分三号影像水体信息提取[J]. 遥感学报，23(3)：555-565.

关红，武丹，2017. 干旱区土壤盐渍化遥感估测模型研究——以宁夏平罗县为例[J]. 宁夏工程技术，16(4)：363-366.

关元秀，刘高焕，2003. 黄河三角洲盐碱地动态变化遥感监测[J]. 国土资源遥感(2)：19-22+33.

郭建茂，高云峰，李淑婷，等，2019. 基于多角度高光谱遥感的冬小麦叶片含水率估算模型[J]. 安徽农业大学学报，46(1)：124-132.

郭建平，2016. 农业气象灾害监测预测技术研究进展[J]. 应用气象学报，27(5)：620-630.

郭欣，赵银娣，2018. 基于 Sentinel-1A SAR 的湖南省宁乡市洪水淹没监测[J]. 遥感技术与应用，33(4)：646-656.

韩孟飞，颉耀文，2017. 1961—2015 年黄河兰州段时空变化及影响因素分析[J]. 甘肃水利水电技术，53(1)：1-5，21.

韩其飞，罗格平，李超凡，等，2014. 基于 Biome-BGC 模型的天山北坡森林生态系统碳动态模拟[J]. 干旱区研究，31(3)：375-382.

韩颖娟，2020. 基于风云三号 D 星多光谱数据的宁夏土壤水分监测方法研究[D]. 南京：南京信息工程大学.

何丽，2020. 基于 PROSAIL 和 GPR 模型的若尔盖草地地上生物量遥感反演研究[D]. 成都：中国科学院水利部成都山地灾害与环境研究所.

何亚娟，汪庆发，裴志远，等，2012. 冬小麦产量分阶段预测模型[J]. 农业机械学报，43(1)：89-93，133.

何智勇，章孝灿，黄智才，等，2004. 一种高分辨率遥感影像水体提取技术[J]. 浙江大学学报(理学版)(6)：701-707.

胡波，孙睿，陈永俊，等，2011. 遥感数据结合 Biome-BGC 模型估算黄淮海地区生态系统生产力[J]. 自然资源学报，26(12)：2061-2071.

胡远宁，冯琦胜，陈思宇，等，2014. 基于高分遥感数据校正的 MODIS 草地生物量监测模型精度评价[J]. 草地学报，22(4)：706-712.

胡悦，2017. 基于多源数据的宁夏中部干旱带干旱信息时空变化特征研究[D]. 银川：宁夏大学.

黄锋华，2016. 基于高光谱成像技术的油桃品质检测及品种判别研究[D]. 太原：山西农业大学.

黄健熙，罗倩，刘晓暄，等，2016. 基于时间序列 MODIS NDVI 的冬小麦产量预测方法[J]. 农业机械学报，47(2)：295-301.

黄木易，王纪华，黄文江，2003. 冬小麦条锈病的光谱特征及遥感监测[J]. 农业工程学报，19(6)：154-158.

黄萍，许小华，李德龙，2018. 基于 Sentinel-1 卫星数据快速提取鄱阳湖水体面积[J]. 水资源研究，7(5)：54-62.

黄帅，丁建丽，李相，等，2016. 土壤盐渍化高光谱特征分析与建模[J]. 土壤通报，47(5)：1042-1048.

黄晓辉，秦建敏，王丽娟，等，2013. 基于 ZigBee 技术的黄河河道冰情多点监测系统设计[J]. 数学的实践与认识，43(2)：114-119.

冀鸿兰，朝伦巴根，陈守煜，2008. 模糊优选神经网络 BP 模型在黄河内蒙段封开河预报中的应用[J]. 水利水电科技进展(3)：70-72.

冀鸿兰，王晓燕，脱友才，等，2017. 万家寨水库建成后上游河段冰情特性研究[J]. 水力发电学报，175(2)：40-49.

冀鸿兰，樊宇，翟涌光，等，2020. 1988—2018 年黄河内蒙古段河道边界演变特征及影响因素[J]. 水土保持通报，40(5)：242-249，267.

冀荣华,郑立华,邓小蕾,等,2014.基于反射光谱的苹果叶片叶绿素和含水率预测模型[J].农业机械学报,45(8):269-275.

贾坤,李强子,田亦陈,等,2011.遥感影像分类方法研究进展[J].光谱学与光谱分析,3(10):2618-2633.

贾明明,刘殿伟,王宗明,等,2013.面向对象方法和多源遥感数据的杭州湾海岸线提取分析[J].地球信息科学学报,15(2):262-269.

贾雯晴,2013.基于高光谱的小麦水分状况监测研究[D].南京:南京农业大学.

贾旭,高永,李锦荣,等,2016.近40 a黄河乌兰布和沙漠段河道演变特征[J].干旱区研究,33(4):905-911.

江晖,2006.水体信息自动提取遥感研究[D].北京:中国地质大学.

蒋高明,2004.植物生理生态学[M].北京:高等教育出版社:161-212.

蒋楠,戴建国,薛金利,等,2021.基于无人机可见光影像和卷积神经网络的棉花生长参数监测[J].石河子大学学报(自然科学版),39(3):282-288.

焦伟,陈亚宁,李稚,2017.西北干旱区植被净初级生产力的遥感估算及时空差异原因[J].生态学杂志,36(1):181-189.

金灵,2014.基于高光谱技术的宁夏滩羊肉内部品质检测方法研究[D].银川:宁夏大学.

靳国厚,高霈生,吕斌秀,1997.明渠冰情预报的数学模型[J].水利学报(10):2-10.

黎显平,冯仲科,2016.高分一号卫星影像水体信息提取方法比较研究[J].科学技术创新(19):152-153.

李爱民,夏光平,徐静璇,等,2018.小浪底水库运用前后黄河下游河道时空变化分析[J].测绘科学技术学报,35(4):373-375,382.

李超,2015.黄河(内蒙古段)河冰生消演变特性及数值模拟研究[D].呼和浩特:内蒙古农业大学.

李成,杨舒慧,吴芳,等,2014."双碳"背景下基于多源数据的中国能源消费碳排放与植被固碳时空分异[J].中国环境科学,42(4):1945-1953.

李传华,赵军,2013.2000—2010年石羊河流域NPP时空变化及驱动因子[J].生态学杂志,32(3):712-718.

李传华,韩海燕,范也平,等,2019.基于Biome-BGC模型的青藏高原五道梁地区NPP变化及情景模拟[J].地理科学,39(8):1330-1339.

李丹,2015.基于高光谱成像技术的灵武长枣品质无损检测研究[D].银川:宁夏大学.

李德仁,王长委,胡月明,等,2012.遥感技术估算森林生物量的研究进展[J].武汉大学学报(信息科学版),37(6):631-635.

李粉玲,常庆瑞,2017.基于连续统去除法的冬小麦叶片全氮含量估算[J].农业机械学报,48(7):174-179.

李贵才,2004.基于MODIS数据和光能利用率模型的中国陆地净初级生产力估算研究[D].北京:中国科学院遥感应用研究所.

李桂林,王红,宋音,等,2018.黄河三角洲孤岛刺槐林地上生物量的估算——基于无人机机载激光雷达[J].中国农学通报,34(26):52-57.

李晶,徐涵秋,李霞,等,2015.黄水土流失区马尾松林植被提取的土壤调节指数分析[J].地球信息科学学报,17(9):1128-1134.

李景刚,黄诗峰,李纪人,2010.ENVISAT卫星先进合成孔径雷达数据水体提取研究——改进的最大类间方差阈值法[J].自然灾害学报,19(3):139-145.

李军,张维,许欣,2020.基于Sentinel-1的洞庭湖区洪涝灾害信息提取与分析[J].安徽农学通报,26(19):151-153.

李珺,宋文龙,2016.基于光谱反射特征的草莓叶片含水率模型[J].东北林业大学学报,44(1):72-74+80.

李梦华,韩颖娟,赵慧,等,2022.基于地理探测器的宁夏植被覆盖度时空变化特征及其驱动因子分析[J].生态环境学报,31(7):1317-1325.

李茜,孙兆军,秦萍,2007.宁夏盐碱地现状及改良措施综述[J].安徽农业科学,214(33):10808-10810,10813.

李晟铭,刘吉平,王铭,等,2018.基于Sentinel-1A的2016年长江中下游重灾区洪水遥感监测及灾情评估[J].

安徽农业科学,46(10):68-74+91.

李世奎,侯光良,欧阳海,等,1998.中国农业气候资源和农业气候规划[M].北京:科学出版社:124-139.

李树华,何军,杨淑琴,等,2005.野生稻、野燕麦、枸杞 DNA 的提取方法[J].干旱地区农业研究,23(3):166-169.

李想,陈丽娟,张培群,2008.1954—2005 年长江以北地区初霜期变化趋势[J].气候变化研究进展(1):21-25.

李兴阳,2012.宁夏干旱预警方法研究[D].南京:南京信息工程大学.

李秀芬,赵慧颖,朱海霞,等,2016.黑龙江省玉米气候生产力演变及其对气候变化的响应[J].应用生态学报,27(8):2561-2570.

李亚伟,陈守煜,韩小军,2006.基于支持向量机 SVR 的黄河凌汛预报方法[J].大连理工大学学报(2):272-275.

李艳,王鹏新,刘峻明,等,2014.基于条件植被温度指数的冬小麦主要生育时期干旱监测效果评价Ⅲ——干旱对冬小麦产量的影响评估[J].干旱地区农业研究,32(5):218-222.

李艳华,丁建丽,闫人华,2015.基于国产 GF-1 遥感影像的山区细小水体提取方法研究[J].资源科学,37(2):408-416.

李依,王秀芬,杨艳昭,等,2018.西辽河流域玉米气候生产潜力变化分析[J].农业现代化研究,39(2):239-247.

李永梅,张学俭,2019.基于光谱指数的枸杞叶片水分含量遥感监测研究[J].地理与地理信息科学,35(5):16-21.

李永梅,王浩,赵勇,等,2022.基于连续统去除法的枸杞叶片含水率高光谱估算[J].浙江农业学报,34(4):781-789.

李勇,冯仲科,王维,等,2007.基于遥感图像的林火蔓延模型的研建[J].北京林业大学学报,29(S2):93-97.

李云驹,王志飞,马浩录,等,2009.基于 RS 与 GIS 的黄河下游河势演变分析[J].人民黄河,31(4):23,26.

李志威,秦小华,方春明,2011.天然河湾几何形态统计分析[J].水科学进展,22(5):638-644.

李志威,汤韬,2020.基于无人机航测黄河源弯曲河道泥沙亏损量计算[J].水科学进展,31(1):39-50.

梁静,丁建丽,王敬哲,等,2019.基于反射光谱与 Landsat 8 OLI 多光谱数据的艾比湖湿地土壤盐分估算[J].土壤学报,56(2):320-330.

梁亮,张连蓬,林卉,等,2013.基于导数光谱的小麦冠层叶片含水量反演[J].中国农业科学,46(1):18-29.

梁旭,冯建民,张智,等,2007.宁夏干旱气候变化及其成因研究[J].干旱区资源与环境(8):68-74.

梁芸,张峰,韩涛,2007.利用 EOS/MODIS 植被供水指数监测庆阳地区的土壤湿度[J].干旱气象,25(1):44-47.

梁泽毓,2019.基于深度学习的多元遥感水体信息提取方法及其应用研究[D].合肥:安徽大学.

廖敦军,2013.基于高光谱的油茶籽内部品质检测方法研究[D].长沙:湖南农业大学.

廖静娟,郭华东,邵芸,2005.多时相 SAR 干涉测量数据探测地表特征变化[J].遥感技术与应用(6):543-546+539.

刘安麟,李星敏,何延波,等,2004.作物缺水指数法的简化及在干旱遥感监测中的应用[J].应用生态学报,15(2):210-214.

刘晨洲,施建成,高帅,等,2010.基于改进混合像元方法的 MODIS 影像水体提取研究[J].遥感信息(1):84-88.

刘排英,2010.基于光谱面积和 IHS 变换的水体提取的研究[D].长沙:中南大学.

刘培君,张琳,艾里西尔·库尔班,等,1997.卫星遥感估测土壤水分的一种方法[J].遥感学报,1(2):135-138.

刘庆生,骆剑承,刘高焕,2000.资源一号卫星数据在黄河三角洲地区的应用潜力初探[J].地球信息科学(2):56-57.

刘书起,2015.基于计算机视觉的枸杞分级方法研究[D].洛阳:河南科技大学.

刘伟东,BARET F,张兵,等,2004. 应用高光谱遥感数据估算土壤表层水分的研究[J]. 遥感学报,8(5):434-442.

刘新杰,魏云霞,焦全军,等,2019. 基于时序定量遥感的冬小麦长势监测与估产研究[J]. 遥感技术与应用,34(4):756-765.

刘振华,赵英时,李笑宇,等,2012. 基于蒸散发模型的定量遥感缺水指数[J]. 农业工程学报,28(2):114-120.

柳文杰,曾永年,张猛,2018. 融合时间序列环境卫星数据与物候特征的水稻种植区提取[J]. 遥感学报,22(3):381-391.

龙欣,程琦,秦建敏,2014. 黄河万家寨水利枢纽水库冰情定点连续自动监测系统的设计与应用[J]. 数学的实践与认识,44(2):71-79.

楼临江,PARK S-E,2017. 多层级图像融合算法用于水体探测的比较[J]. 遥感信息,32(6):90-95.

卢晶,张绪教,叶培盛,等,2020. 基于 SI-MSAVI 特征空间的河套灌区盐碱化遥感监测研究[J]. 国土资源遥感,32(1):169-175.

卢善龙,吴炳方,闫娜娜,等,2010. 河川径流遥感监测研究进展[J]. 地球科学进展,25(8):820-826.

陆家驹,李士鸿,1992. TM 资料水体识别技术的改进[J]. 环境遥感(1):17-23.

陆晓静,苏占胜,谭志强,2014. 黄河宁夏段凌汛期气温变化特征[J]. 干旱气象,32(1):120-122+127.

逯亚杰,2016. 黄土高原地区气候生产潜力估算及其对气候变化的响应[D]. 杨凌:西北农林科技大学.

罗洪斌,舒清态,王强,等,2019. 运用机载激光雷达和陆地卫星数据对橡胶林地上生物量的估测[J]. 东北林业大学学报,47(7):56-61.

罗云建,张小全,王效科,等,2009. 森林生物量的估算方法及其研究进展[J]. 林业科学,45(8):129-134.

骆玉霞,陈焕伟,2001. GIS 支持下的 TM 图像土壤盐渍化分级[J]. 遥感信息(4):12-15.

马驰,2014. 基于 HJ-1A 高光谱影像的土壤盐碱化遥感研究[J]. 干旱区资源与环境(2):180-184.

马菁,张学俭,2015. 枸杞病虫害遥感近地高光谱特征研究[J]. 广东农业科学,42(13):165-172.

马丽云,李建刚,李帅,2015. 基于 FY-3/MERSI 数据的新疆融雪性洪水灾害监测[J]. 国土资源遥感,27(4):73-78.

马诺,杨辽,李均力,2008. 焉耆盆地土壤盐渍化的光谱特征分析[J]. 干旱区资源与环境(2):114-117.

毛德华,王宗明,韩佶兴,等,2012. 1982—2010 年中国东北地区植被 NPP 时空格局及驱动因子分析[J]. 地理科学,32(9):1106-1111.

毛晓利,赵鹏祥,王得祥,等,2005. 非监督数字化分类与 GIS 在土地沙漠化动态监测中的应用[J]. 西北林学院学报(3):6-9.

宁夏气象服务中心,2018. 宁夏植被恢复成效显著[EB/OL]. 中国天气网. http://nx.weather.com.cn/zt/tqzt/2927076.shtml.

宁夏统计年鉴委员会,2021. 2021 宁夏统计年鉴[M]. 北京:中国统计局.

牛宝茹,2005. 基于遥感信息的沙漠化灾害程度定量提取研究[J]. 灾害学(1):19-22.

牛海鹏,王占奇,肖东洋,2020. 基于时空数据融合的县域水稻种植面积提取[J]. 农业机械学报,51(4):156-163.

牛艳,许兴,魏玉清,等,2005. 土壤生态因子与宁夏枸杞中甜菜碱含量变化的关系[J]. 中国农学通报,21(8):221-231.

牛铮,1998. 光学遥感大气订正总体思路与最新进展[J]. 遥感技术与应用(1):53-58.

牛忠恩,闫慧敏,陈静清,等,2016. 基于 VPM 与 MOD17 产品的中国农田生态系统总初级生产力估算比较[J]. 农业工程学报,32(4):191-198.

潘庆梅,张劲松,张俊佩,等,2019. 不同品种核桃叶片含水量与高光谱反射率的相关性差异分析[J]. 林业科学研究,32(6):1-6.

裴志方,杨武年,吴彬,等,2018. 2000—2016 年宁夏植被覆盖景观格局遥感动态分析[J]. 水土保持研究,25

(1):215-219.

彭望琭,李天杰,1989. TM 数据的 Kauth-Thomas 变换在盐渍土分析中的作用——以阳高盆地为例[J]. 环境遥感(3):183-190,242.

朴世龙,方精云,郭庆华,2001. 利用 CASA 模型估算我国植被净第一性生产力[J]. 植物生态学报,25(5):603-608.

朴世龙,方精云,贺金生,等,2004. 中国草地植被生物量及其空间分布格局[J]. 植物生态学报,28(4):491-498.

屈永华,段小亮,高鸿永,等,2009. 内蒙古河套灌区土壤盐分光谱定量分析研究[J]. 光谱学与光谱分析,29(5):1362-1366.

任建强,陈仲新,周清波,等,2010. 基于叶面积指数反演的区域冬小麦单产遥感估测[J]. 应用生态学报,21(11):2883-2888.

尚群昌,2019. 黄河的形成与河道变迁[N]. 洛阳:河南日报.

史舟,梁宗正,杨媛媛,等,2015. 农业遥感研究现状与展望[J]. 农业机械学报,46(2):247-260.

宋德娟,魏青迪,张承明,等,2019. 利用 RefineNet 模型提取冬小麦种植信息的方法[J]. 遥感技术与应用,34(4):720-726.

宋德娟,张承明,杨晓霞,等,2020. 高分二号遥感影像提取冬小麦空间分布[J]. 遥感学报,24(5):596-608.

宋平,刘元波,刘燕春,2011. 陆地水体参数的卫星遥感反演研究进展[J]. 地球科学进展,26(7):731-740.

宋小宁,赵英时,2006. 改进的区域缺水遥感监测方法[J]. 中国科学 D 辑·地球科学,36(2):188-194.

宋晓倩,张春梅,张学艺,等,2020. 遥感与积温数据融合的葡萄种植面积提取最佳时相选择[J]. 山东农业科学,52(2):151-155.

苏龙飞,李振轩,高飞,等,2021. 遥感影像水体提取研究综述[J]. 国土资源遥感,33(1):9-19.

苏占胜,王学霞,陆晓静,等,2012. 宁夏主要气象灾害影响及防灾减灾对策[C]//强化科技基础推进气象现代化——第 29 届中国气象学会年会论文集. 沈阳:9.

隋洪智,田国良,李建军,等,1990. 热惯量方法监测土壤水分[M]//田国良. 黄河流域典型地区遥感动态研究. 北京:科学出版社:122-132.

隋学艳,王汝娟,姚慧敏,等,2014. 农业气象灾害遥感监测研究进展[J]. 中国农学通报,30(17):284-288.

随欣欣,秦其明,董恒,等,2013. 基于 LST-LAI 特征空间的农田干旱监测研究[J]. 光谱学与光谱分析,33(1):201-205.

孙家炳,2006. 遥感原理与应用[M]. 武汉:武汉大学出版社.

孙建英,李民赞,唐宁,等,2007. 东北黑土的光谱特性及其与土壤参数的相关性分析[J]. 光谱学与光谱分析,27(8):1502-1505.

孙亚楠,李仙岳,史海滨,等,2020. 基于多源数据融合的盐分遥感反演与季节差异性研究[J]. 农业机械学报,51(6):169-180.

孙亚勇,黄诗峰,李纪人,等,2017. Sentinel-1A SAR 数据在缅甸伊洛瓦底江下游区洪水监测中的应用[J]. 遥感技术与应用,32(2):282-288.

汤玲英,刘雯,杨东,等,2018. 基于面向对象方法的 Sentinel-1A SAR 在洪水监测中的应用[J]. 地球信息科学学报,20(3):377-384.

汤旭光,王宗明,刘殿伟,等,2014. 基于面向对象的河道信息提取及其季节性变化分析[J]. 国土资源遥感,26(1):13-16.

唐广,蔡涤华,郑大玮,1993. 果树蔬菜霜冻与冻害的防御技术:第 1 版[M]. 北京:农业出版社:6.

汪金花,张永彬,孔改红,2004. 谱间关系法在水体特征提取中的应用[J]. 矿山测量(4):30-32.

王春乙,王石立,霍治国,等,2005. 近 10 年来中国主要农业气象灾害监测预警与评估技术研究进展[J]. 气象学报(5):659-671.

王大钊,王思梦,黄昌,2019. Sentinel-2 和 Landsat8 影像的四种常用水体指数地表水体提取对比[J]. 国土资源遥感,31(3):157-165.

王飞,丁建丽,伍漫春,2010.基于NDVI-SI特征空间的土壤盐渍化遥感模型[J].农业工程学报,26(8):168-173.

王富强,韩宇平,2014.黄河宁蒙河段冰凌成因及预报方法研究[M].北京:中国水利水电出版社.

王航,秦奋,2018.遥感影像水体提取研究综述[J].测绘科学,43(5):23-32.

王嘉芃,刘婷,俞志强,等,2016.基于COSMO-SkyMed和SPOT-5的城镇洪水淹没信息快速提取研究[J].遥感技术与应用,31(3):564-571.

王静,何挺,李玉环,2005.基于高光谱遥感技术的土地质量信息挖掘研究[J].遥感学报,9(4):438-445.

王军,高梓勋,朱永明,2021.基于CNN-LSTM模型的黄河水质预测研究[J].人民黄河,43(5):96-99,109.

王蕾,王鹏新,李俐,等,2018.河北省中部平原玉米长势遥感综合监测[J].资源科学,40(10):2099-2109.

王鹏新,龚健雅,李小文,2001.条件植被温度指数及其在干旱监测中的应用[J].武汉大学学报(信息科学版),26(5):412-418.

王鹏新,田惠仁,张悦,等,2022.基于深度学习的作物长势监测和产量估测研究进展[J].农业机械学报,53(2):1-14.

王润博,2017.基于高光谱图像技术的枸杞品质检测方法研究[D].洛阳:河南科技大学.

王树功,黎夏,周永章,2004.湿地植被生物量测算方法研究进展[J].地理与地理信息科学(5):104-109,113.

王涛,2013.基于神经—模糊理论的冰情预报研究[D].北京:中国水利水电科学研究院.

王小标,谢顺平,都金康,2018.水体指数构建及其在复杂环境下有效性研究[J].遥感学报,22(2):360-372.

王雪,隋立春,钟棉卿,等,2018.全卷积神经网络用于遥感影像水体提取[J].测绘通报(6):41-45.

魏玉清,许兴,王掌军,等,2007.不同地区主要栽培枸杞的RAPD分析[J].西北农林科技大学学报(自然科学报),35(1):12.

温宥越,孙强,燕玉超,等,2020.粤港澳大湾区陆地生态系统演变对固碳释氧服务的影响[J].生态学报,40(23):8482-8493.

翁永玲,戚浩平,方洪宾,等,2010.基于PLSR方法的青海茶卡-共和盆地土壤盐分高光谱遥感反演[J].土壤学报,47(6):1255-1263.

吾木提·艾山江,买买提·沙吾提,尼加提·卡斯木,等,2018.基于灰色关联法的春小麦叶片含水量高光谱估测模型研究[J].光谱学与光谱分析,38(12):3905-3911.

吴炳方,张峰,刘成林,等,2004.农作物长势综合遥感监测方法[J].遥感学报,8(6):498-514.

吴超,徐伟恒,黄邵东,等,2020.林火监测中遥感应用的研究现状[J].西南林业大学学报(自然科学),40(3):172-179.

吴聪聪,2020.基于卷积神经网络的SAR水体信息提取研究[D].合肥:合肥工业大学.

吴刚,彭要奇,周广奇,等,2020.基于多光谱成像和卷积神经网络的玉米作物营养状况识别方法研究[J].智慧农业(中英文),2(1):111-120.

吴见,彭道黎,2009.基于遥感的荒漠化评价技术研究进展[J].世界林业研究,22(5):34-39.

吴曙雯,王人潮,陈晓斌,等,2001.稻叶瘟对水稻光谱特性的影响研究[J].上海交通大学学报(农业科学版)(3):73-76.

吴文渊,沈晓华,邹乐君,等,2008.基于Landsat ETM+影像的水体信息综合提取方法[J].科技通报(2):252-259,271.

吴昀昭,田庆久,季峻峰,等,2003.土壤光学遥感的理论、方法及应用[J].遥感信息(1):40-47,52.

武慧智,姜琦刚,程彬,2007.基于RS和GIS技术青藏高原湖泊动态变化研究[J].世界地质(1):66-70.

习近平,2019.在黄河流域生态保护和高质量发展座谈会上的讲话[J].奋斗(20):4-10.

夏辉宇,孟令奎,李继园,等,2012.环境减灾卫星数据在黄河凌汛监测中的应用[J].水利信息化,107(2):20-23.

徐涵秋，2005. 利用改进的归一化差异水体指数(MNDWI)提取水体信息的研究[J]. 遥感学报(5)：589-595.

徐美，黄诗峰，李纪人，2004. RS 与 GIS 技术支持下的 2003 年淮河流域洪涝灾害快速监测与评估[J]. 水利水电技术(5)：83-86.

许迪，王少丽，蔡林根，等，2003. 利用 NDVI 指数识别作物及土壤盐碱分布的应用研究[J]. 灌溉排水学报(6)：5-8+32.

许艳，王国复，王盘兴，2009. 近 50 a 中国霜冻的变化特征分析[J]. 气象科学，29(4)：427-433.

许拯民，韩宇平，王培燕，2009. 黄河宁夏段河道基本生态环境需水量研究[J]. 人民黄河，31(5)：74-76.

许志辉，马浩录，陈杨，等，2010. CBERS-02B 星数据在黄河凌汛监测中的应用[J]. 人民黄河，293(1)：22-23.

薛利红，曹卫星，罗卫红，2005. 基于冠层反射光谱的水稻产量预测模型[J]. 遥感学报，9(1)：100-105.

鄢俊洁，刘良明，马浩录，等，2004. MODIS 数据在黄河凌汛监测中的应用[J]. 武汉大学学报(信息科学版)(8)：679-681+656.

严奉坤，许兴，魏玉清，等，2007a. 枸杞基因组 DNA 提取及指纹图谱分析[J]. 时珍国医国药，18(1)：8-10.

严奉坤，许兴，周涛，等，2007b. 宁夏枸杞道地性研究回归与展望[J]. 云南中医中药杂志，28(2)：42-45.

严月，朱建军，张彬，等，2017. 草原生态系统植物地下生物量分配及对全球变化的响应[J]. 植物生态学报，41(5)：585-596.

杨宁，崔文轩，张智韬，等，2020. 无人机多光谱遥感反演不同深度土壤盐分[J]. 农业工程学报，36(22)：13-21.

杨淑萍，丁建军，陈晓娟，等，2005. 近 13 a 来黄河宁夏段凌汛分析[J]. 中国沙漠(6)：141-145.

杨树文，薛重生，刘涛，等，2010. 一种利用 TM 影像自动提取细小水体的方法[J]. 测绘学报，39(6)：611-617.

杨中华，王卫东，马浩录，2006. “四星三源”模式监测黄河凌汛的研究与实践[J]. 科技导报(4)：64-67.

姚惠明，秦福兴，沈国昌，等，2007. 黄河宁蒙河段凌情特性研究[J]. 水科学进展，81(6)：893-899.

姚远，丁建丽，张芳，等，2013. 基于高光谱指数和电磁感应技术的区域土壤盐渍化监测模型[J]. 光谱学与光谱分析，33(6)：1658-1664.

姚云军，秦其明，张自力，等，2008. 高光谱技术在农业遥感中的应用研究进展[J]. 农业工程学报，24(7)：301-306.

姚志华，陈俊英，张智韬，等，2019. 覆膜对无人机多光谱遥感反演土壤含盐量精度的影响[J]. 农业工程学报，35(19)：89-97.

尹昊，张承明，李剑萍，等，2022. 融合语义特征与边缘特征的枸杞空间分布提取[J]. 测绘科学，47(4)：111-121.

于贵瑞，孙晓敏，2006. 陆地生态系统通量观测的原理与方法[M]. 北京：高等教育出版社.

余海龙，马凯博，康扬眉，等，2018. 宁夏中部干旱带草地气候－土壤生产潜力分析[J]. 草地学报，26(3)：625-630.

曾志远，1985. 卫星图像土壤类型自动识别与制图的研究——Ⅱ. 自动识别结果的成图及其与常规土壤图的比较[J]. 土壤学报(3)：265-274，305-308，310-311.

张傲妲，2011. 黄河内蒙古段冰情特点及预报模型研究[D]. 呼和浩特：内蒙古农业大学.

张春森，胡艳，史晓亮，2016. 基于 AVHRR 和 MODIS NDVI 数据的黄土高原植被覆盖时空演变分析[J]. 应用科学学报，34(6)：702-712.

张德军，杨世琦，王永前，等，2019. 基于 GF-1 数据的三峡库区水体信息精细化提取[J]. 人民长江，50(9)：233-239.

张德卫，马旭林，张学艺，等，2017. 基于气象要素的黄河宁夏段流凌密度预报模型[J]. 气象科技，265(6)：1095-1098.

张峰，周广胜，王玉辉，2008. 基于 CASA 模型的内蒙古典型草原植被净初级生产力动态模拟[J]. 植物生态学报(4)：786-797.

张国庆，2018. 青藏高原湖泊变化遥感监测及其对气候变化的响应研究进展[J]. 地理科学进展，37(2)：

214-223.

张恒云，肖淑招，1992. NOAA/AVHRR 资料在监测土壤盐渍化程度中的应用[J]. 遥感信息(1)：24-26.

张娟，李剑萍，王誉陶，等，2020. 西北干旱地区气候变化及其对草地生产潜力的影响[J]. 生态科学，39(3)：182-192.

张克斌，李瑞，夏照华，等，2006. 宁夏盐池植被盖度变化及影响因子[J]. 中国水土保持科学，(6)：18-22.

张磊，任贤，2009. 宁夏枸杞鉴别方法研究进展[J]. 安徽农业科学，37(10)：4496-4498.

张莉，孙虎，2009. 黄土高原地区土壤含水量与反射光谱关系研究[J]. 土壤通报，40(6)：1255-1258.

张明华，2008. 用改进的谱间关系模型提取极高山地区水体信息[J]. 地理与地理信息科学，24(2)：14-16.

张瑞芳，1998. 水文预报指南[M]. 北京：中国水利水电出版社.

张瑞芳，唐海行，陆德福，等，1991. 苏联河流冰情[M]. 北京：中国科学技术出版社.

张世喆，朱秀芳，刘婷婷，等，2022. 气候变化下中国不同植被区总初级生产力对干旱的响应[J]. 生态学报，42(8)：3429-3440.

张同瑞，赵庚星，高明秀，等，2016. 基于近地面多光谱的黄河三角洲典型地区土壤含盐量估算研究[J]. 光谱学与光谱分析，36(1)：248-253.

张玮，王鑫梅，潘庆梅，等，2019. 雷竹冠层叶片反射光谱特征及其对叶片水分变化的响应[J]. 林业科学研究，32(3)：73-79.

张翔，2020. 基于无人机激光雷达和多光谱数据的植被生物量反演研究[D]. 呼和浩特：内蒙古师范大学.

张晓煜，侯建英，刘静，2002. 宁夏森林火灾监测系统的改进[J]. 宁夏农林科技(4)：5-7.

张学霞，葛全胜，郑景云，2005. 近 50 年北京植被对全球变暖的响应及其时效——基于遥感数据和物候资料的分析[J]. 生态学杂志(2)：123-130.

张学艺，2009. 基于 EOS/MODIS 的几种植被指数[J]. 安徽农业科学，37(26)：12842-12845，12850.

张学艺，李凤霞，2006. 宁夏森林火险天气等级预报方法的研究[J]. 森林防火，89(2)：28-30.

张学艺，张晓煜，李剑萍，等，2007. 我国干旱遥感监测技术方法研究进展[J]. 气象科技，35(4)：574-578.

张学艺，李剑萍，秦其明，等，2009a. 几种最新干旱监测模型在西北干旱遥感监测应用中的对比研究——以宁夏为例[R]. 杭州：第 26 届中国气象学会年会农业气象防灾减灾与粮食安全分会场.

张学艺，张晓煜，卫建国，等，2009b. 基于 MODIS 资料的宁夏 LST 反演方法新探索[J]. 气象，35(5)：61-65.

张学艺，赵金龙，安巍，等，2020. 基于光谱信息的不同产地枸杞快速识别研究[J]. 内蒙古科技，39(4)：41-46，36.

张智韬，魏广飞，姚志华，等，2019. 基于无人机多光谱遥感的土壤含盐量反演模型研究[J]. 农业机械学报，50(12)：151-160.

赵虎，杨正伟，李霖，等，2011. 作物长势遥感监测指标的改进与比较分析[J]. 农业工程学报，27(1)：243-249.

赵慧，韩颖娟，张承明，等，2021. 宁夏植被变化特征及其与气候、人类活动的关系[J]. 江苏农业科学，49(14)：220-226.

赵慧颖，田宝星，宫丽娟，等，2017. 近 308 年来大兴安岭北部森林植被气候生产潜力及其对气候变化的响应[J]. 生态学报，37(6)：1900-1911.

赵杰，陈亚红，1993. 宁夏森林火险天气等级预报方法的初步研究[J]. 宁夏气象(1)：27-29.

赵杰明，李星敏，张树誉，1996. 黄河凌汛的卫星遥感动态监测[J]. 遥感信息(3)：39-40.

赵金龙，韩颖娟，李阳，等，2021. Sentinel-2 MSI 卫星数据在水体信息提取中的应用[J]. 测绘与空间地理信息，44(1)：43-46.

赵俊芳，孔祥娜，姜月清，等，2019. 基于高时空分辨率的气候变化对全球主要农区气候生产潜力的影响评估[J]. 生态环境学报，28(1)：1-6.

赵书慧，段会川，高帅，等，2018. 基于随机森林的 MODIS 遥感影像水体分类研究[J]. 山东师范大学学报(自然科学版)，33(1)：19-25.

EKEU-WEI I T,BLACKBURN G A,2018. Applications of open-access remotely sensed data for flood modelling and mapping in developing regions[J]. Hydrology,5(3):39.

FANG L,HE Y F,LIU Z M,et al,2004. Dynamics of sandy desertification and its driving forces in Western Jilin Province[J]. Chinese Geographical Science,14(1):57-62.

FARIFTEH J,VAN DER MEER F,ATZBERGER,et al,2007. Quantitative analysis of salt-afected soil reflectance spectra: A comparison of two adaptive methods (PL SR and ANN) [J]. Remote Sensing of Environment(100): 59-78.

FENSHOLT R,SANDHOLT L,2003. Derivation of a shortwave infrared water stress index from MODIS near-and shortwave infrared data in a semiarid environment[J]. Remote Sensing of Environment,87(1):111-121.

FERREIRA E,CHANDLER J,WACKROW R,et al,2017. Automated extraction of free surface topography using SfM-MVS photogrammetry[J]. Flow Measurement and Instrumentation,54:243-249.

FIELD C B,BEHRENFELD M J,RANDERSON J T,et al,1998. Primary production of the biosphere:Integrating terrestrial and oceanic components[J]. Science,281(5374):237-240.

FISHER A,FLOOD N,DANAHER T,2016. Comparing Landsat water index methods for automated water classification in eastern Australia[J]. Remote Sensing of Environment,175:167-182.

FRANCISCO-JAVIER M C,JORGE T S,INMACULADA C R,et al,2015. Assessing optimal flight parameters for generating accurate multispectral orthomosaicks by UAV to support site-specific crop management [J]. Remote Sensing,7(10):12793-12814.

FREDERIC L,DANIEL V T,LAURENT B,et al,2017. Using UAS optical imagery and SfM photogrammetry to characterize the surface grain size of gravel bars in a braided river(Veneon River,French Alps)[J]. Geomorphology,285:94.

GAO B C,1996. NDWI-A normalized difference water index for remote sensing of vegetation liquid water from space[J]. Remote Sensing of Environment,58(3):257-266.

GAO F,ALFIERI J G,ANDERSON M C,et al,2017. Toward mapping crop progress at field scales through fusion of Landsat and MODIS imagery[J]. Remote Sensing of Environment,188:9-25.

GEBREMESKEL G,GEBREMICAEL T G,KIFLE M,et al,2018. Salinization pattern and its spatial distribution in the irrigated agriculture of Northern Ethiopia: An integrated approach of quantitative and spatial analysis[J]. Agricultural Water Management,206: 147-157.

GHOLIZADEH M H,MELESSE A M,REDDI L,2016. A comprehensive review on water quality parameters estimation using remote sensing techniques[J]. Sensors,16(8):1298.

GURNELL A M,1997. Channel change on the River Dee meanders,1946—1992,from the analysis of air photographs[J]. Regulated Rivers:Research & Management,13(1):13-26.

HAERTEL V F,SHIMABUKURO Y E,2005. Spectral linear mixing model in low spatial resolution image data[J]. IEEE Transactions on Geoscience & Remote Sensing,43(11):2555-2562.

HALL A C,SCHUMANN G J P,BAMBER J L,et al,2011. Tracking water level changes of the Amazon Basin with space-borne remote sensing and integration with large scale hydrodynamic modelling: A review[J]. Physics and Chemistry of the Earth,36(7-8):223-231.

HASSANLI A M,AHMADIRAD S,BEECHAM S,2010. Evaluation of the influence of irrigation methods and water quality on sugar beet yield and water use efficiency[J]. Agricultural Water Management,97(2): 357-362.

HINTON G E,SALAKHUTDINOV R,2006. Reducing the dimensionality of data with neural networks[J]. Science,313(5786):504-507.

HOLDEN H, LEDREW L E, 1998. Spectral discrimination of healthy and non-healthy corals based on cluster analysis, principal components analysis, and derivative spectroscopy[J]. Remote Sensing of Environment, 65: 217-224.

HOSSAIN M A, GAN T Y, BAKI A, 2013. Assessing morphological changes of the Ganges River using satellite images[J]. Quaternary International, 304(5): 142-155.

HTITIOU A, BOUDHAR A, BENABDELOUAHAB T, 2021. Deep learning-based spatiotemporal fusion approach for producing high-resolution NDVI time-series datasets[J]. Canadian Journal of Remote Sensing, 47(2): 182-197.

HUANG C, CHEN Y, WU J P, 2014. DEM-based modification of pixel-swapping algorithm for enhancing floodplain inundation mapping[J]. International Journal of Remote Sensing, 35(1): 365-381.

HUANG C, CHEN Y, WU J P, et al, 2015. An evaluation of Suomi NPP-VIIRS data for surface water detection[J]. Remote Sensing Letters, 6(2): 155-164.

HUANG C, CHEN Y, ZHANG S Q, et al, 2017. Spatial downscaling of Suomi NPP-VIIRS image for lake mapping[J]. Water, 9(11).

HUANG C, CHEN Y, ZHANG S Q, et al, 2018. Detecting, extracting, and monitoring surface water from space using optical sensors: A review[J]. Reviews of Geophysics, 56(2): 333-360.

HUETE A, DIDAN K, MIURA T, et al, 2002. Overview of the radiometric and biophysical performance of the MODIS vegetation indices[J]. Remote Sensing of Environment, 83(1-2): 195-213.

HYDE P, DUBAYAH R, WALKER W, et al, 2006. Mapping forest structure for wildlife habitat analysis using multi-sensor(LiDAR, SAR/InSAR, ETM+, Quickbird) synergy[J]. Remote Sensing of Environment, 102(1/2): 63-73.

IDSO S B, JACKSON R D, PINTER P J JR, et al, 1981. Normalizing the stress-degree-day parameter for environmental variability[J]. Agricultural Meteorology, 24: 45-55.

INAN M, BILICI E, AKAY A E, 2017. Using airborne lidar data for assessment of forest fire fuel load potential[J]. IS-PRS Annals of Photogrammetry, Remote Sensing and Spatial Information Sciences, IV-4/W4: 255-258.

JACKSON R D, IDSO S B, 1981. Canopy temperature as a crop water stress indicator[J]. Water Resource Research, 17(4): 1133-1138.

JOHNSON M D, HSIEH W, CANNON A J, et al, 2016. Crop yield forecasting on the Canadian Prairies by remotely sensed vegetation indices and machine learning methods[J]. Agricultural and Forest Meteorology, 218-219: 74-84.

KHAN N M, SATO Y, 2001. Monitoring hydro-salinity status and its impact in irrigated semi-arid areas using IRS-ⅠB LISS-Ⅱ data, Asian [J]. Geoinform, 1(3): 63-73.

KIMURA R, 2007. Estimation of moisture availability over the Liudaogou river basin of the Loess Plateau using new indices with surface temperature[J]. Journal of Arid Environments, 10: 1-10.

KLEMENJAK S, WASKE B, VALERO S, et al, 2012. Automatic detection of rivers in high-resolution SAR data[J]. IEEE Journal of Selected Topics in Applied Earth Observations and Remote Sensing, 5(5): 1364-1372.

KNIPLING E B, 1971. Physical and physiological basis for the reflectance of visible and near-infrared radiation from vegetation[J]. Remote Sensing of Environment, 1: 155-159.

KOGAN F N, 1990. Remote sensing of weather impacts on vegetation in non-homogeneous areas[J]. International Journal of Remote Sensing, 11(8): 1405-1419.

KOGAN F N, 1995. Application of vegetation index and brightness temperature for drought detection[J]. Advances in Space Research, 15(11): 91-100.

LAL A,SHEN H T,1993. A mathematical model for river ice processes[J]. Journal of Hydraulic Engineering, 117(7):851-867.

LEE J S,JURKEVICH I,1990. Coastline detection and tracing in SAR images[J]. IEEE Transactions on Geoscience & Remote Sensing,28(4):662-668.

LIETH H,1972. Computer mapping of forest data[C]//Lieth H. Proceedings of 51 Annual Meeting of the Society of American Foresters. Society of American Section,Washington D C:53-79.

LIETH H,BOX E,1972. Evapotranspiration and primary productivity: C. W Thornthwaite Memorial Model [J]. Publications in climatology,25(2):37-46.

LIETH H, WHITTAKER R H, 1975. Primary Productivity of the Biosphere[M]. New York: Springer: 21-263.

LILLESAND T M, KIEFER R W, 1994. Remote Sensing and Image Interpretation: 3rd Edition[M]. New York:John Wiley & Sons,750.

LILLESAND T M,KIEFER R W,CHIPMAN J W,2008. Remote sensing and image interpretation /Seventh edition[M]. New York:Wiley Desktop Edition.

LIU D S,WANG Z S,1996. A modelling study of potential evapotranspiration and the estimation of Chinese soil moisture regimes[J]. Pedosphere,6(3):193-200.

LV W,YU Q,YU W,2010. Water extraction in SAR images using GLCM and support vector machine[C]. Beijing:IEEE International Conference on Signal Processing.

LYZENGA D R,1978. Passive remote sensing techniques for mapping water depth and bottom features[J]. Applied Optics,17(3):3749-383.

MA J,XIAO XM,ZHANG Y,et al,2018. Spatial-temporal consistency between gross primary productivity and solar-induced chlorophyll fluorescence of vegetation in China during 2007-2014[J]. Science of the Total Environment,639:1241-1253.

MANAVALAN P,SATHYANATH P,RAJEGOWDA G L,1993. Digital image analysis techniques to estimate waterspread for capacity evaluations of reservoirs[J]. Photogrammetric Engineering & Remote Sensing,59(9):1389-1395.

MASSIE D D,WHITE K D,DALY S F,2002. Predicting Ice Jams with Neural Networks[M]. NewYork: American Society of Mechanical Engineers.

MCFEETERS S K,1996. The use of the normalized difference water index(NDWI)in the delineation of open water features[J]. International Journal of Remote Sensing,17(7):1425-1432.

MENG L H,LIU H J,ZHANG X L,et al,2019. Assessment of the effectiveness of spatiotemporal fusion of multi-source satellite images for cotton yield estimation[J]. Computers and Electronics in Agriculture,162: 44-52.

MOHAMMADI A,COSTELLOE J F,RYU D,2017. Application of time series of remotely sensed normalized difference water, vegetation and moisture indices in characterizing flood dynamics of large-scale arid zone floodplains[J]. Remote Sensing of Environment,190:70-82.

MONTEITH J L,1972. Solar radiation and productivity in tropical ecosystems[J]. Journal of Applied Ecology, 9(3):747-766.

NILSSON H E,1985. Remote Sensing of Oil Seed Rape Infected by Sclerotinia Stem Rot and Verticillium Wilt [M]. Uppsala(Sweden):Sveriges Lantbruksuniv:33.

OLMANSON L G, BAUER M E, BREZONIK P L, 2008. A 20-year Landsat water clarity census of Minnesota's 10,000 lakes[J]. Remote Sensing of Environment,112(11):4086-4097.

OTSU N,2007. A threshold selection method from gray-level histograms[J]. IEEE Transactions on Systems

Man & Cybernetics,9(1):62-66.

OZESMI S L,BAUER M E,2002. Satellite remote sensing of wetlands[J]. Wetlands Ecology and Management,10(5):381-402.

PALMER M,RUHI A,2018. Measuring Earth's rivers[J]. Science,362(6402):546-547.

PRICE J C,1985. On the analysis of thermal infrared imagery:The limited utility of apparent thermal inertia [J]. Remote Sensing of Environment,18(1):59-73.

RAN L S,WANG S J,FAN X L,2010. Channel change at Toudaoguai Station and its responses to the operation of upstream reservoirs in the upper Yellow River[J]. Journal of Geographical Sciences,20(2):231-247.

REN J Q,CHEN Z X,ZHOU Q B,et al,2008. Regional yield estimation for winter wheat with MODIS NDVI data in Shandong,China[J]. International Journal of Applied Earth Observation and Geoinformation,10(4): 403-413.

RICHARDS JOHN A,RICHARDS JA,1999. Remote Sensing Digital Image Analysis[M]. Springer.

ROUSE J W,HAAS R H,DEERING D W,et al,1974. Monitoring the Vernal Advancement of Retrogradation of Natural Vegetation[R]. NASA/GSFC Type Ⅲ Final Rep,Greenbelt,Md,371.

SAGAN V,MAIMAITIJIANG M,BHADRA S,et al,2021. Field-scale crop yield prediction using multi-temporal World View-3 and Planet Scope satellite data and deep learning[J]. ISPRS Journal of Photogrammetry and Remote Sensing,174:265-281.

SANDHOLT I,RASMUSSEN K,ANDERSEN J,2002. A simple interpretation of the surface temperature vegetation index space for assessment of surface moisture status[J]. Remote Sensing of Environment, 79: 213-224.

SARKER M H,THORNE C R,AKTAR M N,et al,2014. Morpho-dynamics of the Brahmaputra-Jamuna River,Bangladesh[J]. Geomorphology,215(15):45-59.

SCHUMANN G,BATES P D,HORRITT M S,et al,2009. Progress in integration of remote sensing-derived flood extent and stage data and hydraulic models[J]. Reviews of Geophysics,47:2-20.

SCHUMANN J P,MOLLER D K,2015. Microwave remote sensing of flood inundation[J]. Physics and Chemistry of the Earth,Parts A/B/C:83-95.

SEELIG H D,HOEHN A,STODIECK L S,et al,2008. The assessment of leaf water content using leaf reflectance ratios in the visible, near-, and short-wave-infrared[J]. International Journal of Remote Sensing, 29 (13):3701-3713.

SHEN H T,CHIANG L A,1984. Simulation of growth and decay of river ice cover[J]. Journal of Hydraulic Engineering,110(7):958-971.

SIVAPALAN M,2010. Prediction in ungauged basins:A grand challenge for theoretical hydrology[J]. Hydrological Processes,17(15):3163-3170.

SMITH L C,1997. Satellite remote sensing of river inundation area,stage,and discharge:A review[J]. Hydrological Processes,11(10):1427-1439.

SONG W,MU X,RUAN G,et al,2017. Estimating fractional vegetation cover and the vegetation index of bare soil and highly dense vegetation with a physically based method[J]. International Journal of Applied Earth Observation and Geoinformation,58:168-176.

STEDDOM K,BREDEHOEFT M W,KHANM,et al,2005. Comparison of visual and multispectral radiometric disease evaluations of cercospora leaf spot of sugar beet[J]. Plant Disease,89(2):153-158.

STONE C,CHISHOLM L A,MCDONALD S,2003. Spectra l reflectance characteristics of Pinus radiata needles affected by dothistroma needle blight[J]. Canadian Journal of Botany,81(6):560-569.

TAN Z Y,DI L P,ZHANG M D,et al,2019. An enhanced deep convolutional model for spatiotemporal image fusion[J]. Remote Sensing,11(24):2898-2921.

TAN Z Y,YUE P,DI L P,et al,2018. Deriving high spatiotemporal remote sensing images using deep convolutional network[J]. Remote Sensing,10(7):1066-1081.

TIAN H R,WANG P X,TANSEY K,et al,2020. An IPSO BP neural network for estimating wheat yield using two remotely sensed variables in the Guanzhong Plain,PR China[J]. Computers and Electronics in Agriculture,169:105180.

TRI A,DONG L,YANG I,et al,2016. Identification of water bodies in a Landsat 8 OLI image using a J48 decision tree[J]. Sensors,16(7):1075.

TULBURE M G,BROICH M,STEHMAN S V,et al,2016. Surface water extent dynamics from three decades of seasonally continuous Landsat time series at subcontinental scale in a semi-arid region[J]. Remote Sensing of Environment,178:142-157.

UCHIJIMA Z,SEINO H,1985. Agroclimatic evaluation of net primary productivity of natural vegetation (1): Chikugo model for evaluating net primary productivity [J]. Journal of Agricultural Meteorology,40(4):343-352.

VAPNIK V N,2000. The Nature of Statistical Learning Theory[M]. NewYork:Springer Verlag.

WANG X F,MA M G,LI X,et al,2013. Validation of MODIS-GPP product at 10 flux sites in Northern China [J]. International Journal of Remote Sensing,34(2):587-599.

WASTON K,ROWEN L C,OFFIELD T W,1971. Application of thermal modeling in the geologic interpretation of IR images[J]. Remote Sensing of Environment,3:2007-2014.

WILSON E H,SADER S A,2002. Detection of forest harvest type using multiple dates of Landsat TM imagery [J]. Remote Sensing of Environment,80(3):385-396.

WINTERBOTTOM S J,2000. Medium and short-term channel planform changes on the Rivers Tay and Tummel,Scotland[J]. Geomorphology,34(3):195-208.

XIAO X M,ZHANG Q Y,SALESKA S,et al,2005. Satellite-based modeling of gross primary production in a seasonally moist tropical evergreen forest[J]. Remote Sensing of Environment,94(1):105-122.

YANG C G,EVERITT J H,BRADFORD J M,2007. Airborne hyperspectral imagery and linear spectral unmixing for mapping variation in crop yield[J]. Precision Agriculture,8(6):279-296.

YANG K,LI M C,LIU Y X,et al,2014. River delineation from remotely sensed imagery using a multi-scale classification approach[J]. IEEE Journal of Selected Topics in Applied Earth Observations and Remote Sensing,7(12):4726-4737.

YANG Q,SHI L S,HAN J Y,et al,2019. Deep convolutional neural networks for rice grain yield estimation at the ripening stage using UAV-based remotely sensed images[J]. Field Crops Research,235:142-153.

YANG M D,TSENG H,HSU Y C,et al,2020. Semantic segmentation using deep learning with vegetation indices for rice lodging identification in multi-date UAV visible images[J]. Remote Sensing,12(4):633-652.

YEABRA M,CHUVIECO E,RIAÑO D,2008. Estimation of live fuel moisture content from MODIS images for fire risk assessment[J]. Agricultural and Forest Meteorology,148(4):523-536.

ZHANG K Y B,LEU NG H W,YEUNG H W,et al,2001. Differentiation of Lycium barbarum from its related Lycium species using rand om amplified polymorphic DNA[J]. Planta Med,67:379-381.

ZHANG C M,HAN Y J,LI F,et al,2019. A New CNN-Bayesian Model for Extracting Improved Winter Wheat Spatial Distribution from GF-2 imagery[J]. Remote Sensing,11(6):619-639.

ZHANG Q,CHANG J L,MENG G F,et al,2020. Spatio-temporal graph structure learning for traffic forecasting[C]//Proceedings of the AAAI Conference on Artificial Intelligence:1177-1185.

ZHOU X J,WANG P X,TANSEY K,et al,2020a. Reconstruction of time series leaf area index for improving wheat yield estimates at field scales by fusion of Sentinel 2,3 and MODIS imagery[J]. Computers and Electronics in Agriculture,177:105692.

ZHOU X J,WANG P X,TANSEY K,et al,2020b. Developing a fused vegetation temperature condition index for drought monitoring at field scales using Sentinel 2 and MODIS imagery[J]. Computers and Electronics in Agriculture,168:105144.

ZHU J,GUO H,FAN X,et al,2004. A wavelet transform method to detect boundaries between land and water in SAR image[C]. Anchorage:IEEE International Geoscience & Remote Sensing Symposium.

ZHU X L,CAI F Y,TIAN J Q,et al,2018. Spatiotemporal fusion of multisource remote sensing data:Literature survey,taxonomy,principles,applications,and future directions[J]. Remote Sensing,10(4):527-549.